"十三五"江苏省高等学校重点教材（编号：2019-1-061）

21世纪应用型本科计算机专业实验系列教材

U0162906

Java语言
实验与课程设计指导

（第三版）

编 著 施 珺 纪兆辉 赵雪峰
副主编 汪前进

【微信扫码】

配套资源

南京大学出版社

内容简介

本书针对应用型本科院校 Java 语言与面向对象程序设计类课程的实践教学环节而编写,融合了部分数据结构的知识要素,合理设计了 Java 语言实验、实训和课程设计指导,旨在帮助学生快速提高综合运用数据结构和 Java 编程等软件技术的实战能力。各类实验例题、实训项目和课程设计选题代表性强,知识覆盖面广,连贯性好,难度循序渐进,实用价值大,是一本适合 Java 初学者和具有一定 Java 编程经验者训练编程能力的优秀参考书,也可以作为高校面向对象课程设计、软件技术基础实训等实践环节的教材。

图书在版编目(CIP)数据

Java 语言实验与课程设计指导 / 施珺,纪兆辉,赵雪峰编著. — 3 版. — 南京 : 南京大学出版社,2021.1
(2022.3 重印)
ISBN 978 - 7 - 305 - 24188 - 8

Ⅰ. ①J… Ⅱ. ①施… ②纪… ③赵… Ⅲ. ①JAVA 语言 - 程序设计 - 高等学校 - 教材 Ⅳ. ①TP312.8

中国版本图书馆 CIP 数据核字(2021)第 023071 号

出版发行　南京大学出版社
社　　址　南京市汉口路 22 号　　　　邮　编　210093
出 版 人　金鑫荣
书　　名　**Java 语言实验与课程设计指导**
编　　著　施珺　纪兆辉　赵雪峰
责任编辑　吕家慧　　　　　　　编辑热线　025 - 83597482
照　　排　南京南琳图文制作有限公司
印　　刷　常州市武进第三印刷有限公司
开　　本　787 mm × 1092 mm　1/16 开　印张 19　字数 462 千
版　　次　2021 年 1 月第 3 版　2022 年 3 月第 2 次印刷
ISBN 978 - 7 - 305 - 24188 - 8
定　　价　49.00 元

网址:http://www.njupco.com
官方微博:http://weibo.com/njupco
官方微信号:NJUyuexue
销售咨询热线:(025) 83594756

前 言

  Java 语言是一种优秀的面向对象编程语言,是网络时代最重要的编程语言之一,学习并掌握 Java 编程语言早已成为软件设计开发者的共识。

  目前,本科高校计算机类专业都开设了 Java 面向对象程序设计之类的课程。如何设计循序渐进的实验和合理的课程设计环节,有效地提高 Java 编程实战能力,切实为将来从事 Java 项目开发打下坚实基础,真正做到学以致用,是很多应用型本科院校师生迫切需要解决的问题。本书就是为解决这个问题而编写的。

  本书第一版自 2010 年 12 月出版以来,深受广大读者的欢迎,2011 年被评为"江苏省高等学校精品教材"。第二版于 2014 年 7 月出版,在保持原版体系和特点的基础上,对内容进行了一些补充和修订。2019 年,本书获批"十三五"江苏省高等学校重点教材(修订)建设立项,在第二版基础上进行了内容重构,包含三个部分:Java 语言实验指导、实训指导和课程设计指导。实验指导部分由 4 个大实验组成:Java 程序设计基础、Java 面向对象编程初步、深入面向对象编程、基于图形用户界面的 JDBC 程序开发。每个实验都给出了不同难度级别的实验例题和实验任务,包括:基础题、提高题和综合题,例题覆盖面广,连贯性强,注释详细,循序渐进,有很好的参照性。实训部分包括 2 个项目:Java 桌面应用程序开发、Java 工厂方法模式,适合具有一定编程基础的学习者以团队方式协同开展 Java 项目开发综合实训。课程设计指导部分与实验指导、实训指导形成互补,选取了融合数据结构知识的 4 个典型应用案例:栈与串的应用(计算器)、查找与排序的应用(日历记事本)、树的应用(加密解密器)、图的应用(校园导航图),从需求分析、总体设计、详细设计、代码调试到程序发布,向学习者全面地介绍了案例设计的过程和思路,促进学生融会贯通数据结构理论和 Java 面向对象的编程技术,打下扎实的软件技术基础,为后续的毕业设计和项目开发积累经验。

  本书的全部代码都在 JDK1.8 运行环境下调试通过,部分源代码可以通过扫描二维码获得。此外,由本书编著者主讲的江苏省首批在线开放课程《Java 面向对象程序设计》已经于 2017 年在中国大学 MOOC 平台上线,提供了全套教学视频和案例资源,其配套主教材已由高等教育出版社 2019 年出版,欢迎广大学习者同时参考。

　　本书的第 1~5 章由施珺编写,第 7~8 章由纪兆辉编写,第 6 章和第 10 章由赵雪峰编写,第 9 章由汪前进编写,全书由施珺统稿。

　　由于编著者水平有限,加上时间仓促,书中难免有疏漏和不足之处,恳请广大读者指正。

编　者

2020 年 12 月 22 日

目 录

第一部分 Java 语言实验指导

第二部分 Java 语言综合实训指导

第三部分　Java 语言课程设计指导

第1章　实验1——Java 程序设计基础

说明

本实验为验证性实验,建议学时为 4,分两次完成。

1.1　实验目的与要求

1. 熟悉 Java 编程环境

认识 Java SE 开发环境和运行环境,对 TextPad、NetBeans、Eclipse、IntelliJ IDEA 等开发工具有初步的了解。熟知 Java Application 与 Java Applet 程序结构的区别,掌握 Java 字符界面和图形界面程序的编辑、编译和运行过程,能利用 JDK 工具或其他集成开发环境编写简单的 Java 程序。

2. 学会简单的 Java 程序设计

掌握 Java 的数据类型、变量、表达式、流程控制语句、数组和字符串的使用,并能编写 Java Application 程序,正确运用变量、表达式和流程控制语句,对字符、图形界面下的输入、输出有初步的体验。

1.2　实验指导

1.2.1　常用 Java 编程环境

Java 编程环境很多,可以是简单的文本编辑器类软件,比如 TextPad;也可以是集成开发环境,比如 NetBeans IDE、Eclipse、IntelliJ IDEA 等。

1. Java SE Development Kit(简称 JDK)

JDK 是 Java SE 平台面下的 Java 开发工具包,如果要开发 Java 程序,则必须获得 JDK。JDK 包括了 JRE(Java 运行时环境)以及开发过程中所需要的一些工具程序,常用 JDK 工具程序的功能见表 1 - 1。

表 1 - 1　常用 JDK 工具程序一览表

程序名称	功能描述	命令格式
javac.exe	这是 Java 编译器程序,负责检查 Java 源程序是否有语法错误并生成相应的字节码文件,字节码文件的基本名与源文件中类名同名、但扩展名为.class。	javac　文件名.java
java.exe	这是 Java 解释器程序,负责解释执行 Java Application 字节码文件。	java　主类名
appletviewer.exe	这是 Java 小程序查看器,可以模拟 WWW 浏览器运行 Applet 小程序,使用它调试程序,不需要反复调用庞大的浏览器。	appletviewer　文件名.html
javap.exe	这是 Java 反汇编器,显示编译类文件中的可访问功能和数据,同时显示字节代码含义。	javap　选项参数　类名
javadoc.exe	这是 Java 文档生成器,可以根据 Java 源代码中的说明语句生成 HTML 格式的 API 说明文档。	javadoc - d　文档存放目录 - author - version 源文件名.java
jar.exe	这是 Java 打包工具,可将多个相关的类文件打包成单个 JAR 文件,用来发布 Java 应用程序,双击该.jar 文件即可运行应用程序。	具体操作方式详见:http://java.jou.edu.cn/News/Detail_Layout1.aspx? id = 19009

2. 简单的 Java 程序开发工具——TextPad

TextPad 是 Wintertree 公司开发的文本编辑工具,可以编辑多种类型/格式的文件(如:文本文件、C/C ++ 文件、Java 文件、HTML 文件),使用简单方便。可以在其中编辑 Java 源程序,且可以直接编译 Java、运行 Java Applet 和 Java Application,很适合初学者进行简单的编辑、编译和运行 Java 程序。TextPad 4.7.3 中文版的主界面如图 1 - 1 所示。

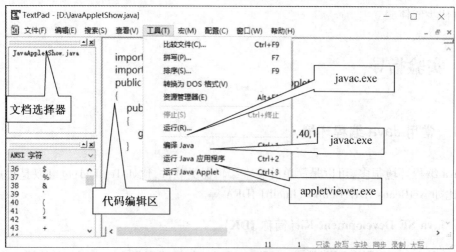

图 1 - 1　**TextPad 4.7.3 中文版的主界面**

3. 集成开发环境 NetBeans IDE

NetBeans 是 Sun 公司(已被 Oracle 公司收购)提供的开源软件开发集成环境(IDE),可用于 Java、C/C++、PHP 等语言的开发,在进行图形用户界面的 Java 应用程序开发时尤为方便。使用前需要先下载并安装 JDK 和 NetBeans。NetBeans IDE 8.2 的集成环境如图 1-2 所示。

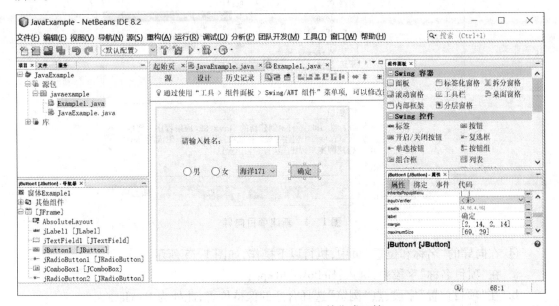

图 1-2　NetBeans IDE 8.2 的集成环境

下面通过一个简单的"HelloWorld" Java 应用程序,简要介绍 NetBeans IDE 的工作流程。
(1)新建项目
要创建 IDE 项目,请执行以下操作:
① 启动 NetBeans IDE。
② 在 IDE 中,选择"文件"菜单中的"新建项目"(Ctrl + Shift + N)菜单项,如图 1-3 所示。

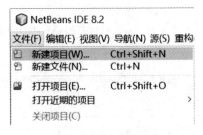

图 1-3　新建项目菜单

③ 在"新建项目"向导中,展开"Java"类别,选择"Java 应用程序",然后单击"下一步",如图 1-4 所示。

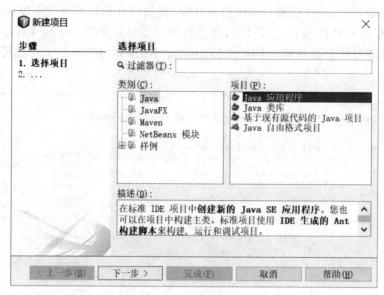

图 1-4 新建项目向导

④ 在向导的"名称和位置"页中,执行以下操作,如图 1-5 所示。

a. 在"项目名称"字段中,键入:HelloWorldApp;

b. 在"项目位置"字段,点"浏览"选择合适的保持位置,此处为 D:\Java;

c. 其余保留默认状态,无须改动信息。

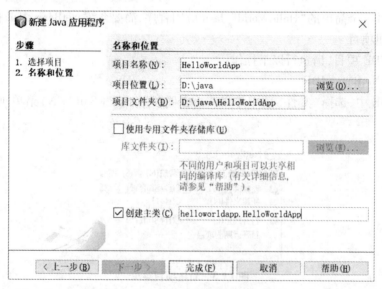

图 1-5 向导的"名称和位置"页

⑤ 单击"完成",项目被创建,在 IDE 中打开该项目,可以看到以下子窗格,如图 1 - 6 所示。

  a. "项目"窗格:其中包含项目组件(包括源文件、代码所依赖的库等)的树视图;

  b. "源"代码编辑器窗格:其中打开了一个名为 HelloWorldApp 的文件;

  c. "导航"窗格:可以使用该窗口在选定类内部的元素之间快速导航;

  d. "输出"窗格:列出编译错误或输出运行结果。

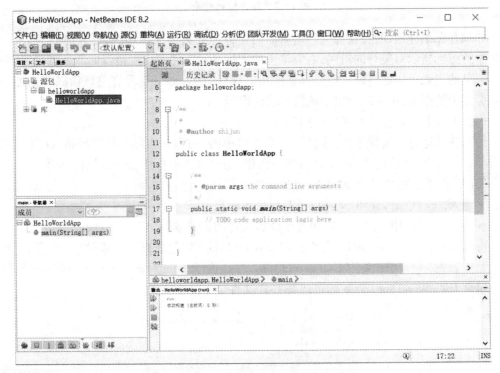

图 1 - 6　新建项目后的主界面

(2) 向生成的源文件中添加代码

由于在"新建项目"向导中将"创建主类"复选框保留为选中状态,IDE 已经创建了一个框架类。将"Hello World!"消息添加到框架代码,方法是将以下行:

//TODO code application logic here

替换为以下行:

System. out. println("Hello World!");

通过选择"文件"→"保存"来保存所做的更改。

(3) 编译并运行程序

由于 IDE 提供了"在保存时编译"功能,不必手动编译项目即可在 IDE 中运行它。保存 Java 源文件时,IDE 会自动编译它。

运行程序: 选择菜单中的"运行"→"运行主项目"(F6),或者单击工具类中的绿色箭头图标。本程序已正常运行的效果如图 1 - 7 所示。还可以从"项目"窗口中,右击需要运行的类文件,从快捷菜单中选择"运行文件",这种方式适合逐个运行类文件看其效果。

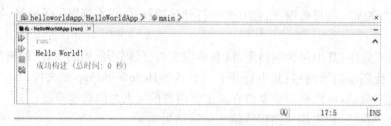

图 1-7　程序运行结果

　　如果存在编译错误,将在源代码编辑器的左旁注和右旁注中用红色图标标记出来。左旁注中的图标指示对应行的错误,右旁注中的图标显示文件中出现错误的所有区域,其中包括不可见的代码行中的错误。将鼠标悬停在错误标记上,可以查看有关该错误的描述。单击右旁注中的图标,可以跳至出现该错误的代码行。

　　(4) 生成并部署应用程序(可选择)

　　编写并试运行应用程序后,选择"运行"菜单中的"清理并构建项目"(Shift + F11),或者右击项目文件名,从快捷菜单选用"清理并构建"命令来生成应用程序以进行部署。

　　使用"清理并构建"命令时,IDE 将执行以下任务:

- 删除所有以前编译的文件以及其他生成输出;
- 重新编译应用程序并生成包含编译后文件的 JAR 文件。

　　可以通过打开"文件"窗口并展开"HelloWorldApp"节点来查看生成输出,如图 1-8 所示。编译后的字节代码文件 HelloWorldApp. class 位于 build/classes/helloworldapp 子节点内。包含 HelloWorldApp. class 的可部署 JAR 文件位于 dist 节点内。

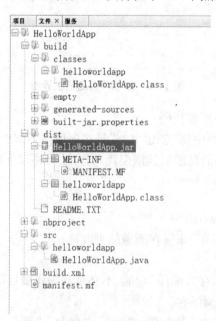

图 1-8　"文件"窗口

4. 集成开发环境 Eclipse

Eclipse 是 IBM 公司提供的一个开放源代码的、基于 Java 的可扩展开发平台,该平台由四部分组成——Eclipse Platform、JDT、CDT 和 PDE,其中 JDT 支持 Java 开发、CDT 支持 C 开发、PDE 用来支持插件开发,Eclipse Platform 则是一个开放的可扩展 IDE,提供了一个通用的开发平台。Eclipse 的集成环境如图 1-9 所示。

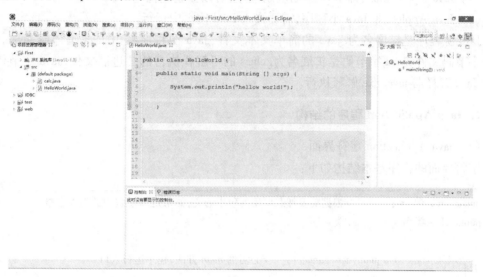

图 1-9 Eclipse 集成环境

5. 集成开发环境 IntelliJ IDEA

IntelliJ IDEA 是 JetBrains 公司的产品,提倡智能编码,减少程序员的工作,尤其在智能代码助手、代码自动提示、重构、Java EE 支持、各类版本工具(git、svn 等)、JUnit、CVS 整合、代码分析、创新的 GUI 设计等方面颇具特色。IDEA 的集成环境如图 1-10 所示。

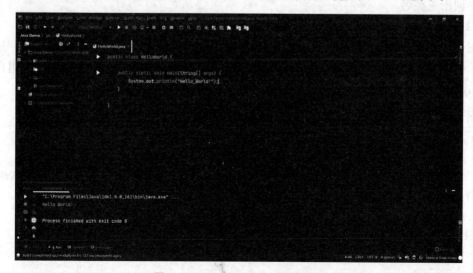

图 1-10 IntelliJ IDEA 集成环境

1.2.2　Java 程序文件的结构

Java 采用面向对象的编程方式,源程序都是由若干书写形式互相独立的类组成的。根据程序运行环境的不同,Java 程序可以划分为两大类:

(1) Java Application,即 Java 桌面应用程序,可以独立运行。

(2) Java Applet,即 Java 小程序,需要嵌入 html 网页中运行。

Java 源程序是扩展名为.java 的简单文本文件,Java 源程序经由 Java 编译器 javac.exe 生成字节码文件;Java 字节码是扩展名为.class 的可解释执行的二进制文件,Java 字节码文件由 Java 解释器 java.exe 解释执行。

1. Java Application 程序的结构

(1) Java Application 字符界面

字符界面的程序基本结构如下:

```
import java. 包. * ;          //根据需要加载要用的包中的类,如果是 lang 包中的类则省略
public class 类名          //类声明
{
    public static void main(Stringargs[ ])    //必需的 main 方法,程序运行入口
    {
        ……    //语句系列
    }
}
```

一个 Java 应用程序必须有一个类包含 main( )方法,main 方法所在的类是应用程序的主类,也是应用程序运行时的入口。一个程序中有多个类时,主类可以是非 public 类,但运行时要调用主类名。

(2)Java Application 图形界面

图形用户界面(Graphical User Interface,简称 GUI,又称图形用户接口)是指采用图形方式显示的计算机操作用户界面。图形界面的 Java 应用程序可以通过各种组件响应用户操作,实现复杂的交互功能,是目前广泛采用的桌面应用程序界面。

图形界面的程序基本结构如下:

```
import java. awt. * ;          //加载图形界面设计要用的 awt 包中的所有类
import java. awt. event. * ;          //加载事件响应要用到的 event 包中的类
public class 类名 extends Frame implements 事件接口      //声明该类是继承于 Frame 类的子类,并实现了
对事件接口的响应
{
    组件类 xx;          //组件声明,这里 xx 泛指组件类对象的名称引用
    public 构造方法名( )          //与类名同名
```

```
            setTitle("标题栏显示文字");        //设置窗体的标题
            setLayout(new FlowLayout());        //设置窗体上各控件的布局为流式布局
            xx = new 组件构造方法名(实参);    //xx 组件初始化
            add(xx);                            //将 xx 组件加入窗体
            xx. add 事件接口(this);            //为组件注册事件监听器
            setSize(w,h);                       //设置窗体宽度 w、高度 h
            setVisible(true);                   //让窗体可见
        }
        public void 接口中的抽象方法(接口事件 e)
        {
                                                //处理事件响应的代码块
        }
        public static void main(String args[ ])    //main()方法
        {
            new 构造方法名();                  //构造一个当前类的新窗体对象
        }
}
```

如果要用 Swing 组件设计图形界面,则需要在上面的框架中,增加一行代码:

import javax. swing. *; //加载 javax. swing 包中的类

同时将类声明改为:

public class 类名 extends JFrame //声明该类是继承于 JFrame 类的子类

其余结构相同。

2. Java Applet 小程序的结构

Java Applet 是用 Java 语言编写的一种不能单独运行但可嵌入在其他应用程序中的小程序。一般嵌入在 HTML 编写的 Web 页面中,可以通过 < applet > 标记把 XXX. class 嵌入到页面中,由 Web 浏览器内部包含的 Java 解释器来解释运行。

Java Applet 程序需要在 Web 浏览器中运行,浏览器运行时自带窗口,所以 Java Applet 适合以图形化界面展示,其初始化代码一般写在 Applet 类的 init()方法中,运行时自动执行。Applet 程序不以 main 方法为主入口,所以无须包含 main 方法。

Java Applet 的程序结构如下:

```
import java. applet. *;           //必须加载 applet 包中的类
import java. awt. *;              //加载图形界面设计用到的 awt 包中的类
public class 类名 extends Applet  //声明该类是继承于 Applet 类的子类
{
    ……                          //其他语句
}
```

嵌入相应的 HTML 网页文件中的代码如下：

```
<html>
    <body>
        <appletcode = "类名.class" height = 400 width = 500>
        </applet>
    </body>
</html>
```

注：代码中的 height = 400，width = 500 是设置 Applet 在网页上的显示区域大小，此数值仅供参考，可根据需要适当修改。

1.2.3　实验例题

本节共设计了 7 道例题，其中基础题 4 道、提高题 2、综合题 1 道，例题演示了如何用 Java 语言实现各种形式的文本输出、如何用基本的 AWT 组件进行简单的图形用户界面设计、如何显示图片、如何设置字体、如何设置颜色、如何响应简单的用户动作事件，并提供了一些常见的算法。

例题中应用了部分后续章节才学到的知识点，第一次实验时可先模仿练习使用，待学过后续章节再进一步消化吸收这些知识点。

【基础题】

【例1-1】　编写一个 Java Application 程序，用字符界面输出两句文字："祝大家学习顺利！""期待大家早成 Java 编程高手！"。

解：操作步骤如下：

（1）打开 TextPad

在文本编辑窗口输入一行代码：

```
public class JavaExample1_1
```

（2）保存 Java 源程序文件

执行"文件"菜单的"另存为"命令，输入文件名（本例为 JavaExample1_1，建议从刚输入的代码中复制、粘贴类名，不容易出错），保存文件类型选择"Java（*.java）"，如图 1-11 所示。

注意：源代码文件名必须与此处 public 类名完全一致，即 JavaExample1_1，若字母大小写不一致，将无法通过编译。

图 1-11 "另存为"窗口

保存为 Java 源程序文件后,编辑区将自动显示为 Java 语法敏感格式,关键字为蓝色,括号为红色,系统自带的 API 为深蓝色,如果拼写不正确则为黑色,以便于发现输入错误。

(3)在代码编辑窗口继续输入全部代码

本例程序清单如下:

```
public class JavaExample1_1
{
    public static void main( Stringargs [ ])                    //表示程序运行入口
    {
        System. out. print("祝大家学习顺利!");                   //输出一行字符,结尾不换行
        System. out. println("期待大家早成 Java 编程高手!");     //输出一行,结尾换行
    }
}
```

每行代码输入完毕按回车键,系统会自动按 Java 编程规范缩进。此外,输入左大括号"{"回车后,系统会自动将随后输入的代码按规范的格式产生一次缩进,输入右大括号"}"时,系统还会自动与之前的"{"匹配对齐,使得源程序格式整齐规范。

注意: Java 语言是区分字母大小写的,在输入上述程序时,注意字母大小写,特别是所有标点符号均需要采用英文输入法状态下的半角符号。

(4)编译和运行

首先从"工具"菜单中单击编译"Java",如果有错误需要对代码进行修改。编译通过后,回到源程序编辑窗口,再单击"运行 Java 应用程序",如图 1-12、图 1-13 和图 1-14 所示。

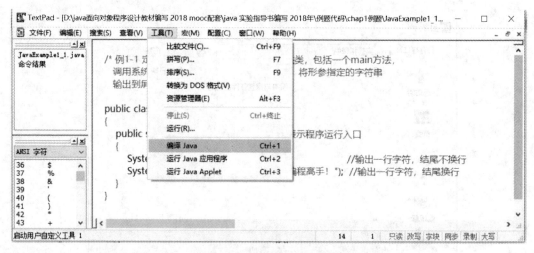

图 1-12 编译 Java 源程序

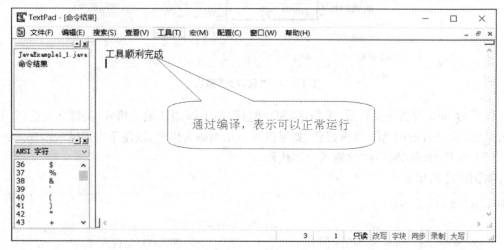

图 1-13 Java 源程序编译成功

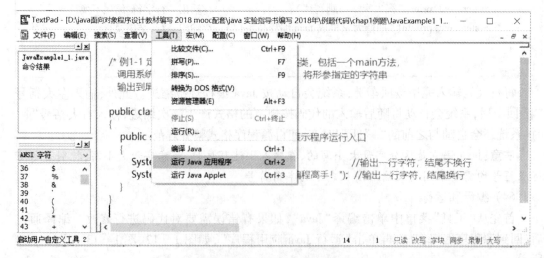

图 1-14 运行 Java 应用程序

本程序运行结果如图 1–15 所示。

图 1–15　JavaExample1_1 的运行结果

思考：如何修改代码以实现图 1–16 所示的分行效果？

提示：可以在字符中用换行符 \n 实现，也可以用 println( ) 方法实现换行。

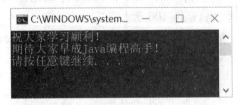

图 1–16　修改代码后的运行结果

【例 1–2】 编写一个 Java Application 程序，在图形界面上分别用标签和文本框输出 2 个成语："勤能补拙""水滴石穿"。

解：操作步骤同例 1–1，保存时注意源文件名应为：JavaAppGraphics. java。

程序清单如下：

```
import java. awt. * ;                        //加载图形界面设计要用的抽象窗口工具包
public class JavaAppGraphics extends Frame  //定义一个继承于 Frame 类的子类
{
    Label prompt;                           //声明一个标签对象，名为 prompt
    TextField output;                       //声明一个文本框对象，名为 output
    JavaAppGraphics( )                      //构造方法，在其中完成界面初始化
    {
        setTitle("Java 图形界面示例");        //设置窗口标题
        prompt = new Label("勤能补拙");       //创建标签对象，并设置其显示信息
        output = new TextField(20);          //创建显示宽度为 20 列的文本框对象
        output. setText("水滴石穿");          //设置文本框中的文字内容
        setLayout(new FlowLayout( ));        //设置窗体上各控件的布局为流式布局
        add(prompt);                         //将标签布局到窗体中
        add(output);                         //将文本框布局到窗体中
        setSize(450,150);                    //设置窗体宽度、高度
        setVisible(true);                    //让窗体可见
    }
    public static void main(String[ ] args)  //程序运行的主方法
    {
        new JavaAppGraphics( );              //构造一个当前窗体的对象
    }
}
```

本程序运行结果如图 1 - 17 所示。

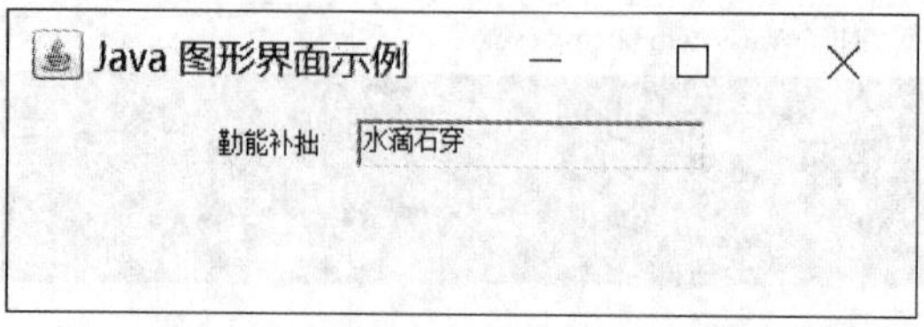

```
🍵 Java 图形界面示例        —    □    ✕

     勤能补拙  水滴石穿
```

图 1 - 17　JavaAppGraphics 的运行结果

思考:若改用两个标签或者两个文本框来显示以上文字,如何修改代码?

【例 1 - 3】　编写一个 Java Applet 小程序,用图形界面输出两句文字:"如何快速成为 Java 高手?""每天敲 100 行代码、坚持 100 天! ^_^"。

解:操作步骤与例 1 - 1 基本相同,保存时注意源文件名应为:JavaAppletShow. java,且最后一步选择:"运行 Java Applet",如图 1 - 18 所示。

程序清单如下:

```
import java. awt. Graphics;                //加载抽象窗口工具包中的 Graphics 类
import java. applet. Applet;               //加载小程序包中的 Applet 类
public class JavaAppletShow extends Applet //定义一个继承于 Applet 类的子类
{
    public void paint( Graphicsg)          //绘制容器的方法,自动调用
    { /*从坐标 x = 80,y = 100 的位置起显示字符串*/
        g. drawString("如何快速成为 Java 高手?",80,100);
        g. drawString("每天敲 100 行代码、坚持 100 天! ^_^",80,140);
    }
}
```

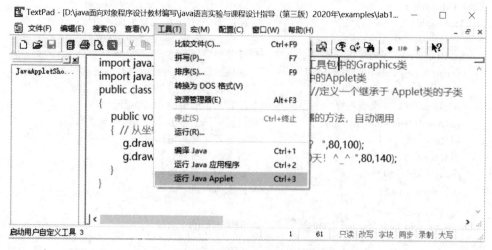

图 1 - 18　运行 Java Applet 的菜单命令

本例运行结果如图 1-19 所示。

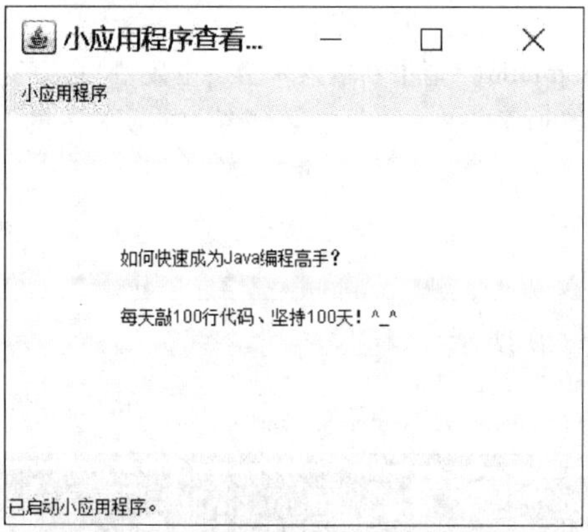

图 1-19　JavaAppletShow 的运行结果

【例 1-4】　编写一个 Java Application 字符界面程序,对输入的一个 3 位数,判断其是否为水仙花数。

解: 水仙花数是一个三位数,其各位数字的立方和等于这个数本身。程序中通过 Scanner 类的 nextInt( )方法获取输入的整数,通过 while 循环实现多次输入并判断。首先判断是否为结束标志 0,接着判断如果是一个三位数,则求出其百位、十位、个位上的数字 i、j、k,再判断 i、j、k 的立方和是否等于该数 n,如果是则输出该数是水仙花数,否则输出不是水仙花数。程序中用到了 Math. pow(x,3),这是 Java 中用来求某数 x 立方的 API。

程序清单如下:

```
import java. util. Scanner;                    //加载 java. util 包中的 Scanner 类
class IsNarcissus                              //类声明
{
    public static void main( String args[ ] )
    {
        Scanner input = new Scanner( System. in) ; //创建 Scanner 类的对象
        System. out. println( "请输入一个三位数【输入 0 结束程序】:");
        int num = input. nextInt( );              //获取已输入数字赋值给整型变量 num
        while( num! =0)                           //如果输入的数不是 0,则执行循环中的代码
        {
            if( num > 100 && num < 1000)          //判断所输入的是一个三位数
            {
                int i = num/100;                  //取百位的那个数
                int j = ( num - i * 100)/10;      //取十位的那个数
                int k = num% 10;                  //取个位的那个数
                if( ( Math. pow( i,3) + Math. pow( j,3) + Math. pow( k,3)) = = num)
                    System. out. println( num + "是水仙花数") ;
                else
                    System. out. println( num + "不是水仙花数") ;
```

```
        }
        else
            System. out. println("请重新输入一个三位数:");
            num = input. nextInt();                //继续接收所输入的下一个数
        }
    }
}
```

本例运行结果如图 1 - 20 所示。

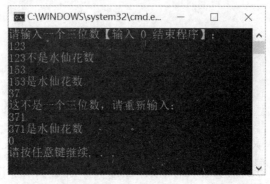

图 1 - 20　IsNarcissus 类的运行结果

【提高题】

【例 1 - 5】　Java 基本数据类型与流程控制结构的综合使用示例。

解: 本例源程序由 2 个类组成,包含 main() 方法的主类名为 Example1_5,另外一个普通类名为 Process,其中封装了 8 个方法,用不同算法分别实现了一些常用功能。在主类中创建了一个 Process 的对象 p,通过 p 调用了每个方法。

程序清单如下:

```
public class Example1_5                        //主类,包含 main()方法
{
    public static void main(String args[])
    {
        int choice = Integer. parseInt(args[0]);  //获取运行时所带参数,不同参数执行的代码不同
        Process p = new Process();
        switch(choice){
        case 1:
            System. out. println("1. 求 1 000 以内的完全数——");
            p. isPerfectNum();
        case 2:
            System. out. println(" \n\n2. 求 16/8 和 16 * 8 效率最高的算法——");
            p. shiftOperator();
```

```
case 3:
    System.out.println("\n3. 输出字母表——");
    p.showLetters();
case 4:
    System.out.println("\n\n4. 生成并输出 10 个 50~100 之间的随机数——");
    p.showRandom();
    break;
case 5:
    System.out.println("\n5. 测试运算符优先级——");
    p.testPrecedence();
case 6:
    System.out.println("\n6. 测试逻辑运算符与位运算符——");
    p.testLogic();
case 7:
    System.out.println("\n7. 测试利用异或运算符进行加密解密——");
    p.coding();
case 8:
    System.out.println("\n8. 测试用增强 for 循环和 Lambda 表达式来输出数组
                        元素—");
    p.testLambda();
        }
    }
}


class Process         //普通类
{
    /*求 1000 以内的完全数:所有因子之和(包括 1 但不包括自身)等于
    该数自身的数,如 6 是完全数,因为 6 = 1x2x3 且 6 = 1 + 2 + 3*/
    void isPerfectNum()
    {
        System.out.println("1 000 以内的完全数有:");
        int i = 1;
        while(i < 10 000)
        {
            int y = 0;
            for(int j = 1;j < i;j ++)
                if(i%j = = 0)   y + = j;     //% 模运算符,求余数
            if(y = = i)
            {
            System.out.print(i + "\t");      //\t 是制表符,用来对齐输出
            }
            i ++;
```

```
        }
    }
    /* 求 16/8 和 16 * 8 效率最高的算法   */
    void shiftOperator( )
    {
        int lintNumber = 16;
        System. out. println("16/8 = " + (lintNumber >> 3));   //求 16/8
        System. out. println("16 * 8 = " + (lintNumber << 3));//求 16 * 8
    }
    /* 输出字母表   */
    void showLetters( )
    {
        for(char start = 'a';start < = 'z';start ++){
        System. out. print(start + " ");
        }
    }
/* 生成并输出 10 个 50 ~ 100 之间的随机数   */
    void showRandom( )
    {
        int n = 0;
        do{
            int x = (int)(Math. random( ) * (100 - 50 + 1) + 50);
            System. out. print(x + " ");
            n ++;
        }while(n < 10);
        System. out. println("\n");
    }
        /* 测试左侧表达式的值对逻辑运算符 && 、|| 和对位运算符 & 、|的影响*/
    void testLogic( )
    {
        int x,y = 10;
        if((((x = 0) = = 1)&&((y = 20) = = 20))        //&& 表达式左侧为 false,则右侧被忽略
            System. out. println("现在 y 的值是 = " + y);   //未被执行
        else
            System. out. println("现在 y 的值是:" + y);       //y = 10

        nt a,b = 10;
        if((((a = 0) = = 0)|((b = 20) = = 20))        //不论左侧是否为 true,|两侧均被执行
            System. out. println("现在 b 的值是:" + b);       //b = 20
    }

    /* 测试算术运算符   */
```

```
void testPrecedence( )
{
        / *   测试运算符优先级   * /
        int a = 1,c = 6;
        System. out. println("a = 1,c = 6,( - ++a + c) = " + ( - ++a + c) + "   a = " + a);


        / *   测试不同数据类型进行除运算时的余数   * /
        int e;
        float f;
        double d,d1;
        e = 5/2;
        f = 5/2;      //   如 f = 5/2.0 则报错
        d = 5/2;
        d1 = 5/2.0;
        System. out. println("int e = 5/2 = " + e);
        System. out. println("float   f = 5/2 = " + f);
        System. out. println("double d1 = 5/2 = " + d + "   double d1 = 5/2.0 = " + d1);


        / *   测试运算符的结合律   * /
        int i = 4;
        System. out. println("i = 4;c *  - i = " + c *  - i);


        / *   测试三目运算符   * /
        int m = 2,n = 3,x = 4,y = 5;
        System. out. println("int m = 2,n = 3,x = 4,y = 5;n < m? x:y   " + (n < m? x:y));
}


/ *测试字符加密   * /
void coding( )
{
        char j1 = '施';
        char ch1 = '珺';
        char s = '9';              //加密的密钥
        j1 = (char)(j1^s);         //用异或运算进行字符加密
        ch1 = (char)(ch1^s);
        System. out. println("密文是:" + j1 + ch1);
        j1 = (char)(j1^s);         //再次用异或运算进行字符解密
        ch1 = (char)(ch1^s);
        System. out. println("原文是:" + j1 + ch1);
        System. out. println("汉字珺在 unicode 码中的顺序位置是" + (int)ch1);
}
```

```
/* 测试用增强 for 循环与 Lambda 表达式来输出数组元素
   Lambda 表达式的基本语法:(parameters) -> expression 或(parameters) -> {statements;} */
void testLambda()
{
    String[] str = {"星期一","星期二","星期三","星期四","星期五"};
    List < String > weekday = Arrays. asList( str);
    System. out. println( "\n 用增强 for 循环:");
    for( String  s: weekday){                              //用增强 for 循环输出
        System. out. print(s + "|");
    }
    System. out. println( "\n\n 用 Lambda 表达式:(x) -> System. out. print(x)");
    weekday. forEach((x) -> System. out. print(x + ";"));   //用 Lambda 表达式输出
    System. out. println( "\n\n 用 Lambda 表达式:System. out::println  ");
    weekday. forEach(System. out::println);                 //用 Lambda 表达式输出
}
```

本例运行时需要带参数,从 TextPad 的"工具"菜单中选择"运行……"命令,在对话框中填写如图 1–21 所示的信息,当类名后所给参数为 1 时,运行结果如图 1–22 所示,当所给参数为 5 时,运行结果如图 1–23 所示。

建议:根据程序清单中的代码,测试带不同参数(1~7 之间某一个数字)的运行情况,逐行分析输出结果,以加深对 Java 语法基础知识的理解。

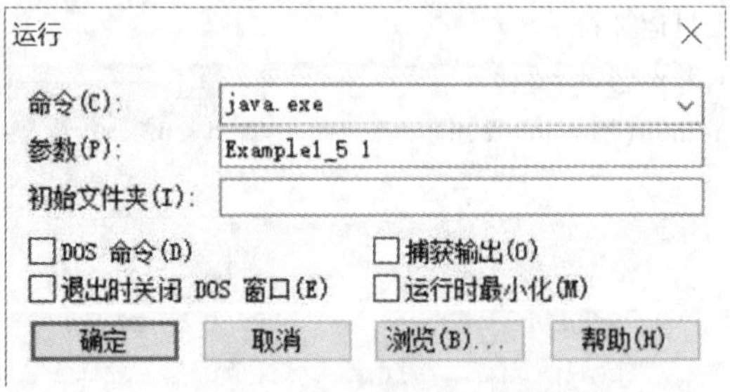

图 1–21　为 Example1_5 类给定参数的运行界面

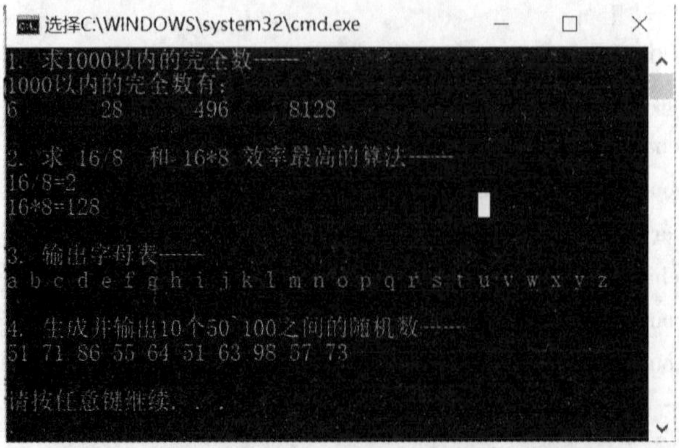

图 1–22　Example1_5 类带参数 1 时的运行结果

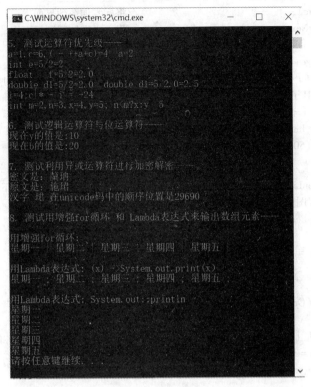

图 1-23　Example1_5 类带参数 5 时的运行结果

【例 1-6】　编写一个 Java 图形界面程序,实现多张图片的轮播。

解:方法 1——用 Applet 小程序实现文本和图片的显示,并进行简单的用户动作事件响应。该类继承于 Applet 类,程序中用数组存储多张图片,单击"下一张"按钮,更换一张新图片;当显示至最后一张图片时,再单击按钮,则自动从第一张图片重新开始显示。

程序清单如下:

import java. awt. * ;	//加载图形界面设计要用的抽象窗口工具包
import java. awt. event. * ;	//加载图形界面下响应事件的包
import java. applet. Applet;	//加载 applet 包中的 Applet 类
public class UseArrayPic extends Applet implements ActionListener	
{	
Image[ ] myImages;	//声明一个图像数组,用来存放多张图片
int totalImages = 5;	//待显示的图片总数
int currentImage = 0;	//当前显示的图片下标
Labelpic;	//声明一个标签
Button btNext;	//声明一个按钮
public void init( )	//实现 Applet 的 init 方法,用来初始化界面
{	
pic = new Label("想看校园美景吗?") ;	//创建标签对象
btNext = new Button("下一张");	//创建按钮对象

```
        add(pic);                              //将标签加载到界面中
        add(btNext);                           //将文本框加载到界面中
        btNext. addActionListener(this);       //为按钮注册监听器对象
        myImages = new Image[totalImages];     //创建图像数组对象
        /*用 for 循环为数组元素赋值,getDocumentBase()方法获取源文件所在当前目录,图片位
           于其子目录 jou 中,文件命名规律为 jou1. jpg、jou2. jpg… */
        for(int i = 0;i < myImages. length;i ++)   //上界也可以用 totalImages
            myImages[i] = getImage(getDocumentBase(),"jou\\pic" + (i + 1) + ". jpg");
        setSize(500,600);                          //设置界面宽度、高度
    }

    /*实现 ActionListener 接口中的 actionPerformed 方法,单击按钮时,数组下标自增,界面刷新一
        下,以实现图片的循环显示 */
    public void actionPerformed(ActionEvent e)
    {
        currentImage = ++ currentImage% totalImages;   //通过模运算实现循环
        repaint();                                     //界面刷新
    }
    public void paint(Graphics g)                      //绘制容器的方法
    {
        /*以界面左上角为基准,在 x =40 y =50 的位置开始显示图片,并将图片的显示尺寸设置成 w
            =400,h =350 */
        g. drawImage(myImages[currentImage],40,50,450,500,this);
    }
}
```

本例采用 Applet 小程序结构实现的运行结果如图 1 – 24 所示。

图 1 – 24   UseArrayPic 类的运行结果

方法 2——用 Application 程序实现图片的显示并进行用户动作事件响应。该类继承于 JFrame，与方法 1 不同的是没有用 paint( )方法绘图，而是直接改用标签组件 JLabel 来显示图片，并且设置了图片按给定的尺寸显示在标签上。此外，用本类的构造方法替代 Applet 的 init( )方法来实现图形界面的初始化，在 main( )方法中构造了该窗体对象。

```java
import java. awt. * ;
import java. awt. event. * ;
import javax. swing. * ;                              //加载图形界面设计要用的新包
public class UseArrayPicJLabel extends JFrame implements ActionListener
{
    ImageIcon [ ] myImages;                          //声明一个图标数组,用来存放多张图片
    int totalImages = 5;                             //待显示的图片总数
    int currentImage = 0;                            //当前显示的图片下标
    JLabel   pic;                                    //声明一个标签
    JButton btNext;                                  //声明一个按钮
    public UseArrayPicJLabel( )                      //构造方法,用来初始化界面
    {
        setTitle("想看校园美景吗?");
        myImages = new ImageIcon [totalImages];      //创建图标数组对象
        /*用 for 循环为数组元素赋值,并设置图片可以自适应 Jlable 组件的大小*/
        for( int i = 0;i < myImages. length;i ++ )
        {   myImages[i] = new ImageIcon("jou\\pic" + (i + 1) + ". jpg");
            myImages[i]. setImage( myImages[i]. getImage( ).
                getScaledInstance(450,500,Image. SCALE_DEFAULT));     //设定图片大小
        }
        pic = new JLabel( myImages[0]);              //创建标签对象
        btNext = new JButton("下一张");
        add( pic,"Center");                          //将标签加载到界面中间
        add( btNext,"South");                        //将文本框加载到界面下方

        btNext. addActionListener( this);
        setSize(500,600);                            //设置界面宽度、高度
        setVisible( true);                           //设置窗体可见
    }

    /*单击按钮时,数组下标自增,界面刷新一下,以实现图片的循环显示*/
    public void actionPerformed( ActionEvent e)
    {
        currentImage = ++ currentImage% totalImages; //通过模运算实现循环
        pic. setIcon( myImages[ currentImage]);      //界面刷新
    }
    public static void main( String arg[ ])
```

```
    {
        new UseArrayPicJLabel();        //创建当前窗体对象
    }
}
```

本例采用 Application 程序结构实现的运行结果如图 1-25 所示。

图 1-25 UseArrayPicJLabel 类的运行结果

方法 3——用 JavaFX 技术编程实现。JavaFX 是开发富客户端的 Java API,目的是为富客户端应用程序提供一个现代、高效、功能齐全的工具包,适用于基于 Java 的桌面、移动端和嵌入式系统开发。用 JavaFX 编写的图形界面程序要定义成 Application 类的子类,与前两种方法的程序结构有所不同,请注意其中差别。程序清单如下:

```
import javafx. application. Application;        //加载应用程序类
import javafx. stage. Stage;                    //加载舞台类,用作界面窗口
import javafx. scene. Group;                    //加载分组类,用作组件布局
import javafx. scene. Scene;                     //加载场景类
import javafx. scene. image. Image;             //加载图像类
import javafx. scene. image. ImageView;         //加载图像显示类
import javafx. scene. control. Button;          //加载按钮类
public class UseJavaFX extends Application       //JavaFX 程序需要定义为 Application 的子类
{
    Image [ ] myImages;                          //声明一个图像数组,用来存放多张图片
    int totalImages = 5;                         //待显示的图片总数
    int currentImage = 0;                        //当前显示的图片下标
```

```
    ImageView pic = new ImageView( );                    //创建一个图片显示对象
    Button btNext;
    public void start(Stage myStage) throws Exception    //窗口的启动方法
    {
        myStage.setTitle("想看校园美景吗?");              //设置窗口标题
        myStage.setWidth(400);                           //设置窗口高度
        myStage.setHeight(500);                          //设置窗口高度
        Group layout = new Group( );                     //创建分组容易,用于布局组件
        myStage.setScene(new Scene(layout));             //设置舞台的场景

            btNext = new Button("下一张");               //创建按钮对象
            btNext.setLayoutX(180);                      //设置按钮显示位置的 x 坐标
            btNext.setLayoutY(20);                       //设置按钮显示位置的 y 坐标

            myImages = new Image [totalImages];          //创建图像数组对象
            for(int i = 0;i < myImages.length;i + + )    //用 for 循环为数组元素赋值
            {
                myImages[i] = new Image("joupic" + (i + 1) + ".jpg");
            }
            pic.setImage(myImages[0]);                   //设置图像显示组件的初始图片
            pic.setLayoutX(20);                          //设置图像显示位置的 x 坐标
            pic.setLayoutY(60);                          //设置图像显示位置的 y 坐标
            pic.setFitWidth(350);                        //设置图像的显示宽度为 350
            pic.setPreserveRatio(true);                  //设置图像按比例缩放
        layout.getChildren( ).addAll(pic,btNext);        //将标签和按钮布局到组容器中

        btNext.setOnAction(event – >|   changepic( );|);    //用 Lamda 表达式实现事件响应
        myStage.show( );                                 //设置窗口可见
    }
    public void changepic( )                             //自定义的方法:实现图片的循环显示
    {
        currentImage = + + currentImage% totalImages;    //通过模运算实现循环
            pic.setImage(myImages[currentImage]);        //刷新显示的图片
    }
    public static void main(String arg[ ])               //应用程序的运行入口
    {
            launch(arg);                                 //启动 JavaFX 的运行
    }
}
```

本例采用 JavaFX 技术实现的运行结果如图 1 – 26 所示。

图 1-26　UseJavaFX 类的运行结果

【综合题】

【例 1-7】　编写一个 Java Application 图形界面程序,实现以下功能:

(1) 在文本框中输入一个数值,单击"求平方"按钮,则在文本域中输出该数的平方;

(2) 在文本框中输入一行字符串,单击"统计"按钮,则对字符串中包含的数字、大写字母、小写字母及其他字符的个数进行统计,并在文本域中分行输出统计结果;

(3) 在文本框中输入一行字符串,单击"排序"按钮,则对字符串按 ASCII 码升序排列并在文本域中输出。

解:本例综合应用了 Java 语言基础的相关知识,如:用数组的长度属性 chs. length 作为循环上界;数据类型转换 double x = Double. parseDouble (s);字符串转换为字符数组 s. toCharArray ( );if 单分支、for 循环、if-else if-else 多分支结构的嵌套;逻辑运算符 &&;自增运算符 ++;换行符 \n;增强 for 循环 for(char c:chs) 等。此外,提前用到了少量后续章节的知识,如:设置字体、设置颜色、用匿名类实现窗口上"X"按钮的关闭功能、判断事件源的两种方法、Arrays 类的排序方法 sort( ) 等,供感兴趣的学习者参考练习。

程序清单如下:

```
import java. awt. * ;                              //加载图形界面设计要用的抽象窗口工具包
import java. awt. event. * ;                        //加载图形界面下响应事件的包
import java. util. Arrays;                          //加载实用工具包中的 Arrays 类,用于数组排序
public class JavaAppGraphicsInOut extends Frame   implements ActionListener
```

```
{
    Label prompt;                                         //定义一个标签,用于提示
    TextField input;                                      //定义一个文本框,用于输入
    TextArea output;                                      //定义一个文本域,输出分类统计结果
    Button btnSq,btnCount,btnSort;                        //定义 3 个按钮,分别求平方、统计与排序

    JavaAppGraphicsInOut( )
    {
        super("图形界面的 Java Application 程序");           //设置窗体标题
        prompt = new Label("请输入字符串:");               //设置标签提示字符信息
        input = new TextField(30);                        //设置输入文本框的显示宽度
        input. setFont(new Font("宋体",Font. BOLD,18));    //设置文字体
        output = new TextArea(5,30);                      //创建一个 5 行、30 字长的文本域
        output. setFont(new Font("黑体",Font. BOLD,18));
        output. setForeground(Color. blue);               //设置文本域中输出文字的颜色
        btnSq = new Button("求平方");                      //以指定文字创建按钮对象
        btnCount = new Button("统计");
        btnSort = new Button("排序");
        /* 设置窗体上各控件的布局为流式布局,各控件将依据加载顺序在窗体上并排布局,超过窗
           体宽度时自动换到下一行显示 */
        setLayout(new FlowLayout( ));
        add(prompt);                                      //将标签布局到窗体中
        add(input);
        add(btnSq);
        add(btnCount);
        add(btnSort);
        add(output);

        btnSq. addActionListener(this);                   //为按钮注册监听器对象
        btnCount. addActionListener(this);
        btnSort. addActionListener(this);

        addWindowListener(new WindowAdapter( )            //让窗口上的"X"起作用
        {
            public void windowClosing(WindowEvent e)      //关闭窗口时的方法
            {
                System. exit(0);                          //系统退出
            }
        });
        setSize(600,260);                                 //设置窗体宽度、高度
        setVisible(true);                                 //让窗体可见
    }
```

```java
/* 实现 ActionListener 接口中的 actionPerformed 方法    */
public void actionPerformed( ActionEvent e)
{
    String s = input. getText( );                       //将文本框中的所有文本赋值给 s
    char[ ] chs = s. toCharArray( );                    //将字符串转换为字符数组
    int num1 = 0,num2 = 0,num3 = 0,num4 = 0;            //用于各类字符的计数
    if( e. getSource( ) = = btnSq)                       //当事件源是 btnSq 按钮时
    {
        double x = Double. parseDouble( s);             //注意 s 应为合法数字,以免出错
        output. setText("该数的平方 = " + x * x);
    }
    if( e. getSource( ) = = btnCount)                    //当事件源是 btnCount 按钮时
    {
        for( int i = 0;i < chs. length;i ++ )
        {
            if( chs[ i] > = '0' && chs[ i] < = '9')      //数字 0 ~ 9
                num1 ++ ;
            else if( chs[ i] > = 'A' && chs[ i] < = 'Z')  //大写字母 A ~ Z
                num2 ++ ;
            else if( chs[ i] > = 'a' && chs[ i] < = 'z')  //小写字母 a ~ z
                num3 ++ ;
            else                                         //其他字符
                num4 ++ ;
        }
        output. setText("数字个数:" + num1 + "\n\n 大写字母个数:" + num2 + "\n\n 小写字母个
                数:" + num3 + "\n\n 其他字符个数:" + num4);
    }
    if( e. getActionCommand( ). equals("排序"))          //当事件源是"排序"按钮时
    {
        String ss = "";
        Arrays. sort( chs);                              //对字符数组中的元素按 ASCII 码升序排列
        for( char c:chs)                                 //用增强 for 循环遍历数组元素
            ss = ss + c;                                 //字符串连接
        output. setText( ss);                            //输出排序后的字符串
    }
}
public static void main( String ar[ ])
{
    new JavaAppGraphicsInOut( );                         //构造一个当前窗体对象
}
}
```

本例运行后,在文本框输入数字,单击"求平方",结果如图 1-27 所示。

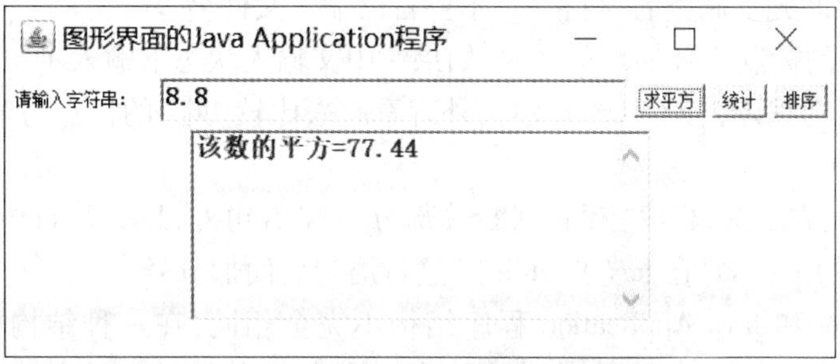

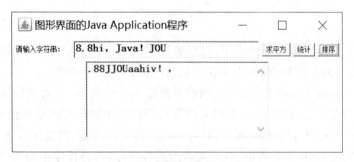

图 1-27 单击"求平方"按钮的运行结果

若输入其他大小写混合字符,单击"统计"按钮,则在下方的文本域中输出分类统计结果,如图 1-28 所示。

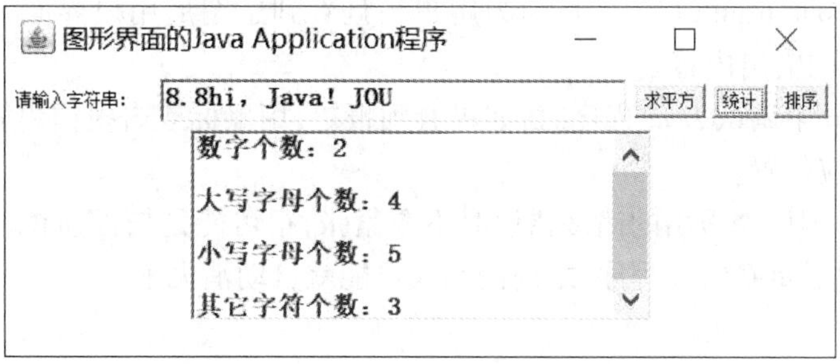

图 1-28 单击"统计"按钮的运行结果

单击"排序"按钮,则在下方的文本域中按照 ASCII 码顺序输出排序后的字符串,如图 1-29 所示。

图 1-29 单击"排序"按钮的运行结果

1.2.4 初学者编程时的常见问题

Java 初学者,特别是有一定 C 语言或者 VB 编程基础的同学,容易将过去的编程习惯带入到 Java 编程中,造成一些编译错误。常见问题归纳如下:

① Java 是大小写敏感的语言,不管是在文件名中还是在源程序中,都要注意字母的大小写问题。

②　Java 源程序保存时,文件名应该和源程序中的主类名一致,不可随意取名。避免出错的技巧是:保存时先复制类名,再粘贴,不要自己输入文件名。

③　源程序中的标点符号都是英文的,如果在中文输入状态下输入了引号、逗号、分号等标点符号,则会引起编译错误。排查技巧:外观看起来比较"胖"的标点符号,十有八九是中文符号。

④　除了类头、方法头、程序控制、判断等部分特殊语句外,Java 每行语句以分号";"结束。特别要小心的是:不要在 for( )、while( )这行语句后面加分号";"。

⑤　Java Applet 和 Java Application 程序结构不完全相同,在一种结构中必需的代码内容,在另外一种结构中不一定需要,有些方法含义特殊,不能照抄。最容易被混淆的方法有:main( )、init( )、paint( ),其用法请参阅前面的例题。此外,在运行 Java 程序时,很有可能因为没有正确区分 Java Application 和 Java Applet 的程序结构而导致运行错误。

⑥　图形界面与字符界面的输入输出方式不同,尽量不要混用,比如:在图形界面中尽量不要出现 System. out. println(" ");因为用户一旦看到了图形用户界面,一般就不会再留意到 DOS 控制台的输出内容。

⑦　在 TextPad 中调试 Java 程序时,如果看到报错,用鼠标双击报错内容,系统会自动跳到源程序中的对应位置。

⑧　面对 Java 编译器报出的诸多错误时不要紧张,很可能是前面所说的第(1)(3)条引起的,将错误修改后重新编译程序,之前的错误可能就自动消失了。

1.3　实验任务

【基础题】

1.　编写一个 Java Application 程序,实现数论中的某个基本算法,如素数的判断、求解;最大公约数或最小公倍数的求解;水仙花数的求解;回文数的判断等。

2.　编写一个 Java Applet 程序,利用图形界面输入一个数据,并对该数据进行判断(如:是否是素数;是否是水仙花数,是否是回文数等),并将结果输出在图形界面中。

3.　编写一个 Java Application 程序,对各类运算符进行验证,将验证表达式及结果输出。

4.　随机产生包含 10 个元素的数组,对数组进行排序,并将排序前后的数组分别输出。

5.　随机生成一个二维数组,查找数组中是否在某个元素。

6.　随机产生包含 20 个元素的数组,求出数组中的最大值、最小值以及平均值。

【提高题】

1.　编写一个 Java Application 图形界面程序,用于输入并统计个人上学期所学课程的成绩信息,包括课程名、学分、考试成绩,统计平均分和获得的总学分,不及格的课程用红色显示,且不计入总学分。

2. 将 10 万元人民币分别按照 3 种以上不同利率存入银行,列出 5 年内每年每种利率的存款余额。

3. 利用二维数组编程实现矩阵相乘、矩阵转置。

【综合题】

1. 编写一个趣味性 Java Applet 小程序,根据界面上随机生成或任意输入的一个日期型数据,判断是否闰年,算出是周几,同时判断对应的星座与性格,输出星座图片。

2. 编写其他主题的各种竞猜类小游戏,要求图文并茂。

3. 根据贷款额度、银行利率、贷款年限,计算月还款数额,用图形界面实现。

【题目完成要求】

1. 学生可以根据各自基础选做其中 3 题,采用三种不同界面实现,同类题目不要重复选;

2. 选用适当的编程工具完成选题,注意编程规范,按程序流程结构缩进,添加必要的注释;

3. 确保程序调试通过,测试运行结果正常;

4. 提交源程序和内容齐全的实验报告。

第2章 实验2——Java面向对象编程初步

🧠 **说明**

本实验为设计性实验,建议学时为4,分两次完成。

2.1 实验目的与要求

1. 掌握类的定义和对象的创建方法

理解类的抽象与封装要求,能正确地定义类,包括类的属性提炼、方法的封装和构造方法的设计,能够正确利用构造方法进行对象的创建。

2. 掌握继承与多态的实现方法

学会运用属性的继承和隐藏,方法的继承,重载与覆盖,构造方法的引用与重载等机制来实现Java的继承与多态的思想;理解并能正确运用非访问控制符 abstract、static、final,掌握各种修饰符在混合使用时需注意的问题。

2.2 实验指导

本节设计了6道例题,其中基础题3道、提高题2道、综合题1道,涵盖了Java面向对象编程的基础知识,重点演示了类的完整定义、对象的创建、类的继承、方法的重载与覆盖、非访问控制符的合理使用等,知识点和难度循序渐进,且每道题都编写了相应的运行测试样例。

为便于学习者理解,所有例题的源程序中都加了大量注释,实验过程中可合理参照例题完成实验任务。

【基础题】

【例2-1】 编写一个计数器类,其中包括1个属性:存储当前数值,3个方法:分别实现每次加1、每次减1和清零功能。要求采用词能达意的规范方式为类、属性和方法命名。

解:本例演示类的最简单定义方式,仅涉及成员变量和成员方法的定义,按题意设计的计算器类的类图如图2-1a所示。

Counter
countValue: int
increment( ): int decrement( ): int reset( ): void

图 2-1a 计数器类的类图

根据类图编写的源程序如下：

```
class Counter                              //定义一个名为 Counter 的类
{
    int countValue;                        //存储当前计数值的成员变量,整型
    int increment( )                       //实现计数器加 1 功能的成员方法
    {
        return countValue ++;              //返回加 1 后的计数值
    }
    int decrement( )                       //实现计数器减 1 功能的成员方法
{
        return countValue --;              //返回减 1 后的计数值
    }
    void reset( )                          //实现清零功能的成员方法
    {
        countValue =0;                     //将计数值置为 0
    }
}
```

为检验计数器类的定义是否正确，再编写一个测试类 TestCounter. java，该类要与 Counter 类保存在同一个目录下。该类运行结果如图 2-1b 所示，程序清单如下：

```
public classTestCounter
{
    public static void main(String args[ ])             //定义 main 方法,作为程序运行主入口
    {
        Counter c = new Counter( );                     //创建一个计数器类的对象
        c. countValue =5;                               //将计数器初始值设为 5
        System. out. println("初始值:" +c. countValue);
        c. increment( );                                //调用加 1 的方法
        System. out. println(" 自加后:" +c. countValue);
        c. decrement( );                                //调用减 1 的方法
        System. out. println(" 自减后:" +c. countValue);
        c. reset( );                                    //调用清零的方法
        System. out. println(" 清零后:" +c. countValue);
    }
}
```

图 2-1b TestCounter 类运行结果

【例 2-2】 编写一个图书类,包括 5 个属性:国际标准书号、书名、作者、出版社、定价;1 个带 5 个参数的构造方法(国际标准书号、书名、作者、出版社、定价);供外部访问相关属性的 6 个成员方法,并重写输出图书全部信息的 toString( )方法。

解:本例演示类的完整定义方式,涉及成员变量、构造方法、成员方法的定义以及用 toString( )方法输出类信息的常用形式。根据题意设计的图书类的类图如图 2-2a 所示。

Book
ISBN : String bookName : String author : String publisher : String price : double
Book(in isbn : String, in bname : String, in bauthor : String, in bpublisher : String, in bprice : double) getISBN() : String getBookName() : String getAuthor() : String getPublisher() : String getPrice() : double setPrice(in newprice : double) : void +toString() : String

图 2-2a 图书类的类图

根据类图编写的源程序如下:

```
class Book               //定义一个名为 Book 的类
{
    /*定义类的 5 个成员变量:书号、书名、作者、出版社、定价*/
    String ISBN;          //存储国际标准书号
    String bookName;      //存储书名
    String author;        //存储作者
    String publisher;     //存储出版社
    double price;         //存储书的定价
    /*定义构造方法,用来进行新书对象的初始化*/
    Book(String isbn,String bname,String bauthor,String bpublisher,double bprice)
    {
```

```
        ISBN = isbn;                    //将参数 isbn 赋值给书号
        bookName = bname;               //将参数 bname 赋值给书名
        author = bauthor;               //将参数 bauthor 赋值给作者
        publisher = bpublisher;         //将参数 bpublisher 赋值给出版社
        price = bprice;                 //将参数 bprice 赋值给定价
    }
    /* 定义 6 个成员方法,供外部访问相关属性 */
    String getISBN( )                   //获取书号
    {
        return ISBN;
    }
        String getBookName( )           //获取书名
    {
        return bookName;
    }
    String getAuthor( )                 //获取作者
    {
        return author;
    }
    String getPublisher( )              //获取出版社
    {
        return publisher;
    }
        double getPrice( )              //获取定价
    {
        return price;
    }
    void setPrice( double newprice)     //修改书价
    {
        price = newprice;
    }
publicString toString( )               //重写来自 Object 类的 toString( )方法
    {
        return " 书的信息:" + getISBN ( ) + "|" + getBookName ( ) + "|" + getAuthor ( ) + "|" +
getPublisher( ) + "|" + getPrice( );
    }
}
```

为检验图书类的定义是否正确,再编写一个测试类 TestBook. java,该类要与 Book 类保存在同一个目录下,其运行结果如图 2 – 2b 所示,程序清单如下:

```
class TestBook
{
```

```
    public static void main(String args[])         //定义 main 方法,作为程序运行主入口
    {
        /*调用构造方法来创建一本新书对象*/
        Book newbook = new Book("978-7-04-051593-0","Java 面向对象程序设计教程","施珺 纪兆辉","高等教育出版社",48.5);
        System.out.println("该书的信息如下:\n" + newbook);
        newbook.setPrice(39.9);                     //调用成员方法来修改属性/
        System.out.println("\n修改后的信息:" + newbook + "\n");
    }
}
```

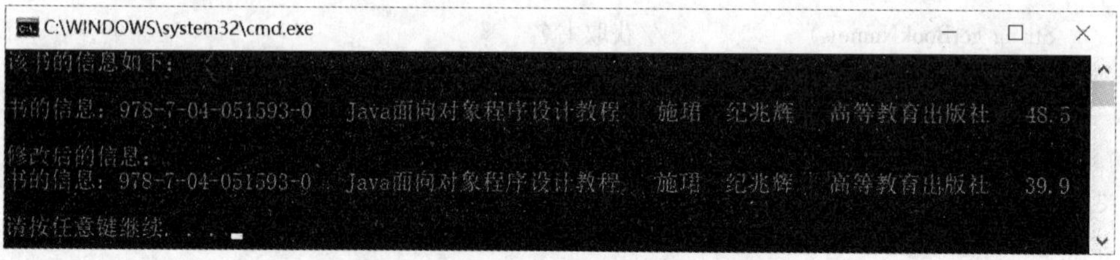
C:\WINDOWS\system32\cmd.exe
该书的信息如下:
书的信息: 978-7-04-051593-0 Java面向对象程序设计教程 施珺 纪兆辉 高等教育出版社 48.5
修改后的信息:
书的信息: 978-7-04-051593-0 Java面向对象程序设计教程 施珺 纪兆辉 高等教育出版社 39.9
请按任意键继续. . .

图 2-2b TestBook 类的运行结果

【例 2-3】 编写一个读者类,包括读者编号、姓名、密码、账户余额等成员域,要求编号流水自增长(假设初始编号为 10001);默认密码为"666666",密码可以修改;默认姓名为空;默认余额为 0,可以为账户充值,账户余额可以查看。按需编写构造方法和成员方法,要求选用适当的非访问控制符对属性和方法进行修饰。

解: 本例演示类的全面定义方式,涉及实例变量和类变量、静态初始化器、无参构造方法与有参构造方法的重载及调用、体现业务逻辑的实例方法的定义以及 toString()方法的重写。根据题意设计的读者类的类图如图 2-3a 所示。

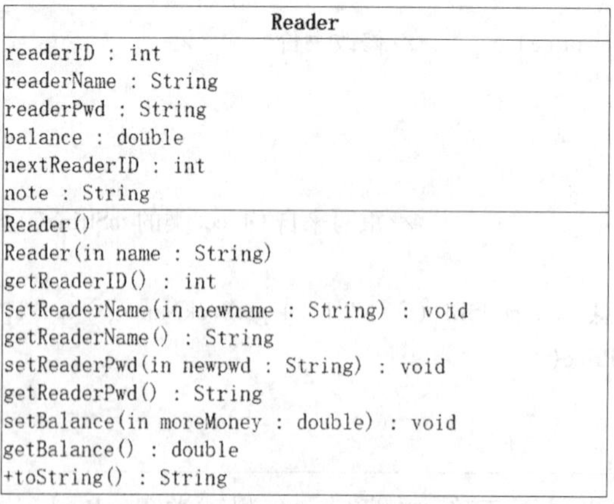
Reader
readerID : int
readerName : String
readerPwd : String
balance : double
nextReaderID : int
note : String
Reader()
Reader(in name : String)
getReaderID() : int
setReaderName(in newname : String) : void
getReaderName() : String
setReaderPwd(in newpwd : String) : void
getReaderPwd() : String
setBalance(in moreMoney : double) : void
getBalance() : double
+toString() : String

图 2-3a 读者类的类图

根据类图编写的源程序如下：

```
class Reader                                    //定义一个名为 Reader 的类
{
    /*1.定义类的5个实例变量:读者编号、姓名、密码、账户余额、操作提示,1 个类变量 */
    int readerID;                               //读者编号
    String readerName;                          //读者姓名
    String readerPwd;                           //读者密码
    double balance;                             //读者账户余额
    String note = " \n 读者类操作结果提示:";       //操作提示
    static int nextReaderID;                    //用 static 修饰的类变量,用来产生读者编号
    static                                      //静态初始化器
    {
        nextReaderID = 10001;                   //读者起始编号为 10001
    }

    /*2.定义两个构造方法,用来进行对象的初始化 */
    Reader( )                                   //构造方法 1,无参,用默认值构造对象
    {
        readerID = nextReaderID ++ ;            //读者编号自增加
        readerName = "" ;                       //默认读者为匿名
        readerPwd = "666666" ;                  //默认密码为 6666
        balance = 0;                            //默认账户余额为 0
    }
    Reader(String name)                         //构造方法 2,带 1 个参数(读者姓名)
    {
        this( );                                //调用无参构造方法
        readerName = name;                      //将参数 name 赋值给实例变量
    }
    /*3.定义几个实例方法获取或修改特定属性   */
    in getReaderID( )                           //取得读者编号
    {
        return readerID;
    }
    void setReaderName(String newname)          //设置读者姓名
    {
        readerName = newname;
    }
    String getReaderName( )                     //取得读者姓名
    {
        return readerName;
    }
    void setReaderPwd(String newpwd)            //设置密码
```

```
    {
        if( newpwd. length( ) < 6)
        {
            note = "提醒:密码长度不要小于 6 位,太短不安全哦!";
        }
        else
        {
            readerPwd = newpwd;
            note = "\n 修改密码成功!";
        }
    }
    String getReaderPwd( )              //取得密码
    {
        return readerPwd;
    }
    void setBalance( double moreMoney )  //账户充值
    {
        if( moreMoney < 0)
        {
            note = "充值不能为负数!";
        }
        else
        {
            balance = balance + moreMoney;
            note = "\n 充值成功!";
        }
    }
    double getBalance( )                //获取账户余额
    {
        return balance;
    }

/ * 4. 重写 toString( )方法输出有关信息 */
public String toString( )
    {
        return "读者编号:" + readerID + "   姓名:" + readerName + "密码:" + readerPwd + "账户余
额:" + balance;
    }
}
```

为检验读者类的定义是否正确,编写一个测试类 TestReader. java,该类要与 Reader 类保存在同一个目录下。测试类中分别用 2 个不同的构造方法创建了 2 个读者对象,实现了用户号的自动增加,并用不合法及合法的测试数据分别测试了修改密码方法和充值方法的调

用情况,其运行结果如图 2-3b 所示,程序清单如下:

```
class TestReader
{
    public static void main( String args[ ] )
    {
        System. out. println( "读者类的操作情况如下:" );

        Reader reader1 = new Reader( );            //用无参构造方法创建读者 1
        System. out. println( reader1 );           //输出新建读者 1 信息,没有姓名
        reader1. setReaderName( "郭靖" );          //修改默认构造的读者姓名
        System. out. println( reader1 );           //再次输出新建读者 1 信息

        Reader reader2 = new Reader( "黄蓉" );     //用有参构造方法创建读者 2
        System. out. println( reader2 );           //输出新建读者 2 信息
        System. out. println( reader2. note );     //输出读者 2 的操作提示属性 note
        reader2. setReaderPwd( "abc" );            //调用实例方法修改读者 2 的密码
        System. out. print( "\n setReaderPwd( "abc" )——" + reader2. note );    //提示长度不够
        System. out. println( reader2 );           //还是原始密码

        reader2. setReaderPwd( "abc123" );         //再次调用实例方法修改读者 2 的密码
        System. out. print( reader2. note );       //提示修改密码成功
        System. out. println( reader2 );           //为修改后的新密码

        reader2. setBalance( -50 );                //调用实例方法为读者 2 充值
        System. out. print( "\n setBalance( -50 )——" + reader2. note );    //提示负数出错
        System. out. println( reader2 );           //还是原来的余额

        reader2. setBalance( 28 );                 //再次调用实例方法为读者 2 充值
        System. out. print( reader2. note );       //提示充值成功
        System. out. println( reader2 + "\n" );    //充值后的新余额
    }
}
```

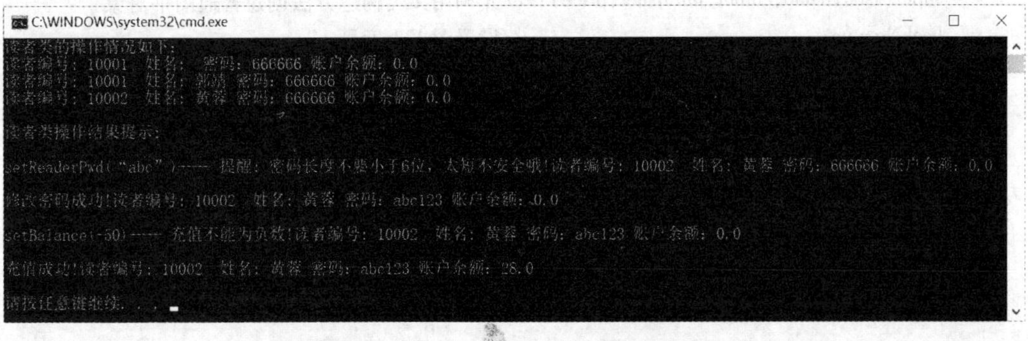

图 2-3b　TestReader 类的运行结果

【提高题】

【**例 2-4**】 编写一个图书租阅信息管理系统中涉及的出租图书类 RentBook,该类是图书类 Book 的子类,新增 2 个属性:一是图书入库编号,以便处理一书多本的情况;二是图书是否可借状态,在库图书状态为 true,损坏或已被借出的图书状态为 false。

解:本例演示类的继承关系定义方式,涉及在子类中如何引用父类构造方法,子类 RentBook 与父类 Book 要保存在同一目录下。按题意设计的出租图书类的类图如图 2-4a 所示。

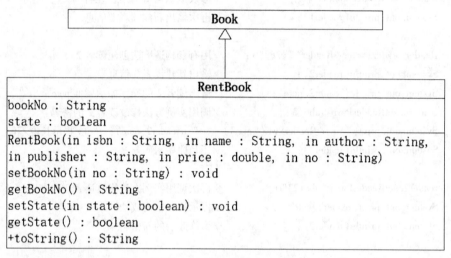

图 2-4a 出租图书类的类图

根据类图编写的源程序如下:

```java
class RentBook extends Book
{
    String bookNo;                          //图书入库编号
    boolean state;                          //图书是否可借状态,true = 可借,false = 不可借
    RentBook(String isbn,String name,String author,String publisher,double price,String no)
    {
        super(isbn,name,author,publisher,price);   //先调用父类构造方法创建普通图书对象
        bookNo = no;                        //设置图书入库号
        state = true;                       //新入库图书状态为可借
    }

    void setBookNo(String no)               //修改图书入库号
    {
        bookNo = no;
    }

    String getBookNo()                      //获取入库号
    {
```

```
        return bookNo;
    }
    public void setState(boolean state)    //设置图书状态
    {
            this. state = state;           //当形参与类的成员属性同名时,后者前面加 this 以示区别
    }
    public boolean getState( )             //获取图书状态
    {
            return state;
    }
    public String toString( )             //覆盖父类的 toString( )方法
    {
        return super. toString( ) + "入库号:" + getBookNo( ) + "是否可借:" + getState( );
    }
}
```

【例2-5】 编写一个图书租阅信息管理系统中涉及的会员读者类 VIPReader,该类是读者类 Reader 的子类,新增 3 个属性:读者身份级别、会员折扣率、会员积分,读者身份分为:VIP、普通会员、非会员,租阅图书时可以享有不同的折扣。

解:本例演示类的继承关系定义方式,涉及在子类中如何调用父类构造方法,如何分类设置成员变量的值,子类 VIPReader 与父类 Reader 要保存在同一目录下。按题意设计的出会员读者类的类图如图 2-5a 所示。

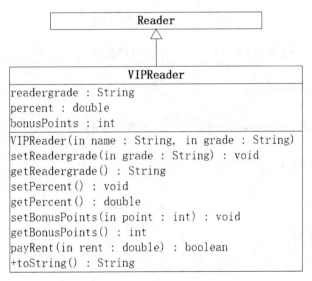

图 2-5a 会员读者类的类图

根据类图编写的源程序如下：

```
class VIPReader extends Reader
{
    String readergrade;                              //读者身份级别
    double percent;                                  //会员折扣
    int bonusPoints;                                 //会员积分
    VIPReader( String name, String grade)
    {
        super( name);                                //调用父类构造方法创建普通读者
        readergrade = grade;                         //设置读者身份
        bonusPoints = 0;
        setPercent( );
    }
    void setReadergrade( String grade)               //设置读者身份
    {
        readergrade = grade;
        setPercent( );
    }
    String getReadergrade( )                         //获取读者身份
    {
        return readergrade;
    }
    void setPercent( )                               //设置折扣率
    {
        if( readergrade. equals( "VIP" ) )           //VIP 待遇
        {
            percent = 0. 8;
        }
        else if( readergrade. equals( "普通会员" ) )   //普通会员待遇
        {
            percent = 0. 9;
        }
        else                                         //非会员
        {
            percent = 1;
        }
    }
    double getPercent( )                             //获取折扣率
    {
        return percent;
    }
```

```
    public void setBonusPoints(int point)    //计算会员积分
    {
        bonusPoints + = point;
    }
    public double getBonusPoints( )           //获取会员积分
    {
        return bonusPoints;
    }
    boolean payRent(double rent)              //支付租金
    {
        if( balance > = rent)
        {
            balance = balance - rent;
            return true;
        }
        else
            return false;
    }
    public String toString( )
    {
        return super. toString( ) + "身份:" + readergrade + " 当前积分:" + bonusPoints + "享有折扣率:"
+ percent;
    }
}
```

【综合题】

【例 2 - 6】　基于例 2 - 4 的 RentBook 类和例 2 - 5 的 VIPReader 类,编写一个图书租阅信息管理类,实现图书入库、查询、修改、删除等图书信息管理功能,同时创建不同身份读者并为其充值,最后实现读者租阅业务管理功能,并用适当的测试数据验证各项功能是否符合预期。

解:本例演示类之间关联关系的定义方式,综合展示如何运用面向对象编程方法,互相引用类的对象与方法以实现较为完整的业务逻辑,并应用了数据结构中所学的链表和顺序表来存储图书、读者和租阅记录的相关信息。

图书租阅信息管理类 RentBookManage 的设计大致分为 7 部分:类变量和实例变量的定义、构造方法的定义、访问基本属性的成员方法定义、实现图书信息管理功能的成员方法定义、读者信息添加和输出的成员方法定义、租阅业务相关的成员方法定义、功能测试的方法定义。为简化起见,功能测试直接在 main( )方法中实现:先创建图书及读者对象并调用各项管理功能,再进行图书租阅业务处理。RentBookManage 类与 RentBook、VIPReader 类保存在同一个目录下。根据题意设计的图书租阅信息管理类的类图如图 2 - 6a 所示。

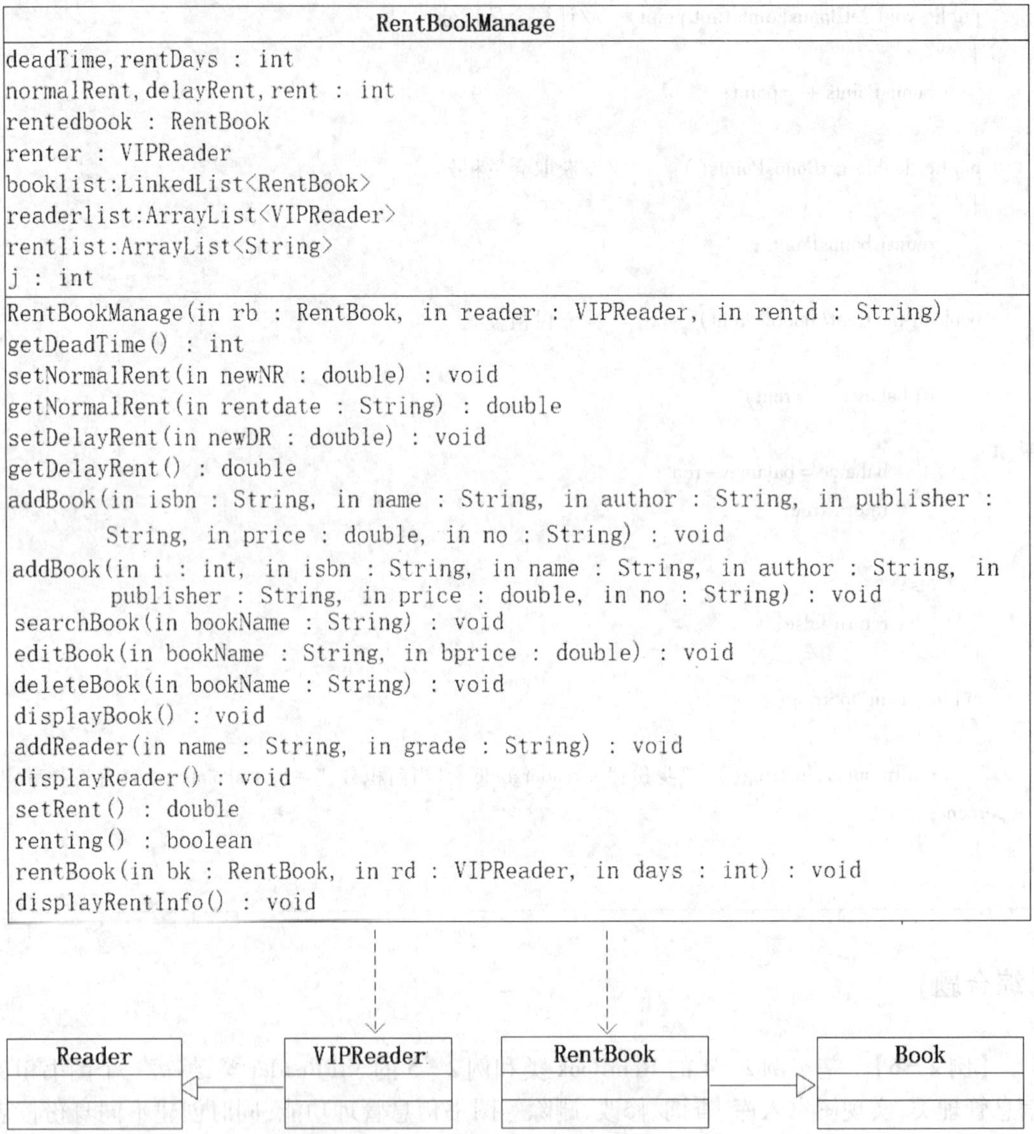

```
                          RentBookManage
deadTime, rentDays : int
normalRent, delayRent, rent : int
rentedbook : RentBook
renter : VIPReader
booklist:LinkedList<RentBook>
readerlist:ArrayList<VIPReader>
rentlist:ArrayList<String>
j : int
─────────────────────────────────────────────────────────────────────
RentBookManage(in rb : RentBook, in reader : VIPReader, in rentd : String)
getDeadTime() : int
setNormalRent(in newNR : double) : void
getNormalRent(in rentdate : String) : double
setDelayRent(in newDR : double) : void
getDelayRent() : double
addBook(in isbn : String, in name : String, in author : String, in publisher :
        String, in price : double, in no : String) : void
addBook(in i : int, in isbn : String, in name : String, in author : String, in
        publisher : String, in price : double, in no : String) : void
searchBook(in bookName : String) : void
editBook(in bookName : String, in bprice : double) : void
deleteBook(in bookName : String) : void
displayBook() : void
addReader(in name : String, in grade : String) : void
displayReader() : void
setRent() : double
renting() : boolean
rentBook(in bk : RentBook, in rd : VIPReader, in days : int) : void
displayRentInfo() : void
```

```
Reader        VIPReader          RentBook          Book
```

图 2-6a   图书租阅信息管理类的类图

根据类图编写的源程序清单如下：

```
import java.util. * ;            //加载包,要用到其中的 LinkedList 和 ArrayList 类
class RentBookManage            //定义一个名为 RentBookManage 的类
{
    / * 1.定义必要的成员变量 * /
    static final int deadTime = 10；  //静态类常量,租阅期限(也可去掉 final 改为类变量)
    double normalRent = 0.1；         //实例变量,正常租阅费率
    double delayRent = 1.0；          //实例变量,超期租阅费率
    int rentDays；                    //租阅天数
    double rent；                     //租阅费用
```

```
RentBook rentedbook;                              //被租阅之书
VIPReader renter;                                 //租书的读者

LinkedList < RentBook > booklist;                 //用于存储多本书对象的泛型链表
ArrayList < VIPReader > readerlist;               //用于存储多个读者对象的泛型顺序表
ArrayList < String > rentlist;                    //用于存储租阅记录的泛型顺序表
int j;                                            //循环变量,指代链表中当前图书位置

/ * 2. 定义构造方法 * /
RentBookManage( )                                 //定义构造方法,初始化图书及读者信息存储表
{
    booklist = new LinkedList < RentBook >( );    //初始化图书链表
    readerlist = new ArrayList < VIPReader >( );  //初始化读者顺序表
    rentlist = new ArrayList < String >( );       //初始化租阅记录顺序表
}

/ * 3. 定义几个访问属性的成员方法 * /
static double getDeadTime( )                       //类方法,获取租阅期限
{
    return deadTime;
}

void setNormalRent( double newNR )                 //实例方法,修改正常租阅费率
{
    normalRent = newNR;
}

double getNormalRent( )                            //实例方法,获取正常租阅费率
{
    return normalRent;
}

void setDelayRent( double newDR )                  //实例方法,修改超期租阅费率
{
    delayRent = newDR;
}

double getDelayRent( )                             //实例方法,获取超期租阅费率
{
    return delayRent;
}

/ * 4. 定义实现图书信息管理功能的成员方法 * /
void addBook( String isbn, String name, String author, String publisher, double price, String no)
{
    booklist. add( new RentBook( isbn, name, author, publisher, price, no));     //将新书插在表尾
}
```

```java
void addBook(int i,String isbn,String name,String author,String publisher,double price,String no)
//重载图书入库方法
{
    booklist.add(i,new RentBook(isbn,name,author,publisher,price,no));        //在指定位置插入
}
void searchBook(String bookName)                          //图书查询:按书名查询
{
    boolean flag = false;
    for(j = 0;j < booklist.size();j ++)
    {
        if(booklist.get(j).getBookName().equals(bookName))
        {
            System.out.println(booklist.get(j));
            flag = true;
        }
    }
    if(flag = = false)
        System.out.println("没有找到指定的书。");
}
void editBook(String bookName,double bprice)              //图书修改:按书名修改定价
{
    for(j = 0;j < booklist.size();j ++)
    {
        if(booklist.get(j).getBookName().equals(bookName))
        {
            booklist.get(j).setPrice(bprice);            //修改定价
            System.out.println(booklist.get(j));         //提取修改后信息
        }
    }
}
void deleteBook(String bookName)                          //图书删除:按书名删除
{
    for(j = 0;j < booklist.size();j ++)
    {
        if(booklist.get(j).getBookName().equals(bookName))
        {
            booklist.remove(j);                          //删除该书
            System.out.println("成功删除该书。");
        }
    }
}
void displayBook()                                        //输出图书清单
```

```
    {
        for( RentBook b: booklist)                      //用增强 for 循环逐条列出
            System. out. println( b) ;
    }

/ * 5. 定义读者信息添加和输出的成员方法 * /
void addReader( String name,String grade)              //创建不同身份的读者
{
        readerlist. add( new VIPReader( name,grade) ) ;   //将新读者插在表尾
}
void displayReader( )                                   //输出读者清单
{
        for( VIPReader r: readerlist)                     //用增强 for 循环逐条列出
            System. out. println( r) ;
}
/ * 6. 定义租阅业务相关的成员方法 * /
double setRent( )                                        //计算租阅总费用
{
    if( rentDays < = deadTime)                          //在规定期限内按正常费率计算租金
        rent = rentDays * normalRent * renter. getPercent( ) ;
    else                                                //按超期计算租金
        rent = ( ( rentDays – deadTime) * delayRent + deadTime * normalRent) * renter. getPercent( ) ;
    return rent;
}
boolean renting( )                                       //实例方法:支付租金
{
    setRent( ) ;                                         //调用计算租金的方法
    if( renter. payRent( rent) )                          //判断账户余额是否够支付租金
    {
        System. out. println( renter. getReaderName( ) + " 支付租金:" + rent + " 成功!") ;
        return true;
    }
    else
    {
        System. out. println( renter. getReaderName( ) + " 的账号余额 = " + renter. getBalance( ) + "不
够支付租金" + rent) ;
        return false;
    }
}
void rentBook( RentBook bk, VIPReader rd, int days)      //图书租阅方法
{
    rentedbook = bk;
```

```
            renter = rd;
            rentDays = days;
            if(renting())   //调用计算租方法金,当余额够支付租金时则添加该租阅记录
            {
                renter. setBonusPoints(rentDays);   //按照租阅天数累计会员积分,每天1分
                rentlist. add(renter. getReaderName() + "借阅的图书是:" + rentedbook. getBookName() +
"|" + rentedbook. getBookNo() + ",账号余额 = " + renter. getBalance() + ",积分 = " + renter.
getBonusPoints());
            }
        }

        void displayRentInfo()                          //输出租阅信息
        {
            for(String br: rentlist)                    //用增强 for 循环逐条列出
                System. out. println(br);
        }

/* 7. 功能测试:先创建图书及读者对象并调用各项管理功能,再进行图书租阅    */
public static void main(String args[])
{
    System. out. println("RentBookManage 运行情况如下:");
    RentBookManage bm = new RentBookManage();

    /* 测试图书添加功能 */
    bm. addBook("978 - 7 - 04 - 051593 - 0","Java 面向对象程序设计教程","施珉 纪兆辉","高
等教育出版社",48.5,"IT - 101 - 01");
    bm. addBook("978 - 7 - 305 - 13680 - 3","Java 语言实验与课程设计指导","施珉等","南京
大学出版社",28,"IT - 204 - 01");
    bm. addBook("978 - 7 - 113 - 07777 - 1","VB 学习与考试指导","施珉等","中国铁道出版
社",35,"IT - 301 - 01");
    bm. addBook("978 - 7 - 103 - 01234 - 2","数据结构","耿国华","清华大学出版社",41.2,"
IT - 401 - 01");
    bm. addBook("978 - 7 - 04 - 051593 - 0","Java 面向对象程序设计教程","施珉 纪兆辉","高
等教育出版社",48.5,"IT - 101 - 02");        //将此书插在第1本书后
    bm. displayBook();                          //列出新增的所有图书信息

    /* 测试图书管理的查询、修改、删除功能 */
    System. out. println(" \n searchBook("Java 面向对象程序设计教程")");
    bm. searchBook("Java 面向对象程序设计教程");
    System. out. println(" \n searchBook("Java 程序设计")");
    bm. searchBook("Java 程序设计");
    System. out. println(" \n editBook("Java 面向对象程序设计教程",18.5):");
    bm. editBook("Java 面向对象程序设计教程",18.5);
```

```
System. out. println(" \n deleteBook("VB 学习与考试指导") :");
bm. deleteBook("VB 学习与考试指导");
bm. displayBook();                          //列出经过修改和删除操作之后的所有图书信息


/* 测试读者添加和充值功能 */
System. out. println(" \n addReader( 黄蓉,VIP/郭靖,普通会员) 、setBalance(50/100) :");
bm. addReader(" 黄蓉"," VIP");
bm. addReader(" 郭靖"," 普通会员");
bm. readerlist. get(0). setBalance(50);      //给 1 号读者充值 50
bm. readerlist. get(1). setBalance(100);     //给 2 号读者充值 100
bm. displayReader();                        //列出所有读者信息


/* 测试图书租阅功能 */
    System. out. println(" \n 测试图书租阅功能:");
bm. rentBook(bm. booklist. get(0),bm. readerlist. get(0),5);     //1 号读者租阅 1#书,时间 5 天
bm. rentBook(bm. booklist. get(2),bm. readerlist. get(0),100);   //1 号读者租阅 3#书,未成功
bm. rentBook(bm. booklist. get(3),bm. readerlist. get(1),5);     //2 号读者租阅了 4#书,时间 5 天
bm. displayRentInfo();                                          //列出所有租阅记录
    }
}
```

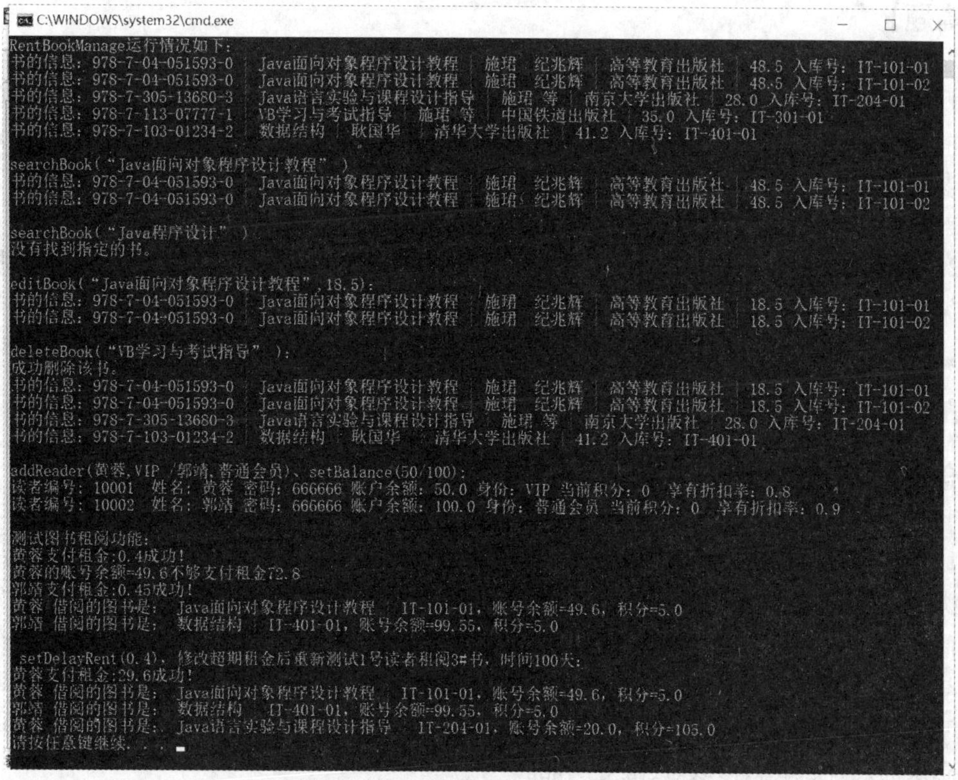

图 2-7　RentBookManage 类的运行结果

2.3 实验任务

【基础题】

1. 定义一个教师类,教师类的属性有姓名、工号、职称、部门、课程、每周课时数,提供两个以上的构造方法,提供必要的方法可以获取教师的姓名、工号、职称等信息,并通过方法 showInfo( )来显示教师的全部信息。

2. 定义一个学生类,学生类的属性有姓名、学号、出生日期、专业,提供两个以上的构造方法,提供一个转专业的方法、一个计算学生年龄的方法,其余方法根据需要自行定义,通过方法 showInfo( )来显示学生的全部信息。

3. 定义一个抽象的商品类,其中包含商品号、商品名、商品价格、生产商 4 个基本属性,其余属性自定义,提供两个以上的构造方法,提供修改商品价格的方法,其余方法根据需要自行定义,重写 toString( )方法用于输出商品完整信息。

4. 定义一个备忘录类,包括编写日期、内容、重要级别、是否提醒、截止日期等信息,定义两个以上构造方法以及获取和设置相应信息的方法。

【提高题】

1. 在基础题第 1 题和第 2 题的基础上,再定义一个助教类 Assistant,该类是学生类的子类,并与教师类关联,拥有教师类的课程和周课时数属性,其构造方法带学生对象、教师对象两个参数,提供获取和设置助教相关信息的方法,并通过重写方法 showInfo( )来显示助教的全部信息。

2. 在基础题第 3 题的基础上,定义商品类的两个子类:食品类、玩具类,子类除了拥有商品编号、商品名称、商品价格等信息之外,食品还应该包含生产日期、保质期、主要成分等信息,玩具类应该包含型号、材料、安全级别等信息,定义相应的方法来设置和输出以上信息。

【综合题】

1. 在提高题第 2 题的基础上定义一个顾客类,顾客属性自定义,顾客可以购买食品、玩具两类商品,定义方法输出顾客的信息、购买的商品信息、商品总价值。此外,还可以自定义反映商品折扣情况的方法以及折扣后应付金额等信息的输出。

2. 在基础题第 4 题基础上,为备忘录类增加提醒时间或周期的属性,当到达提醒时间时,如果设置为提醒,则弹出提醒内容,否则忽略。参考手机备忘录功能,设计合理界面,实现备忘录的设置、编辑、修改、提醒等功能。

【题目完成要求】

1. 学生可以根据各自基础选做其中 1 ~ 3 题,同类题目不要重复选;
2. 选用适当的编程工具完成选题,尽可能多的应用所学知识,注意编程规范性,要添加必要的注释;
3. 确保程序调试通过,测试运行结果正常;
4. 提交源程序和内容齐全的实验报告。

第3章 实验3——深入面向对象编程

3.1 实验目的与要求

1. 掌握包、接口和异常处理的使用方法

理解 Java 的包、访问控制符、接口与异常处理机制,能够正确运用 public、protected 和 private 修饰符来恰当控制类、对象、属性与方法的访问权限,掌握包、接口和异常处理的定义与使用方法。

2. 掌握内部类和匿名类的使用方法

理解内部类和匿名类的应用机制与区别,掌握内部类和匿名类的定义方法。

3.2 实验指导

本节设计了6道例题,其中基础题3道、提高题2道、综合题1道,涵盖了 Java 面向对象编程的完整知识,重点演示了包的定义与加载,如何使用访问控制符修饰类、属性及方法、各种修饰符的混合使用,定义与实现接口,定义与处理异常类,定义与使用内部类等。

【基础题】

【例3-1】 在实验2的基础上建立适合的包,对相关类文件进行分类管理,要求包名简洁直观、词能达意。完善所有类的定义,包括包的定义、类的加载、修饰类与方法的访问控制符等,确保测试类及其他相关类之间仍然可以正确访问。

解:操作步骤如下:

(1)在本地电脑的工作目录(比如 D:\javaworks)下建立一个名为 rentbook 的文件夹。

(2)在系统的环境变量中设置类路径 classpath,在变量值中粘贴进 rentbook 所在位置,并在其后加上代表当前目录的英文点号".",之间用英文封号";"分隔开来,如图 3 - 1 所示。

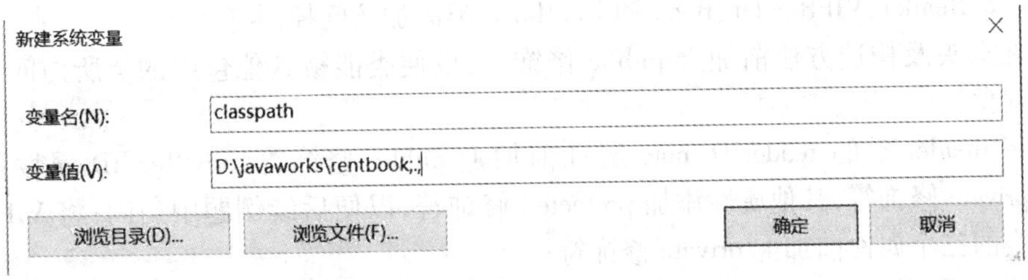

新建系统变量 ×

变量名(N): classpath

变量值(V): D:\javaworks\rentbook;;

浏览目录(D)... 浏览文件(F)... 确定 取消

图 3-1 在系统环境变量中设置类路径 classpath

（3）在 rentbook 文件夹下建立 3 个分别名为 book、reader、rent 的子文件夹,将实验 2 中的 Book. java 和 RentBook. java 文件复制到 book 文件夹下,将 Reader. java 和 VIPReaderk. java 复制到 reader 文件夹下,将 RentBookManage. java 复制到 rent 文件夹下,操作结果如图 3-2 所示。

图 3-2 图书租阅信息管理系统的包及类文件存储结构图

（4）定义各类所属于的包并加载需要引用的相关包中的类;逐个打开 3 个包中的源程序,分别在第一行添加包的定义语句;对需要引用其他包中的类,还要写上加载包的语句。

- 对 book 文件夹下的 Book. java 和 RentBook. java 程序,在源程序第一行添加的语句是:

```
package book;
```

- 对 reader 文件夹下的 Reader. java 和 VIPReader. java 程序,在源程序第一行添加的语句是:

```
package reader;
```

- 对 rent 文件夹下的 RentBookManage. java 程序,除了在源程序第一行添加包定义语句外,还要写上加载包的语句:

```
package rent;
    import book. RentBook;
    import reader. VIPReader;
```

（5）为 Reader、VIPReader、Book 和 RentBook 类添加访问控制符。

- 在类头及构造方法前加上 public 修饰符，以便类能被其他包中的类所访问并创建对象；
- 将 Reader 类的 readerID、note 属性前加上 public 修饰符，nextReadID 属性前加上 private 修饰符，其他属性添加 protected 修饰符，以便后续例题中访问；将 VIPReader 类的三个属性前加上 private 修饰符；
- 将 Book 类的 ISBN、bookName、author 及 publisher 属性前加上 public 修饰符，balance 属性前加上 protected，以便后续实验中直接访问；将 RentBook 类的两个属性前加上 private 修饰符；
- 在所有成员方法前加上 public 修饰符，以便这些方法在其他包的类中也可以被本类对象所访问。

（6）编译并运行 RentBookManage 类，验证是否可以正常访问所修改的类与方法，如存在异常对照修改即可。

【例3-2】 定义一个接口，实现读者会员优惠活动：当租阅图书所获积分达到一定数量即可升级会员等级，以享有对租阅费用的打折处理。将该接口保存在名为 common 的包中。

解：首先定义该接口属于 common 包，设置一个每晋升一级所需要的积分数常量，并定义一个根据积分晋升会员等级的抽象方法。代码清单如下：

```
package common;                          //定义该接口属于 common 包
public interface Promotion               //定义名为 Promotion 的接口
{ static final int promtpoints = 1000;   //每晋升一级需要的积分数
    abstract void promotion(String level); //根据积分晋升会员等级
}
```

【例3-3】 定义一个异常类，当读者账户余额不足支付租金时，抛出该异常，并提示"余额不足以支付租金。"。将该异常类保存在名为 common 的包中。

解：采用一种比较常用的结构来定义该异常类：首先定义该异常类属于 common 包，声明一个字符串型的成员变量，并在构造方法中为该变量赋值，最后通过 toString() 方法中输出该变量。代码清单如下：

```
package common;              //定义异常属于 common 包
public class PayException extends Exception
{
    String s;
    public PayException()
    {
        s = "余额不足以支付租金。";
    }
    public String toString()  //输出异常信息
    {
        return s;
    }
}
```

【提高题】

　　【例 3 - 4】　为鼓励更多读者借阅更多图书,让读者会员类 VIPReader 实现例 3 - 2 中的 Promotion 接口,当积分达到规定数额即升级会员等级,以享有更高等级的租阅费用折扣率。同时,利用例 3 - 3 中的 PayException 异常类对 payRent( )方法进行异常处理。

　　解:根据题意基于 VIPReader 类进行补充完善,实现接口中的抽象方法 promotion( ),同时为支付租金的 payRent( )方法添加异常处理功能。为区别两个不同版本的功能,完善后的类更名为 VIPReadernew,保存在 reader 包中。根据题意设计的新会员读者类的类图如图 3 - 3 所示。

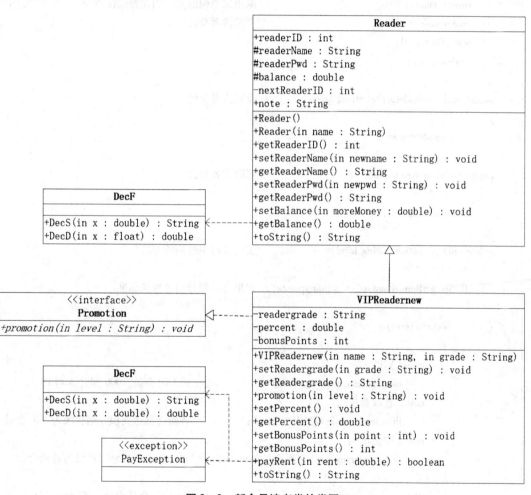

图 3 - 3　新会员读者类的类图

根据类图编写的代码清单如下：

```
package reader;                                    //定义该类属于 reader 包
import common. * ;                                 //加载 common 包中的接口、异常类、小数点处理类
public class VIPReadernew extends Reader implements Promotion        //该类实现了 Promotion 接口
{
    private String readergrade;                    //读者身份级别
    private double percent;                        //会员折扣
    private int bonusPoints;                       //会员积分
    public VIPReadernew(String name, String grade)
    {
        super(name);                              //调用父类构造方法创建普通读者
        readergrade = grade;                      //设置读者身份
        bonusPoints = 0;
        setPercent();
    }
    public void setReadergrade(String grade)      //设置读者身份
    {
        readergrade = grade;
    }
    public String getReadergrade()                //获取读者身份
    {
        return readergrade;
    }
    public void promotion(String level)           //实现接口中的抽象方法
    {
        if(this. getBonusPoints() > = promtpoints) //如果会员积分超过晋级标准
        {
            switch(level)
            {
                case "VIP" :
                    this. balance + = 10;break;              //对 VIP 会员,1000 积分返利 10 元
                case "普通会员" :
                    this. readergrade = "VIP";break;         //普通会员达到积分则晋级为 VIP 会员
                case "非会员" :
                    this. readergrade = "普通会员";break;    //非会员达到积分则晋级为普通会员
            }
            bonusPoints - = promtpoints;                     //晋级后,会员积分 - 晋级标准分
        }
        else
            readergrade = level;                             //积分不达标,身份不变
        setPercent();                                        //调用设置折扣的方法
    }
```

```java
    public void setPercent()                    //设置折扣率
    {
        if(readergrade. equals("VIP"))          //VIP 待遇
        {
            percent = 0.8;
        }
        else if(readergrade. equals("普通会员"))  //普通会员待遇
        {
            percent = 0.9;
        }
        else                                     //非会员
        {
            percent = 1;
        }
    }
    public double getPercent()                   //获取折扣率
    {
        return percent;
    }
    public void setBonusPoints(int point)        //计算会员积分
    {
        bonusPoints += point;
    }
    public int getBonusPoints()                  //获取会员积分
    {
        return bonusPoints;
    }
    public void payRent(double rent) throws PayException  //含异常处理的支付租金方法
    {
        if(balance < rent)
        {
            throw new PayException();            //当余额不足支付租金时抛出支付异常
        }
        else
            balance = DecF. DecD(balance - rent); //对账户余额只保留 2 位小数
    }
    public String toString()
    {
        return super. toString() + "身份:" + readergrade + "当前积分:" + bonusPoints + "享有折扣率:"
+ percent;
    }
}
```

程序中用到的 DecF 类是自定义的一个控制 double 型数据的小数点只显示 2 位的专用类,保存在 common 包中。由于 Java 对 double 型数据进行处理时经常出现精度问题,小数点后的数字很多,为控制小数点的规范显示,该类包含两个类方法,其中 DecS( )方法返回的是 String 类型值,DecD( )返回的是 double 型数值,以便直接调用。代码清单如下:

```java
package common;                          //定义该类属于 common 包
import java.text.NumberFormat;
import java.math.BigDecimal;
public class DecF
{
    public static String DecS(Double x)    //类方法,返回字符型
    {

        NumberFormat df = NumberFormat.getNumberInstance();
        df.setMaximumFractionDigits(2);
        return df.format(x);
    }
    public static double DecD(Double x)     //类方法,返回 Double 型
    {

        x = new BigDecimal(x).setScale(2,BigDecimal.ROUND_HALF_UP).doubleValue();
        return x;

    }

}
```

考虑到 Reader 类中 balance 属性后续引用得较多,为控制其小数点显示位置,添加引入包语句 import common.DecF;,对前面定义过的 Reader 类的 getBalance( )和 toString( )方法修改如下:

```java
package reader;                          //定义该类属于 reader 包
import common.DecF;                      //控制小数点只显示 2 位的专用类
public class Reader
{
……//其余代码不变,此处略去
    public double getBalance()           //获取账户余额
    {

        return DecF.DecD(balance);       //对账户余额只保留 2 位小数

    }
    public String toString()
    {

            return "读者编号:" + readerID + "  姓名:" + readerName + "密码:" + readerPwd + "账户
余额:" + DecF.DecD(balance);

    }

}
```

【例 3-5】　定义一个用来处理读者租书记录的实体类,属性包括:图书入库编号、读者编号、租书日期、归还日期、租金、积分,同时定义处理这些属性所必需的成员方法,并定义一个内部类实现根据租书日期、还书日期自动计算租阅总天数的功能。

解:根据题意设计了租书记录类 RentRecord,包含 6 个属性、2 个构造方法、9 个成员方法,保存在 rent 包中。根据题意设计的租书记录类的类图如图 3-4 所示。

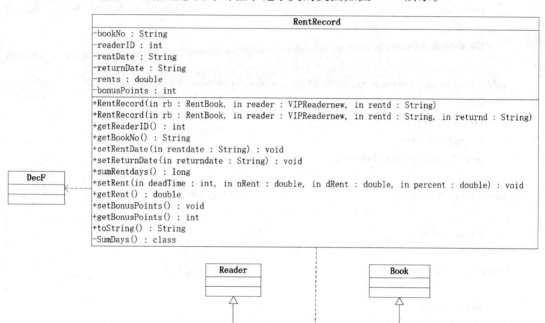

图 3-4　租书记录类的类图

根据类图编写的代码清单如下:

package rent;	//定义该类属于 rent 包
import java.util.*;	//加载工具类包的类,时间计算需要用到 Calendar、Date
import book.RentBook;	
import reader.VIPReadernew;	
import common.DecF;	//自定义通用类,对 double 型值只保留 2 位小数
public class RentRecord	//租书记录类
{	
private String bookNo;	//被租图书入库编号
private int readerID;	//读者编号
private String rentDate = "";	//租书日期,格式:20201015
private String returnDate = "";	//还书日期
private double rents;	//租金
private int bonusPoints;	//积分

```java
public RentRecord(RentBook rb,VIPReadernew reader,String rentd)
{
    this. bookNo = rb. getBookNo( );
    this. readerID = reader. getReaderID( );
    rentDate = rentd;
    returnDate = " ";
    rents = 0;
    bonusPoints = 0;
}
public RentRecord(RentBook rb,VIPReadernew reader,String rentd,String returnd)
{
    this( rb,reader,rentd);
    returnDate = returnd;
    bonusPoints = getBonusPoints( );
}
public int getReaderID( )                          //获取读者编号
{
    return readerID;
}
public String getBookNo( )                         //获取入库号
{
    return bookNo;
}
public void setRentDate(String rentdate)           //设置租书日期
{
    this. rentDate = rentdate;
}
public void setReturnDate(String returndate)       //设置还书日期
{
    this. returnDate = returndate;
}
public long sumRentdays( )                          //计算租阅总天数的成员方法
{
    SumDays sd = new SumDays( );                    //创建内部类的对象
    return sd. setRentDays(rentDate,returnDate);   //调用内部类的方法计算租阅总天数
}
public void setRent(int deadTime,double nRent,double dRent,double percent)     //计算租金
{
    int rentDays = (int)sumRentdays( );
    if( rentDays < = deadTime)
        rents = DecF. DecD(rentDays * nRent * percent);       //在期限内按正常费率计算租金
    else
        rents = DecF. DecD(((rentDays − deadTime) * dRent + deadTime * nRent) * percent);   //超期
```

```
    }
    public double getRent( )                        //获取租金
    {
        return rents;
    }
    public int getBonusPoints( )                    //获取积分
    {
        bonusPoints + = ( int ) sumRentdays( );      //按照租阅天数累计会员积分,每天 1 分
        return bonusPoints;
    }
    public String toString( )                        //覆盖父类的 toString( ) 方法
    {
        if( returnDate. length( ) = = 0 )            //借书时
            return "入库号:" + getBookNo( ) + "   租借阅者:" + getReaderID( ) + "租书日期:" +
rentDate;
        else                                          //还书时
            return "入库号:" + getBookNo( ) + "   租借阅者:" + getReaderID( ) + "租书日期:" +
rentDate + "还书日期:" + returnDate + "   租阅天数:" + sumRentdays( ) + "积分:" + getBonusPoints( )
+ "租金:" + getRent( );
    }
    /* 计算租阅总天数的内部类 */
    private class SumDays
    {
        Calendar c = Calendar. getInstance( );
        public long setRentDays( String rentD, String sendD)        //根据租书和还书日期求租阅总天数
        {
            int y1 = Integer. parseInt( rentD. substring( 0,4) );   //提取租书日期的年份
            int m1 = Integer. parseInt( rentD. substring( 4,6) );   //提取租书日期的月份
            int d1 = Integer. parseInt( rentD. substring( 6,8) );   //提取租书日期的日子
            c. set( y1,m1,d1 );                          //转换为日期型
            long getDate = c. getTimeInMillis( );        //租书时间转化为毫秒数

            int y2 = Integer. parseInt( sendD. substring( 0,4) );   //提取还书日期的年份
            int m2 = Integer. parseInt( sendD. substring( 4,6) );   //提取还书日期的月份
            int d2 = Integer. parseInt( sendD. substring( 6,8) );   //提取还书日期的日子
            c. set( y2,m2,d2 );
            long sendDate = c. getTimeInMillis( );        //还书时间转化为毫秒数

            long rentDays = ( sendDate - getDate)/( 1000 * 60 * 60 * 24);   //计算租、还书日期相差天数
            return rentDays;
        }
    }
}
```

【综合题】

【例 3 – 6】 根据修改后的 VIPReadernew 和 RentRecord 类,完善图书借阅管理类 RentBookManage 类的相关功能,完善后的类更名为 RentBookManagenew,保存在 rent 包中。 再编写一个单独的测试类 TestRentBookManage,来验证各项功能是否正常实现,将该类保存 在新建的 test 包中。

解:根据题意,首先基于 RentBookManage 类进行修改,为区别两个不同版本的功能,完善后的类更名为 RentBookManagenew,保存在 rent 包中。根据题意设计的新版图书借阅管理类的类图如图 3 – 5 所示。

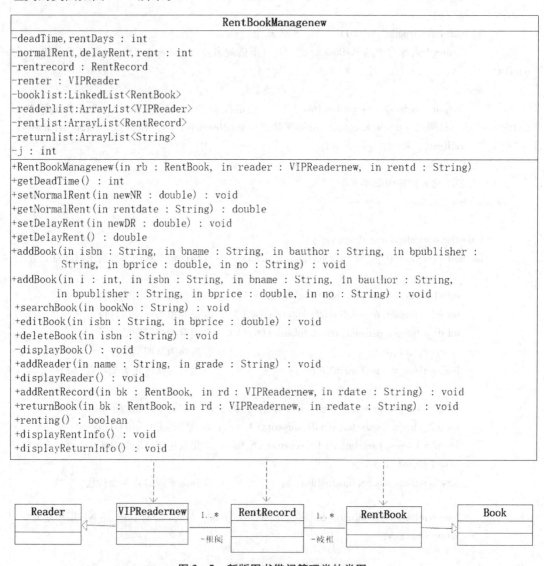

图 3 – 5 新版图书借阅管理类的类图

根据类图编写的代码清单如下：

```
package rent;                                    //定义该类属于 rent 包
import book. RentBook;                           //加载 book 包中的 RentBook 类
import reader. VIPReadernew;                     //加载 reader 包中的 VIPreadernew 类
import common. PayException;                      //加载 common 包中的 PayException 异常类
import java. util. * ;                           //加载包,要用到其中的 LinkedList 和 ArrayList 类
public class RentBookManagenew                   //增加了 public 修饰符
{
    /*1. 定义必要的成员变量*/
    static final int deadTime = 10;              //静态类常量,租阅期限,如运行中需要修改则去掉 final
    double normalRent = 0.1;                      //实例变量,正常租阅费率
    double delayRent = 0.4;                       //实例变量,超期租阅费率

    VIPReadernew renter;                         //含接口和异常处理的新读者对象
    RentRecord rentrecord;                       //租阅记录对象

    public LinkedList < RentBook > booklist;        //增加 public 修饰符,用于存储多本书对象的泛型链表
    public ArrayList < VIPReadernew > readerlist;   //用于存储多个读者对象的泛型顺序表
    public ArrayList < RentRecord > rentlist;       //用于存储租书记录的泛型顺序表
    public ArrayList < String > returnlist;         //用于存储还书记录的泛型顺序表

    int j;                                       //循环变量

    /*2. 定义构造方法*/
    public RentBookManagenew( )                   //定义构造方法,增加了 public 修饰符
    {
        booklist = new LinkedList < RentBook > ( );      //初始化图书链表
        readerlist = new ArrayList < VIPReadernew > ( ); //初始化读者顺序表
        rentlist = new ArrayList < RentRecord > ( );     //初始化租书记录顺序表
        returnlist = new ArrayList < String > ( );       //初始化还书记录顺序表
    }

    /*3. 定义几个访问属性的成员方法*/
    public static double getDeadTime( )           //增加 public 修饰符,获取租阅期限
    {
        return deadTime;
    }
    public void setNormalRent( double newNR )     //增加 public 修饰符,修改正常租阅费率
    {
        normalRent = newNR;
    }
    public double getNormalRent( )                //增加 public 修饰符,获取正常租阅费率
```

```
    {
        return normalRent;
    }
    public void setDelayRent( double newDR)          //增加 public 修饰符,修改超期租阅费率
    {
        delayRent = newDR;
    }
    public double getDelayRent( )                     //增加 public 修饰符,获取超期租阅费率
    {
        return delayRent;
    }

/ * 4. 定义实现图书信息管理功能的成员方法 */
    public void addBook( String isbn, String bname, String bauthor, String bpublisher, double bprice, String no)
    //增加 public 修饰符,图书入库方法
    {
        booklist. add( new RentBook( isbn, bname, bauthor, bpublisher, bprice, no));    //将新书插在表尾
    }
    public void addBook( int i, String isbn, String bname, String bauthor, String bpublisher,
        double bprice, String no)                     //增加 public 修饰符,重载图书入库方法
    {
        booklist. add( i, new RentBook( isbn, bname, bauthor, bpublisher, bprice, no));    //在指定位置
插入
    }
    public void searchBook( String bookNo)           //完善图书查询方法:按入库号查询
    {
        boolean flag = false;
        for( j = 0; j < booklist. size( ); j ++ )
        {
            if( booklist. get( j). getBookNo( ). equals( bookNo) )
            {
                System. out. println( booklist. get( j) );
                flag = true;
            }
        }
        if( flag = = false)
            System. out. println( "没有找到指定的书。" );
    }
    public void editBook( String isbn, double bprice)    //完善图书修改方法:按统一书号修改定价
    {
        for( j = 0; j < booklist. size( ); j ++ )
        {
```

```
                if( booklist. get( j). getISBN( ). equals( isbn) )

                {

                    booklist. get( j). setPrice( bprice);        //修改定价
                    System. out. println( booklist. get( j));    //提取修改后信息

                }

            }

        }

    public void deleteBook( String isbn)                         //完善图书删除方法:按统一书号删除

    {

        for( j = 0;j < booklist. size( );j ++ )

        {

            if( booklist. get( j). getISBN( ). equals( isbn) )

            {

                booklist. remove( j);                            //删除该书
                System. out. println( "成功删除该书。");

            }

        }

    }

    public void displayBook( )                                   //输出图书清单

    {

        for( RentBook b: booklist)                               //用增强 for 循环逐条列出
            System. out. println( b);

    }


    / * 5. 定义读者信息添加和输出的成员方法 * /
    public void addReader( String name,String grade)             //创建不同身份的读者

    {

        readerlist. add( new VIPReadernew( name,grade));         //将新读者插在表尾

    }

    public void displayReader( )                                 //输出读者清单

    {

        for( VIPReadernew r: readerlist)                         //用增强 for 循环逐条列出
            System. out. println( r);

    }

    / * 6. 定义租阅业务相关的成员方法 * /
    public void addRentRecord( RentBook bk,VIPReadernew rd,String rdate)   //修改后的租书方法

    {

        if( rentlist. size( ) = = 0)                             //如果租书清单为空,则添加此书

        {

            rentlist. add( new RentRecord( bk,rd,rdate));

        }

        else
```

```
        {
            boolean flag = true;
            for(j = 0;j < rentlist. size( );j ++ )        //遍历租书清单
            {
                if(rentlist. get(j). getBookNo( ). equals(bk. getBookNo( )))   //判断待租图书是否已存在
                {
                        System. out. println(rentlist. get(j). getBookNo( ) +"   已被借出。");
                        flag = false;
                }
            }
            if(flag)      //如果租书清单中不存在待租之书,则添加到租书清单中
            {
                rentlist. add(new RentRecord(bk,rd,rdate));
            }
        }
    }
    public void returnBook(RentBook bk,VIPReadernew rd,String redate)        //新增的还书方法
    {
        for(j = 0;j < rentlist. size( );j ++ )                                //遍历租书清单
        {
            if(rentlist. get(j). getBookNo( ). equals(bk. getBookNo( )))   //如果存在被租图书,则归还
            {
                renter = rd;
                rentlist. get(j). setReturnDate(redate);                   //设置还书日期
                rentlist. get(j). setRent(deadTime,normalRent,delayRent,renter. getPercent( ));
                rentlist. get(j). setBonusPoints( );
                renter. setBonusPoints(rentlist. get(j). getBonusPoints( )); //累计会员积分
                renter. promotion(renter. getReadergrade( ));              //参加会员优惠活动
                if(renting( ))     //调用计算租方法金,当余额够支付租金时则添加该租阅记录
                {
                    returnlist. add("\n" + renter. getReaderName( ) + "|" + renter. getReadergrade( )
                            +",账号余额 = " + renter. getBalance( ) +",当前积分 = " +
                            renter.  getBonusPoints( ) + "\n借阅的图书是:" + rentlist. get(j).
                            toString( ));
                    rentlist. remove(j);       //在租书清单中删除已经归还的图书
                }
            }
        }
    }
    public boolean renting( )                //增加了异常处理机制的支付租金方法
    {
        try
        {
```

```
            renter. payRent( rentlist. get( j). getRent( ) ) ;        //计算租金,当账户余额足以支付租金
            System. out. println( renter. getReaderName( ) + "支付租金:" + rentlist. get( j). getRent( ) + "
                成功!" ) ;
            return true;
        }
        catch( PayException pe)
        {
            System. out. println( renter. getReaderName( ) + pe) ; //提示不足支付租金
            return false;
        }
    }
    public void displayRentInfo( )                                   //输出租书信息
    {
        for( RentRecord br: rentlist)                                //用增强 for 循环逐条列出
            System. out. println( br) ;
    }
    public void displayReturnInfo( )                                 //输出还书信息
    {
        for( String bre: returnlist)                                 //用增强 for 循环逐条列出
                System. out. println( bre) ;
    }
}
```

在 rentbook 目录下新建一个名为 test 的文件夹,编写测试类 TestRentBookManagenew,定义该类属于 test 包,通过测试数据验证 RentBookManagenew 类的功能是否达到预期效果。代码清单如下:

```
package test;        //定义该类属于 test 包
import rent. * ;     //加载 rent 包中的所有类
public class TestRentBookManagenew
{
    public static void main( String args[ ] )
    {
        System. out. println( "RentBookManagenew 运行情况如下:" ) ;
        RentBookManagenew bm = new RentBookManagenew( ) ;

        /* 测试图书添加和管理功能 */
        bm. addBook( "978 - 7 - 305 - 13888 - 3" ," Java 课程设计指导" ," 施珺等" ," 南京大学出版
                社" ,31 ," IT - 202 - 01" ) ;
        bm. addBook( "978 - 7 - 103 - 01234 - 2" ," 数据结构" ," 耿国华" ," 清华大学出版社" ,41. 2 ,"
                IT - 401 - 01" ) ;
        bm. addBook( "978 - 7 - 113 - 07777 - 1" ," VB 学习与考试指导" ," 施珺等" ," 中国铁道出版
                社" ,35 ," IT - 301 - 01" ) ;
```

```
        bm. displayBook( );                          //列出新增的所有图书信息
        System. out. println( " \n editBook("978 - 7 - 113 - 07777 - 1" ,28.5):");
        bm. editBook("978 - 7 - 113 - 07777 - 1" ,28.5);

        /* 测试读者添加和充值功能 */
        System. out. println ( " \n addReader( 赵敏,普通会员/张亮,非会员/刘小强,VIP)、setBalance
                      (1000/500/80):");
        bm. addReader("赵敏","普通会员");
        bm. addReader("张亮","非会员");
        bm. addReader("刘小强","VIP");
        bm. readerlist. get(0). setBalance(1000);    //给 1 号读者充值 1000
        bm. readerlist. get(1). setBalance(500);     //给 2 号读者充值 500
        bm. readerlist. get(2). setBalance(80);      //给 3 号读者充值 80
        bm. displayReader( );                         //列出所有读者信息

        /* 测试图书租阅功能 */
        System. out. println( " \n 测试图书租阅功能:");
        /* 1 号读者租阅了 1#书,借书日期:2017 年 7 月 7 日: */
        bm. addRentRecord( bm. booklist. get(0) ,bm. readerlist. get(0) ,"20170707");
        /* 2 号读者租阅了 2#书,借书日期:2019 年 9 月 9 日: */
        bm. addRentRecord( bm. booklist. get(1) ,bm. readerlist. get(1) ,"20190909");
        /* 2 号读者还 2#书,还书日期:2020 年 2 月 18 日: */
        bm. returnBook( bm. booklist. get(1) ,bm. readerlist. get(1) ,"20200218");
        /* 3 号读者租阅了 2#书,借书日期:2020 年 3 月 1 日: */
        bm. addRentRecord( bm. booklist. get(1) ,bm. readerlist. get(2) ,"20200301");
        /* 2 号读者还 3#书,还书日期:2020 年 6 月 16 日,未借过,不成功: */
        bm. returnBook( bm. booklist. get(2) ,bm. readerlist. get(1) ,"20200616");
        /* 1 号读者还 1#书,还书日期:2020 年 10 月 1 日: */
        bm. returnBook( bm. booklist. get(0) ,bm. readerlist. get(0) ,"20201001");
        System. out. println( " \n 输出租阅记录:");
        bm. displayReturnInfo( );                     //列出所有还书记录
        System. out. println( " \n 输出当前在租清单:");
        bm. displayRentInfo( );                       //列出现有在租图书的信息
    }
}
```

TestRentBookManagenew 类的运行结果如图 3-6 所示。

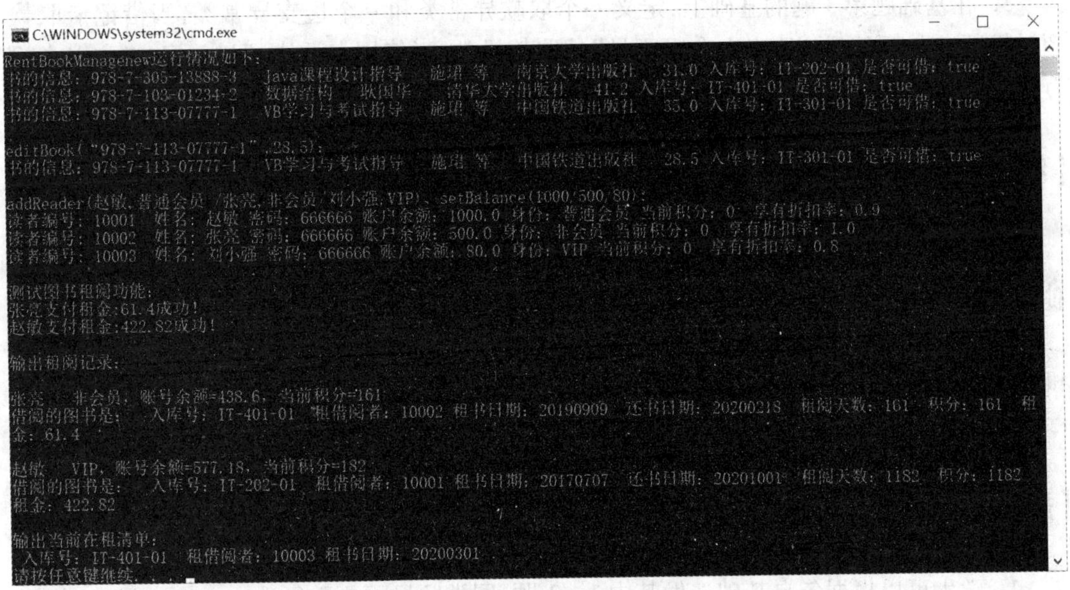

图 3-6　测试类 TestRentBookManage 的运行结果

3.3　实验任务

【基础题】

1. 在第 2 章学生类的基础上,定义一个课程类,课程类的属性有:课程号、课程名、课程性质、学时、学分;定义一个选课接口,由学生类实现该接口。

2. 在第 2 章商品类、食品类、玩具类、顾客类的基础上,定义一个营业员类,其属性按需自定义;定义一个提成接口,当商品销售额达到一定数额时,允许营业员按一定比例提成。

3. 定义一个抽象的银行卡类,基本属性有卡号、用户名、用户身份证号、密码、余额等,定义银行卡构造方法及银行卡常规业务处理相关的方法,比如存款、取款、查询余额、修改密码、查询密码等;分别定义含有银行名等其他必要属性的信用卡类和借记卡类,这两个类都是银行卡类的子类;定义一个透支的接口,信用卡可以透支,借记卡不可以透支。

【提高题】

1. 在基础题第 1 题的基础上,定义一个选课学分异常类,当学生一个学期的累计选课超过 28 学分时,抛出"学分超过最大限额"的异常。

2. 在基础题第 2 题的基础上,定义一个销售异常,当食品超过保质期还被销售时,抛出"超过保质期的食品不能再销售"的异常;编写一个测试程序,用适当的测试数据创建食品对象并进行销售验证。

3. 在基础题第 3 题的基础上,定义一个取款异常类和一个透支异常类,当借记卡取款超过银行卡余额时,抛出"卡上余额不足"的取款异常;当信用卡透支超过一定数额(比如 2 万元)时抛出"超过最高信用限额"的透支异常。

【综合题】

1. 为提高题第 1 题设计一个学生选课系统操作界面,用适当的测试数据创建若干学生对象和课程对象,并对学生选课的业务逻辑进行相关处理。

2. 为提高题第 3 题设计一个银行卡操作界面,用适当的测试数据创建一个信用卡对象和一个借记卡对象,并对借记卡的存款、取款、修改密码、信用卡的支付等一系列业务逻辑进行相关处理。

【题目完成要求】

1. 学生可以根据各自基础选做其中 1～3 题,同类题目不要重复选;

2. 选用适当的编程工具完成选题,尽可能多的应用所学知识,注意编程规范性,要添加必要的注释;

3. 确保程序调试通过,测试运行结果正常;

4. 提交源程序和内容齐全的实验报告。

第4章 实验4——基于图形用户界面的 JDBC 程序开发

🖎 **说明** -

　本实验为综合性实验,建议学时为4,分两次完成。

4.1 实验目的与要求

1. 掌握 Java 图形界面的设计方法

　　熟练运用 GUI 标准组件和布局管理器进行图形界面的设计;理解 Java 的事件处理机制,正确运用 Java 的事件处理机制及事件委托模型,编写图形界面组件的事件处理程序。

2. 掌握 Java 高级编程技术

　　掌握基于 Java 输入/输出流读写文本文件的方法;理解多线程机制,掌握线程的实现方法;理解 JDBC 的数据库访问原理,能够运用 JDBC 技术编写以数据库应用为核心的信息管理系统,并能利用 Java 的基础类库和常用工具类设计满足特定要求的软件功能模块。

4.2 实验指导

　　本节设计了7道例题,其中基础题2道、提高题3道、综合题2道,涵盖了 Java 图形界面设计、文本文件的读写、多线程、JDBC 编程等相关知识,重点演示了标签、文本框、文本域、组合框、复选框、单选钮、按钮等组件的混合使用、动作事件与选择事件的处理、通过 JDBC 技术实现 Access 数据库操作、通过文件输入流、缓冲流及随机访问文件流实现文本文件的读写、通过 Runable 接口实现多线程等。

　　基础题中,设计了图书管理和读者管理的图形用户界面;提高题及综合题中增加了数据库支持,形成了一个功能较为完整的图书租阅业务管理系统。

　　由于例题中涉及的知识点多,较之前几个实验难度加大,为方便实验过程中理解、借鉴,所有例题的源程序中都加了大量注释,力争达到融会贯通所学知识点,并灵活加以应用。

【基础题】

　　【例4-1】　在例2-4的基础上,利用 GUI 组件设计一个图形用户界面,实现 RentBook

类的管理功能,如新增图书、修改图书信息、删除图书等。

解:本例演示如何运用 Java 中 AWT 和 Swing 组件进行图形用户界面的设计,实现对实验 2 中定义的出租图书实体类 RentBook 的操作,完成图书对象的创建和修改功能。

界面设计中采用 6 个标签提示待输入的信息,用 6 个文本框分别接收相应的输入;用 1 个复选框表达图书是否可借的状态;用 3 个按钮分别响应新增图书、修改图书、删除图书的操作;用表格动态显示每次单击按钮后的操作结果;GUI 事件处理涉及按钮的动作事件和列表框的选择事件。该类命名为 BookManageGUI,保存在 rentbook 文件夹的 gui 子文件夹下。根据题意设计的出租图书管理界面类的类图如图 4-1 所示。

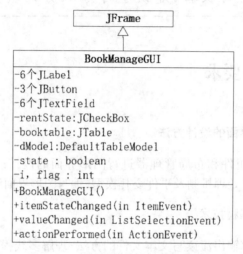

图 4-1 出租图书管理界面类的类图

根据类图编写的程序清单如下:

```
package gui;                        //定义该类属于 gui 包
import common. * ;
import java. awt. * ;               //加载 awt 包中的类
import java. awt. event. * ;        //加载 awt 事件处理包
import javax. swing. * ;            //加载 swing 包中的类
import javax. swing. event. * ;     //加载 swing 事件处理包
import java. util. * ;              //加载 util 包中的类
import javax. swing. table. * ;
public class BookManageGUI extends JFrame implements ActionListener,ItemListener,ListSelectionListener
{
    JTable booktable;               //显示图书信息的表格
    DefaultTableModel dModel;       //表格的数据模型
    int i = 0,flag = 0;             //i 为列表框当前被选中的行号, flag 为删除标记

    /ㅤ* 定义几个输入、输出提示标签 * /
    JLabel lblISBN;                 //图书编号
    JLabel lblBookName;             //图书名称
```

```
        JLabel lblAuthor;                      //图书作者
        JLabel lblPublisher;                   //出版社
        JLabel lblPrice;                       //定价
        JLabel lblBookNo;                      //图书入库号


    /*定义几个接受用户输入的文本框*/
        JTextField txtISBN;
        JTextField txtBookName;
        JTextField txtAuthor;
        JTextField txtPublisher;
        JTextField txtPrice;
        JTextField txtBookNo;
JCheckBox rentState;                           //表达图书是否可借状态的复选框
    /*定义几个用户操作按钮*/
        JButton btnCreateBook;                 //创建图书
        JButton btnEdit;                       //更正信息
        JButton btnDelete;                     //删除图书
boolean state = true;
    public BookManageGUI()
    {
        this. setTitle("图书类操作的图形用户界面");           //设置窗体标题
        /*定义一个显示图书信息的表格*/
        String [] columnName = {"入库号","ISBN","书名","作者","出版社","定价"};
                                                            //表格列名
String[][] data0 = new String[0][0];                        //表格数据源,初始化为空白
dModel = new DefaultTableModel(data0,columnName);           //定义表格的默认数据模型
        booktable = new JTable(dModel);                     //显示图书信息的表格
        booktable. setForeground(Color. blue);              //表格字体设为蓝色
        booktable. setRowHeight(25);                        //设置表格行高
        booktable. setAutoscrolls(true);                    //自动带滚动条
        booktable. getSelectionModel(). addListSelectionListener(this);//注册选择事件监听器
        JScrollPane scrollPane = new JScrollPane(booktable);  //将表格放入带滚动条的面板中
        /*初始化所有标签*/
        lblISBN = new JLabel("图书编号:");
        lblBookName = new JLabel("图书名称:");
        lblAuthor = new JLabel("图书作者:");
        lblPublisher = new JLabel("出版社:");
        lblPrice = new JLabel("定价:");
        lblBookNo = new JLabel("图书入库号:");
    /*初始化所有文本框*/
        txtISBN = new JTextField(10);
        txtBookName = new JTextField(10);
```

```
        txtAuthor = new JTextField(10);
        txtPublisher = new JTextField(10);
        txtPrice = new JTextField(10);
        txtBookNo = new JTextField(10);
        rentState = new JCheckBox("可借",true);            //默认图书可借
        /* 初始化所有按钮 */
        btnCreateBook = new JButton("创建图书");
        btnEdit = new JButton("更正信息");
        btnDelete = new JButton("删除图书");
        /* 为按钮注册事件监听器 */
        btnCreateBook.addActionListener(this);
        btnEdit.addActionListener(this);
        btnDelete.addActionListener(this);
        rentState.addItemListener(this);                 //为可借复选框注册事件监听器
        setLayout(null);                                 //采用空布局,以便调用 setBounds()方法
        /* 将标签加到界面上 */
        add(lblISBN);
        add(lblBookName);
        add(lblAuthor);
        add(lblPublisher);
        add(lblPrice);
        add(lblBookNo);
        /* 将文本框加到界面上 */
        add(txtISBN);
        add(txtBookName);
        add(txtAuthor);
        add(txtPublisher);
        add(txtPrice);
        add(txtBookNo);
        add(rentState);
        /* 将按钮加到界面上 */
        add(btnCreateBook);
        add(btnEdit);
        add(btnDelete);
        add(scrollPane);                                 //将表格加到界面上
        /* 给各个界面元素定位,显示位置和外观尺寸(x,y,width,height) */
        btnCreateBook.setBounds(100,200,90,40);
        btnEdit.setBounds(300,200,90,40);
        btnDelete.setBounds(500,200,90,40);
        /* 为各标签定义外观尺寸 */
        lblISBN.setBounds(50,10,100,40);
        lblBookName.setBounds(50,60,100,40);
```

```
        lblBookNo. setBounds(50,110,100,40);
        lblPrice. setBounds(400,10,100,40);
        lblPublisher. setBounds(400,60,100,40);
        lblAuthor. setBounds(400,110,100,40);

        /* 为各文本框定义外观尺寸 */
        txtISBN. setBounds(140,10,220,40);
        txtBookName. setBounds(140,60,220,40);
        txtBookNo. setBounds(140,110,220,40);
        txtPrice. setBounds(470,10,150,40);
        txtPublisher. setBounds(470,60,150,40);
        txtAuthor. setBounds(470,110,150,40);
        rentState. setBounds(470,160,60,40);
        scrollPane. setBounds(20,270,700,250);
        this. setBounds(300,50,750,600);              //设置窗体在屏幕位置、宽度、高度
        this. setVisible(true);
        this. setResizable(false);
    }
    /* 重载复选框的选择事件,当勾选状态说明图书可借,否则不可借 */
    public void itemStateChanged(ItemEvent e)
    {
        if(rentState. isSelected())
            state = true;
        else
            state = false;
    }
    /* 重载表格列表选择事件的方法,当点选某行时当前图书对象随之改变 */
    public void valueChanged(ListSelectionEvent e)
    {
        i = booktable. getSelectedRow();               //表格当前被选中的位置
        if(flag = = 0 && i > = 0)
        {
            txtBookNo. setText(dModel. getValueAt(i,0). toString());
            txtISBN. setText(dModel. getValueAt(i,1). toString());
            txtBookName. setText(dModel. getValueAt(i,2). toString());
            txtAuthor. setText(dModel. getValueAt(i,3). toString());
            txtPublisher. setText(dModel. getValueAt(i,4). toString());
            txtPrice. setText(dModel. getValueAt(i,5). toString());
            if(dModel. getValueAt(i,6) = = "true")
                rentState. setSelected(true);
            else
                rentState. setSelected(false);
```

```
        }
    }
    public void actionPerformed( ActionEvent evt)              //动作事件,各按钮响应
    {
        if( evt. getActionCommand( ). equals( "创建图书" ))    //将每本图书信息逐条添加到表格中
        {
            Vector < String >  data = new Vector < String > ( );
            data. addElement( txtBookNo. getText( ));           //将图书信息加入向量
            data. addElement( txtISBN. getText( ));
            data. addElement( txtBookName. getText( ));
            data. addElement( txtAuthor. getText( ));
            data. addElement( txtPublisher. getText( ));
            data. addElement( txtPrice. getText( ));
            data. addElement( Boolean. valueOf( state). toString( ));
            dModel. addRow( data);                              //将向量加入表格数据模型
        }
        if( evt. getActionCommand( ). equals( "更正信息" ))    //根据文本框内容更新表格中信息
        {
            if( i > = 0)
            {
                dModel. setValueAt( txtBookNo. getText( ),i,0);
                dModel. setValueAt( txtISBN. getText( ),i,1);
                dModel. setValueAt( txtBookName. getText( ),i,2);
                dModel. setValueAt( txtAuthor. getText( ),i,3);
                dModel. setValueAt( txtPublisher. getText( ),i,4);
                dModel. setValueAt( txtPrice. getText( ),i,5);
                dModel. setValueAt( Boolean. valueOf( state). toString( ),i,6);
            }
        }
        if( evt. getActionCommand( ). equals( "删除图书" ))    //删除表格中被选中的图书信息
        {
            flag = 1;                                           //表示将执行删除操作
            if( i > = 0)
            {
                dModel. removeRow( i);                          //删除指定位置的记录
                flag = 0;                                       //恢复正常操作
            }
        }
    }
    public static void main( String args[ ])                    //程序入口
    {
        new BookManageGUI( );                                   //构造一个新窗体对象
    }
}
```

该类运行初始界面如图 4-1a 所示。

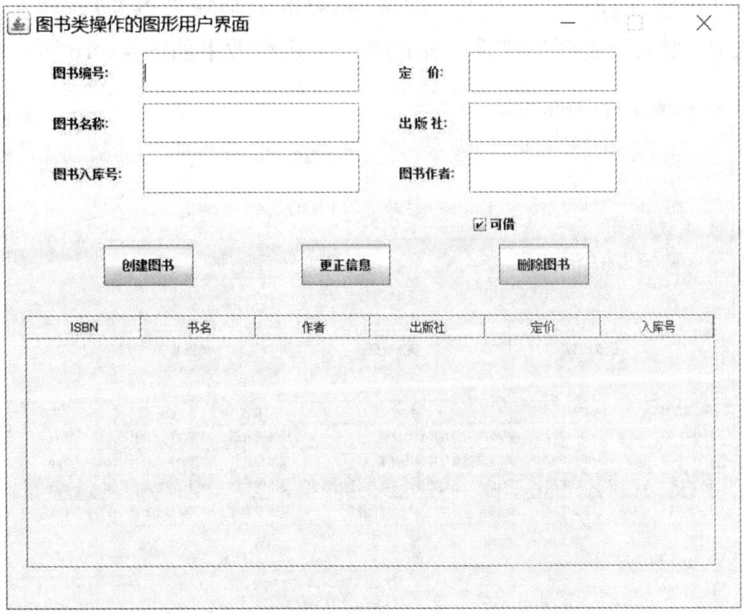

图 4-1a RentBookGUI 类的初始运行效果

根据用户界面上的标签提示,在相应的文本框中输入完整的图书测试数据,单击"创建图书",则将所创建的图书信息添加到下方列表框中,添加多条测试数据后的运行效果如图 4-1b 所示。

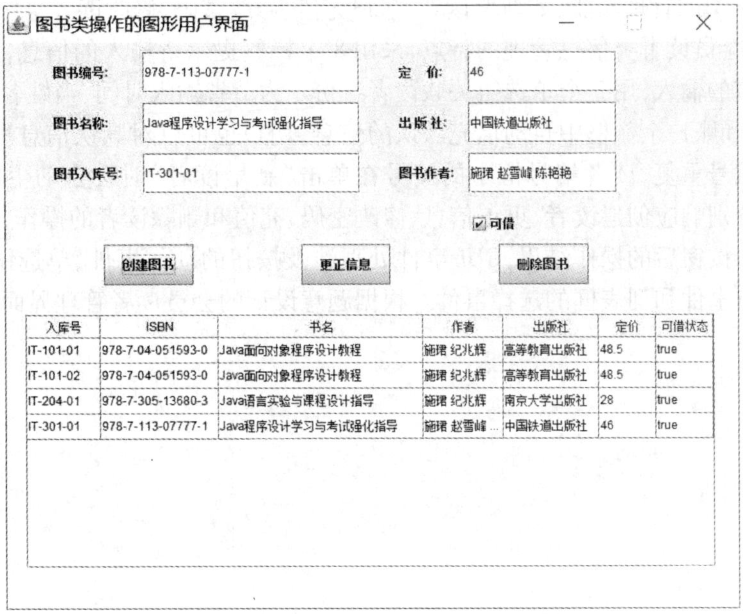

图 4-1b "创建图书"的运行效果

在此基础上,选中其中 1 条记录,图书相关信息会出现在上面的对应文本框中,修改各文本框中对应的内容,单击"更正信息"按钮,列表框中则随之更新;选中某条记录并单击"删除图书"按钮,则从列表框中删除掉该记录。其运行效果如图 4 - 1c 所示。

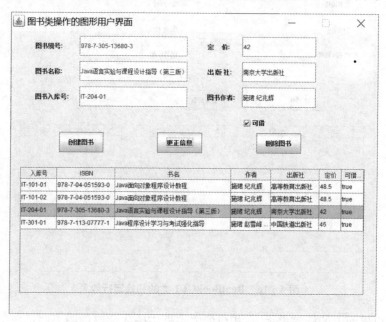

图 4 - 1c "更正信息"及"删除图书"后的运行效果

【例 4 - 2】 在例 3 - 4 的基础上,利用 GUI 组件设计一个图形用户界面,实现 VIPReadernew 类的管理功能,如新增读者、账户充值、修改密码、修改读者身份等。

解:根据会员读者类信息管理的特点,采用 8 个标签提示待输入的信息,用 6 个文本框分别显示相应的输入,用 3 个单选钮关联读者身份。为节省输入时间,当姓名文本框得到焦点时,密码框和账户余额框中自动填充默认的信息,用户也可以对默认信息进行修改,但为了避免读者编号重复,读者编号框中的编号在单击"新增读者"时会自动生成,无须输入。用 5 个按钮分别响应创建读者、更正信息、修改密码、充值和删除读者的操作,用列表框动态显示每次单击按钮后的操作结果,GUI 事件处理涉及按钮的动作事件、单选钮的选择事件、文本框的焦点事件和列表框的选择事件。根据题意设计的会员读者管理界面类的类图如图 4 - 2 所示。

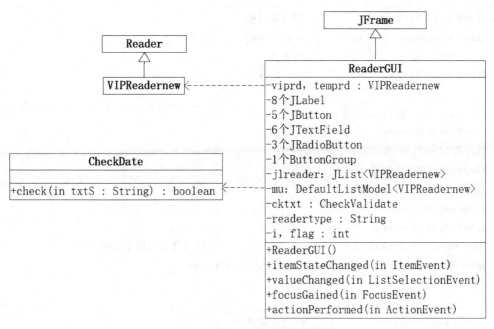

图 4-2　会员读者管理界面类的类图

根据类图编写的代码清单如下：

```
package gui;                            //定义该类属于 gui 包
import reader. * ;                      //加载 reader 包中的所有类
import common. * ;
import java. awt. * ;
import java. awt. event. * ;
import javax. swing. * ;
import javax. swing. event. * ;
import java. util. * ;

public class ReaderGUI extends JFrame implements ActionListener,ItemListener,
        FocusListener,ListSelectionListener
{
    JList < VIPReadernew > jlreader;     //显示读者信息的泛型列表框
    DefaultListModel < VIPReadernew > mu;//用户列表框的数据模型
    VIPReadernew viprd,temprd;
    String readertype = "非会员";        //保存读者身份的字符串
    int i = 0,flag = 0;
    / * 定义几个输入、输出提示标签 * /
    JLabel lblPrompt;                    //操作提示信息
    JLabel lblReaderID;                  //读者编号
    JLabel lblReaderName;                //读者姓名
    JLabel lblReaderPwd;                 //读者密码
```

```
JLabel lblNewPassword;                    //读者新密码
JLabel lblBalance;                        //账户余额
JLabel lblDeposit;                        //充值
JLabel lblReaderType;                     //用户身份

/*定义几个接受用户输入的文本框*/
JTextField txtReaderID;
JTextField txtReaderName;
JTextField txtReaderPwd;
JTextField txtNewPassword;
JTextField txtDeposit;
JTextField txtBalance;
ButtonGroup btngReaderType = new ButtonGroup();        //读者身份单选按钮组
JRadioButton jrbReaderType1,jrbReaderType2,jrbReaderType3;

/*定义几个用户操作按钮*/
JButton btnCreateReader;                  //创建读者
JButton btnResetPWD;                      //修改密码
JButton btnDeposit;                       //充值
JButton btnEdit;                          //更正读者信息
JButton btnDelete;                        //删除读者信息
CheckValidate cktxt;                      //用来检验文本框输入是否合法的通用类
public ReaderGUI()
{
    this.setTitle("操作读者类的图形用户界面");        //设置窗体标题
    jlreader = new JList < VIPReadernew >();          //显示读者信息的列表框
    mu = new DefaultListModel < VIPReadernew > ();
    jlreader.setForeground(Color.blue);               //列表框字体设为蓝色
    jlreader.setAutoscrolls(true);                    //自动带滚动条
    jlreader.addListSelectionListener(this);          //为列表框注册选择事件监听器
    JScrollPane scrollPane = new JScrollPane(jlreader); //将列表框布局到带滚动条的面板中

    /*初始化所有标签*/
    lblPrompt = new JLabel("操作提示:单击姓名文本框可自动获取默认信息");
    lblReaderID = new JLabel("读者编号:");
    lblReaderName = new JLabel("读者姓名:");
    lblReaderPwd = new JLabel("读者密码:");
    lblNewPassword = new JLabel("新密码:");
    lblBalance = new JLabel("账户余额:");
    lblDeposit = new JLabel("充值:");
    lblReaderType = new JLabel("用户身份:");
```

```
/*初始化所有文本框*/
txtReaderID = new JTextField(10);
txtReaderName = new JTextField(10);
txtReaderPwd = new JTextField(10);
txtNewPassword = new JTextField(10);
txtDeposit = new JTextField(10);
txtBalance = new JTextField(10);
txtReaderID.setEditable(false);          //读者编号框不可编辑
/*为姓名文本框注册焦点事件监听器当该文本框得到焦点时,自动产生默认读者信息*/
txtReaderName.addFocusListener(this);
/*初始化读者身份的3个单选钮组,并注册事件监听器*/
jrbReaderType1 = new JRadioButton("VIP",false);
jrbReaderType2 = new JRadioButton("普通会员",false);
jrbReaderType3 = new JRadioButton("非会员",true);
btngReaderType.add(jrbReaderType1);
btngReaderType.add(jrbReaderType2);
btngReaderType.add(jrbReaderType3);
jrbReaderType1.addItemListener(this);
jrbReaderType2.addItemListener(this);
jrbReaderType3.addItemListener(this);
/*初始化所有按钮对象*/
btnCreateReader = new JButton("创建读者");
btnResetPWD = new JButton("修改密码");
btnDeposit = new JButton("充值");
btnEdit = new JButton("更正信息");
btnDelete = new JButton("删除读者");
/*为按钮注册事件监听器*/
btnCreateReader.addActionListener(this);
btnResetPWD.addActionListener(this);
btnDeposit.addActionListener(this);
btnEdit.addActionListener(this);
btnDelete.addActionListener(this);
setLayout(null);                    //采用空布局,以便调用setBounds()方法
/*将标签加到界面上*/
add(lblPrompt);
add(lblReaderID);
add(lblReaderName);
add(lblReaderPwd);
add(lblNewPassword);
add(lblBalance);
add(lblDeposit);
```

```
add(lblReaderType);
/*将文本框加到界面上*/
add(txtReaderID);
add(txtReaderName);
add(txtReaderPwd);
add(txtNewPassword);
add(txtDeposit);
add(txtBalance);
/*将单选钮组加到界面上*/
add(jrbReaderType1);
add(jrbReaderType2);
add(jrbReaderType3);
add(scrollPane);                              //将列表框加到界面上
/*将按钮加到界面上*/
add(btnCreateReader);
add(btnResetPWD);
add(btnDeposit);
add(btnEdit);
add(btnDelete);
/*给各个界面元素定位,显示位置和外观尺寸(x,y,width,height*/
btnCreateReader. setBounds(80,230,90,40);     //为各按钮定义外观尺寸
btnEdit. setBounds(200,230,90,40);
btnResetPWD. setBounds(320,230,90,40);
btnDeposit. setBounds(440,230,90,40);
btnDelete. setBounds(560,230,90,40);
lblReaderID. setBounds(80,10,100,40);         //为各标签定义外观尺寸
lblReaderName. setBounds(80,60,100,40);
lblReaderPwd. setBounds(80,110,100,40);
lblNewPassword. setBounds(350,110,100,40);
lblBalance. setBounds(350,10,100,40);
lblDeposit. setBounds(350,60,100,40);
lblReaderType. setBounds(80,180,80,40);
jrbReaderType1. setBounds(160,180,50,40);
jrbReaderType2. setBounds(240,180,80,40);
jrbReaderType3. setBounds(360,180,80,40);
txtReaderID. setBounds(160,10,120,40);        //为各文本框定义外观尺寸
txtReaderName. setBounds(160,60,120,40);
txtReaderPwd. setBounds(160,110,120,40);
txtNewPassword. setBounds(450,110,120,40);
txtBalance. setBounds(450,10,120,40);
txtDeposit. setBounds(450,60,120,40);
scrollPane. setBounds(20,320,650,200);
```

```
        lblPrompt. setBounds(50,280,550,40);              //设置操作结果提示标签的尺寸
        lblPrompt. setForeground( Color. red);
        this. setBounds(300,50,700,600);                  //设置窗体在屏幕位置、宽度、高度
        this. setVisible( true);
        this. setResizable( false);
    }
    /* 重载选项事件的状态改变方法,实现点选单选钮改变读者身份 */
    public void itemStateChanged( ItemEvent e)
    {
        JRadioButton rb = ( JRadioButton)( e. getItemSelectable( ));      //获取单选钮对象
        if( rb. isSelected( ))                            //如果单选钮是选中的
            readertype = rb. getText( );                  //读者身份设为单选钮标签文本
        lblPrompt. setText( readertype);                  //提示信息标签上显示所选的身份
    }
    /* 重载列表框的列表选择事件的值改变方法,当点选某行时当前读者对象随之改变 */
    public void valueChanged( ListSelectionEvent e)
    {
        i = jlreader. getSelectedIndex( );                //列表框当前被选中的位置
        if( flag = = 0)
        {
            temprd = ( VIPReadernew) jlreader. getSelectedValue( );   //获取当前选中的行对象 temprd
            txtReaderID. setText( "" + temprd. getReaderID( ));       //显示当前读者的编号
            txtReaderName. setText( temprd. getReaderName( ));        //显示当前读者姓名
            txtReaderPwd. setText( temprd. getReaderPwd( ));          //显示读者的密码
            txtBalance. setText( "" + temprd. getBalance( ));         //显示读者的账上余额
            /* 根据当前读者身份,让对应的单选钮选中 */
            readertype = temprd. getReadergrade( );
            if( readertype. equals( "VIP"))
                jrbReaderType1. setSelected( true);
            else if( readertype. equals( "普通会员"))
                jrbReaderType2. setSelected( true);
            else
                jrbReaderType3. setSelected( true);
            txtReaderID. setEditable( true);             //让读者编号框可编辑
            txtBalance. setEditable( false);             //让账户余额不可编辑
        }
    }
    /* 重载文本框的获得焦点事件,光标进入姓名框时,自动显示读者相关信息简化输入 */
    public void focusGained( FocusEvent e)
    {
        if( e. getSource( ) = = txtReaderName)
        {
```

```
            txtReaderPwd. setText( "666666" ) ;          //设置默认密码
            txtBalance. setText( "0.0" ) ;               //设置默认账户余额
        }
    }
    public void focusLost( FocusEvent e)                 //重载焦点接口的失去焦点方法
    {

                                                         //此处没用到

    }
    public void actionPerformed( ActionEvent evt)        //动作事件,各按钮响应
    {
        if( evt. getActionCommand( ). equals( "创建读者" ) )
        {
            / * 根据界面上各文本框内容新建一个读者对象,编号自动递增 */
            viprd = new VIPReadernew( txtReaderName. getText( ) ,readertype) ;
            txtReaderID. setText( "" + viprd. readerID) ;
            viprd. setReaderPwd( txtReaderPwd. getText( ) ) ;
            viprd. setBalance( Double. parseDouble( txtBalance. getText( ) ) ) ;
            mu. addElement( viprd) ;                     //将新建的读者对象加入数据模型
            jlreader. setModel( mu) ;                    //更新列表框的数据源
        }
        if( evt. getActionCommand( ). equals( "更正信息" ) )
        {
            temprd. readerID = Integer. parseInt( txtReaderID. getText( ) ) ;
            temprd. setReaderName( txtReaderName. getText( ) ) ;
            temprd. setReadergrade( readertype) ;
            temprd. setReaderPwd( txtReaderPwd. getText( ) ) ;
            mu. setElementAt( temprd,i) ;                //界面信息刷新
        }
        if( evt. getActionCommand( ). equals( "修改密码" ) )
        {
            cktxt = new CheckValidate( txtNewPassword) ;
            if( cktxt. check( 0) )
            {
                / * 原密码正确才可以设置新密码    */
                if( txtReaderPwd. getText( ). trim( ). equals( temprd. getReaderPwd( ) ) )
                {
                    temprd. setReaderPwd( txtNewPassword. getText( ). trim( ) ) ;
                    lblPrompt. setText( temprd. note) ;
                }
                else
                    lblPrompt. setText( "原密码不对,不可以修改新密码!" ) ;
                mu. setElementAt( temprd,i) ;
```

```
                }
        }
    if( evt. getActionCommand( ). equals( "充值" ) )
        {
            cktxt = new CheckValidate( txtDeposit ) ;
            if( cktxt. check( 1 ) )
                {
                    temprd. setBalance( Double. parseDouble( txtDeposit. getText( ). trim( ) ) ) ;
                    mu. setElementAt( temprd , i ) ;
                    lblPrompt. setText( temprd. note ) ;
                }
        }

    if( evt. getActionCommand( ). equals( "删除读者" ) )
        {
            flag = 1 ;                          //将执行删除操作
            mu. removeElementAt( i ) ;          //删除指定位置的记录
            flag = 0 ;                          //恢复正常操作
        }
    }
public static void main( String args[ ] )      //程序入口
    {
        new ReaderGUI( ) ;                      //构造一个新窗体对象
    }
}
```

运行 ReaderGUI 类,将光标移动到姓名框中,系统会自动生成默认值,输入读者姓名并单击"创建读者"按钮后,读者信息则被新增到下方的列表框中。如果需要修改系统的默认值,可直接修改后再创建读者。其运行效果如图 4-2a 所示。

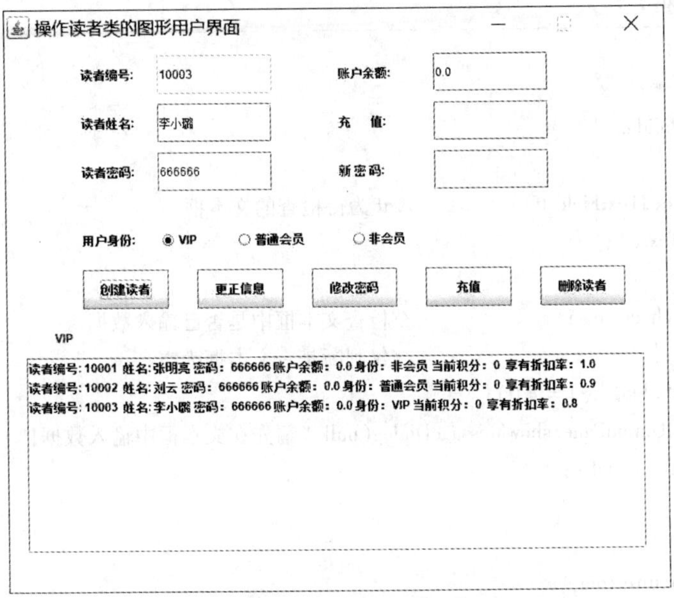

图 4-2a　ReaderGUI 类"创建读者"后的运行效果

在此基础上,选中其中一条记录,修改界面上的相关信息,然后分别单击"更正信息""修改密码""充值""删除读者""创建读者"按钮,则列表框中则随之更新。为验证输入信息的有效性,在执行"修改密码"和"充值"操作时,程序中通过类 CheckValidate 来对文本框中的内容进行合法性验证。其运行效果如图 4-2b 所示。

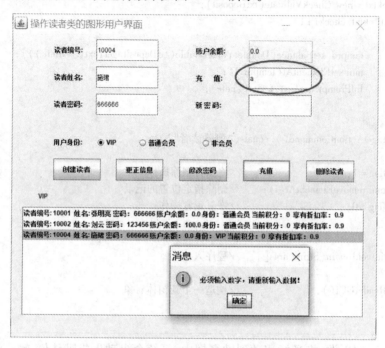

图 4-2b "更正信息""修改密码"及"充值"后的运行效果

专门封装的一个验证文本框输入内容有效性的通用类 CheckValidate,保存在 common 包中。代码清单如下:

```java
package common;
import javax. swing. * ;
public class CheckValidate {
String txtS;
public CheckValidate( JTextField tf) {          //tf 为待检查的文本框
    txtS = tf. getText( );
}
    public boolean check(int i) {             //检查文本框中是否已输入数据
        if( i = = 0) {                        //仅判断是否文本框为空
            if( txtS. length( ) = = 0) {
            JOptionPane. showMessageDialog( null,"请先在文本框中输入数据!");
            return false;
        }
        else
            return true;
```

```
        }
        else{                                  //判断是否为空、负数、数字
            String regex = "[^1234567890. ]";
            if(txtS. length( ) = =0){
                JOptionPane. showMessageDialog(null,"请先在文本框中输入数据!");
                return false;
            }
            else if(txtS. matches(regex)){      //正则表达式,输入必须为数字
                JOptionPane. showMessageDialog(null,"必须输入数字,请重新输入数据!");
                return false;
            }
            else if(Float. parseFloat(txtS) <0){
                JOptionPane. showMessageDialog(null,"不该为负值,请重新输入数据!");
                return false;
            }
            else
                return true;
        }
    }
}
```

【提高题】

【例 4 - 3】 参照实验 3 中的例 3 - 4、例 3 - 5 及例 3 - 6 相关类的属性,在 Access 数据库中,建立 3 个数据表,分别用来存放读者信息、图书信息和图书租阅记录。封装一个专门用来进行数据库操作的类。

解: 本例演示如何在 Microsoft Access 中建立一个数据库,操作过程如下:

(1) 启动 Access,从"文件"菜单中单击"新建",从右侧的可用模板中选择"空数据库",在右下方的文件名输入框处选择数据库保存位置,如"D:/javaworks/rentbook",并输入数据库名称,如"RentBookDB. accdb",然后点"创建",进入系统默认的数据表信息录入界面。

(2) 从工具栏中单击"表设计",进入表设计界面,参考 Reader 类和 VIPReadernew 类中的属性,定义读者信息表的结构。建议:字段名与类的属性名称保持一致,数据类型选择与属性值相匹配的类型,字段长度应该适当,以足够属性值的常规存储为原则,既不可长度过小导致无法存入属性的值,也无须过大造成不必要的空间浪费。为避免重复记录的插入,可以将字段 readerID 设置为主键,以确保读者编号的唯一性。定义好之后从"文件"菜单中单击"保存",在另存为对话框中输入表名,如"ReaderInfo",设计好的表结构如图 4 - 3a 所示。

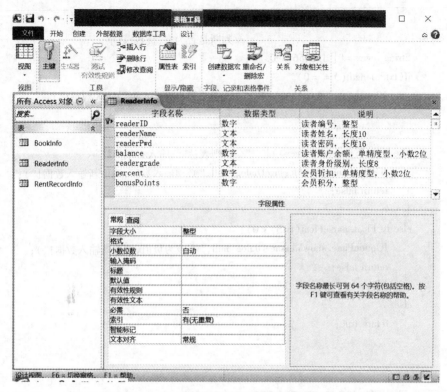

图 4 - 3a RentBook 数据库中 ReaderInfo 数据表设计示意图

（3）设计图书信息和租阅信息数据表时，单击"创建"菜单，从工具栏中单击"表设计"，打开新的表设计界面，参考 Book 类的属性，定义好图书信息表的结构，表名保存为"BookInfo"。再参考 RentBooknew 类和 RentBookManagenew 的业务逻辑，定义租阅信息数据表，表名保存为"RentRecordInfo"。定义好的另外 2 张表结构如图 4 - 3b 所示。

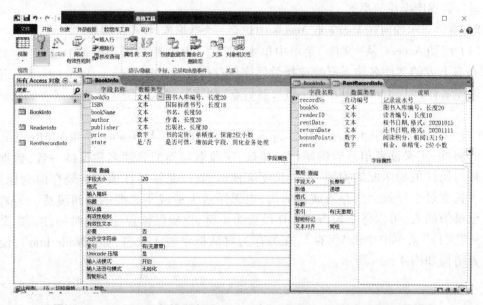

图 4 - 3b RentBook 数据库中 BookInfo 表和 RentRecordInfo 表结构示意图

　　数据库建立完毕,接下来采用 JDBC 技术编写数据库操作类。为提高程序复用性,专门封装一个访问 Access 数据库并进行增加、删除、修改和查询等操作的通用类,以方便后续引用。代码清单如下:

```
package dbo;                              //定义该类属于 dbo 包
import java.sql. * ;                      //加载数据库操作用到的 sql 包中的类
public class DBAccess
{
    private Connection conn = null;
    private Statement stmt = null;
    public ResultSet rs = null;
    private PreparedStatement prestmt = null;
    / * Access 数据库连接驱动程序: */
    private final String driver = "com. hxtt. sql. access. AccessDriver";
    / * 定义数据库名称变量 dbName,此处采用绝对路径,若不带路径则表示当前目录下 */
    private final String dbName = "D:/javaworks/rentbook/dbo/RentBookDB. accdb";
    private final String url = "jdbc:Access:///" + dbName;
    private final String user = " ";            //数据库访问账号,可为空
    private final String password = " ";        //数据库访问密码,可为空
    public String notes = "数据库操作提示!";
    public String sql;                          //对数据库进行各种操作的 SQL 命令
    public int flag = 0;                        //插入操作成功标记
    / * 实例方法 1:实现数据库连接 */
    public void dbconn( )
    {
        try{
            Class. forName( driver);            //加载数据库驱动程序
            conn = DriverManager. getConnection( url, user, password);    //建立连接
            stmt = conn. createStatement( );    //向数据库发送 SQL 语句
        }
        catch( ClassNotFoundException ec) {    //捕获类对象异常
            System. out. println( ec);
        }
        catch( SQLException es) {              //捕获数据库异常
            System. out. println( es);
        }
        catch( Exception ex) {                 //捕获其他异常
            System. out. println( ex);
        }
    }
    / * 实例方法 2:查询数据库记录,并返回查询结果的记录集 */
    public ResultSet dbSelect( String selString)
```

```
{
    try{
        rs = stmt. executeQuery(selString);                    //执行 select 语句
        notes = "数据库查询执行正常! 结果如下:";
    }
    catch(SQLException es){
        System. out. println(es);
        notes = "数据库查询出现异常!";
    }
    return rs;
}
/* 实例方法 3:更新数据库记录,并返回操作结果提示信息 */
public String dbUpdate(String updateString)
{
    try{
        prestmt = conn. prepareStatement(updateString);    //生成预编译
        prestmt. executeUpdate();                           //执行 update 语句
        notes = "记录更新成功!";
    }
    catch(SQLException es){
        System. out. println(es);
        notes = "数据库更新出现异常!";
    }
    return notes;
}
/* 实例方法 4:插入数据库记录,并返回操作结果提示信息 */
public String dbInsert(String insertString)
{
    try{
        prestmt = conn. prepareStatement(insertString);
        prestmt. executeUpdate();                           //执行 insert 语句
        notes = "记录插入成功!";
        flag = 1;
    }
    catch(SQLException es){
        System. out. println(es);
        notes = "数据库插入出现异常!";
    }
    return notes;
}
/* 实例方法 5:删除数据库记录,并返回操作结果提示信息 */
public String dbDelete(String delString)
```

```
{
    try {
        prestmt = conn. prepareStatement( delString) ;
        prestmt. executeUpdate( ) ;                    //执行 delete 语句
        notes = "记录删除成功!" ;
    }
    catch( SQLException es) {
        System. out. println( es) ;
        notes = "数据库删除出现异常!" ;
    }
    return notes ;
}
/ * 实例方法 6:关闭数据库连接 * /
public void dbclose( )
{
    if( conn! = null) {
        try {
            rs. close( ) ;                  //关闭记录集
            stmt. close( ) ;                //关闭 SQL 语句发送
            conn. close( ) ;                //关闭数据库连接
        }
        catch( Exception e) { }
    }
}
/ * 实例方法 7:对数据库进行分类操作:0 查询,1 更新,2 插入,3 删除 * /
public void dbOperation( String sql, int action)
{
    dbconn( ) ;
    switch( action) {
        case 0:
            dbSelect( sql) ;               //在数据库中查询指定数据
            break ;
        case 1:
            dbUpdate( sql) ;               //在数据库中更新指定数据
            dbclose( ) ;
            break ;
        case 2:
            dbInsert( sql) ;               //在数据库中插入指定数据
            dbclose( ) ;
            break ;
        case 3:
            dbDelete( sql) ;               //在数据库中删除指定数据
```

```
            dbclose();
            break;
        }
    }
}
```

【例4-4】 在例4-1的基础上,增加与数据库相关的操作功能,要求将操作结果保存到数据库中,并能从数据库中读取现有图书信息。

解:本例在 BookManageGUI 类的代码基础上,采用增加一个"保存图书"按钮的方式,实现将表格中信息保存到 RentBook 数据库的图书信息表 BookInfo 中;增加一个"查看书库"按钮,实现将图书信息表中的图书信息读取并显示到表格中;增加一个标签,用来显示数据库操作的结果信息。类图设计如图4-4所示。

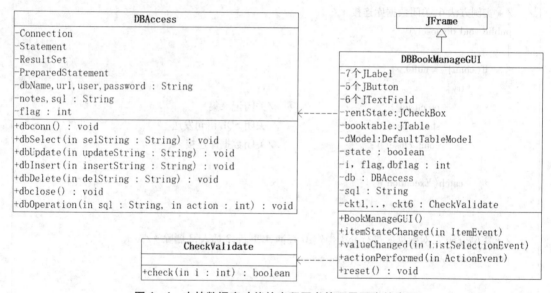

图4-4 支持数据库功能的出租图书管理界面类的类图

相关代码修改过程如下:打开 BookManageGUI.java,另存到"dbo"文件夹下,并更名为"DBBookManageGUI.java",然后对照下面的代码及说明逐行修改。

```
package dbo;                          //修改第一行,定义该类属于 dbo 包
import java.sql.*;                    //加载数据库操作要用的 sql 包中的类
……                                   //其余与 BookManageGUI 类相同的代码保持不变
public class DBBookManageGUI extends JFrame implements ActionListener,ItemListener,
        ListSelectionListener
{
    ……                               //与 BookManageGUI 类相同的代码不动
    JButton btnSavedb;                //新增的按钮,用来把图书信息保存到数据库中
    JButton btnSearchBook;            //新增的按钮,查看书库
    DBAccess db;                      //封装了数据库操作的类
```

```
        String sql;                                     //用于对数据库进行各种操作的SQL命令
        JLabel lblPrompt;                               //操作提示用的标签
        CheckValidate ckt1,ckt2,ckt3,ckt4,ckt5,ckt6;    //对文本框输入有效性进行判断的通用类
        int dbflag = 0;                                 //标记表格中的信息是否从数据表中读取的
        public DBBookManageGUI()                        //构造方法与类名保持一致
        {
            db = new DBAccess();                        //创建数据库操作对象
            ……                                          //与BookManageGUI类相同的代码保持不变
            /*以下为新增按钮、标签及布局相关的代码*/
            lblPrompt = new JLabel("操作提示:                          ");
            lblPrompt.setForeground(Color.red);         //设置提示标签的字体颜色
            btnSavedb = new JButton("保存图书");
            btnSearchBook = new JButton("查看书库");
            btnSavedb.addActionListener(this);
            btnSearchBook.addActionListener(this);
            add(lblPrompt);
            add(btnSavedb);
            add(btnSearchBook);
            btnCreateBook.setBounds(100,200,90,40);     //为各按钮定义外观尺寸,尺寸与BookManage
GUI不同
            btnEdit.setBounds(220,200,90,40);
            btnDelete.setBounds(360,200,90,40);
            btnSavedb.setBounds(480,200,90,40);
            btnSearchBook.setBounds(600,200,90,40);
            lblPrompt.setBounds(50,160,400,40);
            ……                                          //其余与BookManageGUI类相同的代码保持不变
        }
        ……                                              //其余与BookManageGUI类相同的代码保持不变
        public void actionPerformed(ActionEvent evt)    //动作事件,各按钮响应
        {
            if(evt.getActionCommand().equals("创建图书"))
            {
                dbflag = 0;
                ckt1 = new CheckValidate(txtISBN);      //对文本框中的内容进行合法性判断
                ckt2 = new CheckValidate(txtBookName);
                ckt3 = new CheckValidate(txtAuthor);
                ckt4 = new CheckValidate(txtPublisher);
                ckt5 = new CheckValidate(txtBookNo);
                ckt6 = new CheckValidate(txtPrice);
                if(ckt1.check(0) && ckt2.check(0) && ckt3.check(0) && ckt4.check(0) &&
                    ckt5.check(0)&& ckt6.check(1))       //当所有文本框中的内容都有效时
                {
```

```
        ……                    //其余与 BookManageGUI 类相同的代码保持不变
        }
    }
        ……                    //"更正信息""删除图书"的代码与 BookManageGUI 类相同保持不变
    if( evt. getActionCommand( ). equals( "保存图书" ) )        //本类新增功能
    {
        db. dbconn( );
        if( dbflag = = 1 )      //如果当前表中的图书信息来源于数据库
        {
            sql = " delete   from BookInfo" ;        //保存前先清空数据表以免重复
            db. dbDelete( sql) ;
        }
        for( int index = dModel. getRowCount( ) - 1 ;index > = 0 ;index - - )    //对表格中信息逐条处理
        {
            String bno = dModel. getValueAt( index ,0 ). toString( ) ;
            String isbn = dModel. getValueAt( index ,1 ). toString( ) ;
            String bname = dModel. getValueAt( index ,2 ). toString( ) ;
            String au = dModel. getValueAt( index ,3 ). toString( ) ;
            String publisher = dModel. getValueAt( index ,4 ). toString( ) ;
            double price = Double. parseDouble( dModel. getValueAt( index ,5 ). toString( ) ) ;
            boolean state1 = Boolean. parseBoolean( dModel. getValueAt( index ,6 ). toString( ) ) ;
            sql = " insert into BookInfo ( bookNo, ISBN, bookName, author, publisher, price, state )
                values( '" + bno + "','" + isbn + "','" + bname + "','" + au + "','" + publisher
                + "'," + price + "," + state1 + ")" ;
            db. dbInsert( sql) ;                              //将图书写入数据库
        }
        lblPrompt. setText( db. notes) ;
        db. dbclose( ) ;
        reset( ) ;
    }
    if( evt. getActionCommand( ). equals( "查看书库" ) )        //本类新增功能
    {
        reset( ) ;
        sql = " select * from BookInfo order by bookname" ;    //从图书信息表中读取全部数据
        db. dbconn( );
        db. dbSelect( sql) ;
        try
        {
            while( db. rs. next( ) )                          //查到记录时
            {
                Vector < String >  data = new Vector < String > ( ) ;
                data. addElement( db. rs. getString( 1 ) ) ;        //将图书信息加入向量
```

```
                    data. addElement( db. rs. getString( 2 ) ) ;

                    data. addElement( db. rs. getString( 3 ) ) ;

                    data. addElement( db. rs. getString( 4 ) ) ;

                    data. addElement( db. rs. getString( 5 ) ) ;

                    data. addElement( db. rs. getString( 6 ) ) ;

                    data. addElement( db. rs. getString( 7 ) ) ;

                    dModel. addRow( data ) ;        //将向量加入表格数据模型

                }

            }

        catch( SQLException e )

        {

            lblPrompt. setText( e. toString( ) ) ;

        }

        lblPrompt. setText( db. notes ) ;        //显示数据库操作结果

        db. dbclose( ) ;

        dbflag = 1 ;        //设置标志,以"保存图书"功能中区别对待新增图书与现有图书

        }

    }

    public void reset( )                        //本类新增方法:清空界面上文本框的信息

    {

        txtBookNo. setText( " " ) ;

        txtISBN. setText( " " ) ;

        txtBookName. setText( " " ) ;

        txtAuthor. setText( " " ) ;

        txtPublisher. setText( " " ) ;

        txtPrice. setText( " " ) ;

        if( dModel! = null )

        for( int index = dModel. getRowCount( ) - 1 ;index > = 0 ;index -- )

        {

            dModel. removeRow( index ) ;        //先清空图书表格中的所有对象

        }

    }

    public static void main( String args[ ] )        //程序入口

    {

        new DBBookManageGUI( ) ;        //构造一个新窗体对象

    }

}
```

修改后运行程序,在文本框中输入图书信息,单击"创建图书"按钮时,会先对各文本框中的内容进行判断,当文本框中输入的内容不符合要求时,会弹出消息对话框,运行效果如图 4-4a 所示。

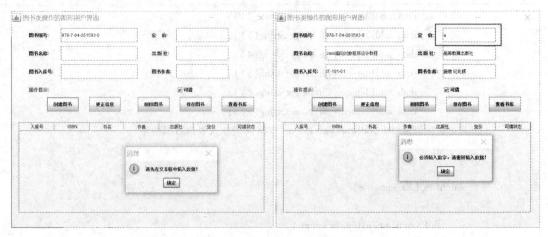

图 4-4a 验证文本框输入有效性的运行效果

只有当所有文本框中的内容都有效时,单击"创建图书"则将图书信息才会显示在下方表格中。可以选中表格中任一行,单击"删除图书"按钮删除该行记录;如需修改表格中的某条信息,选中该行后在上方文本框中进行修改,然后单击"更正信息"即可。操作后的效果如图 4-4b 所示。

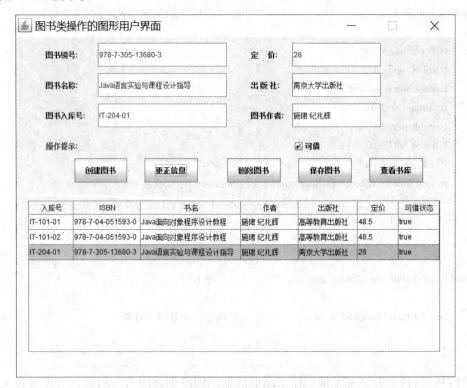

图 4-4b "创建图书""更正信息""删除图书"后的运行效果

修改完毕需要保存图书信息时,单击"保存图书",则将表格中的图书信息逐行保存到数据表中,同时清除表格及各文本框中的信息,运行效果如图 4-4c 所示。

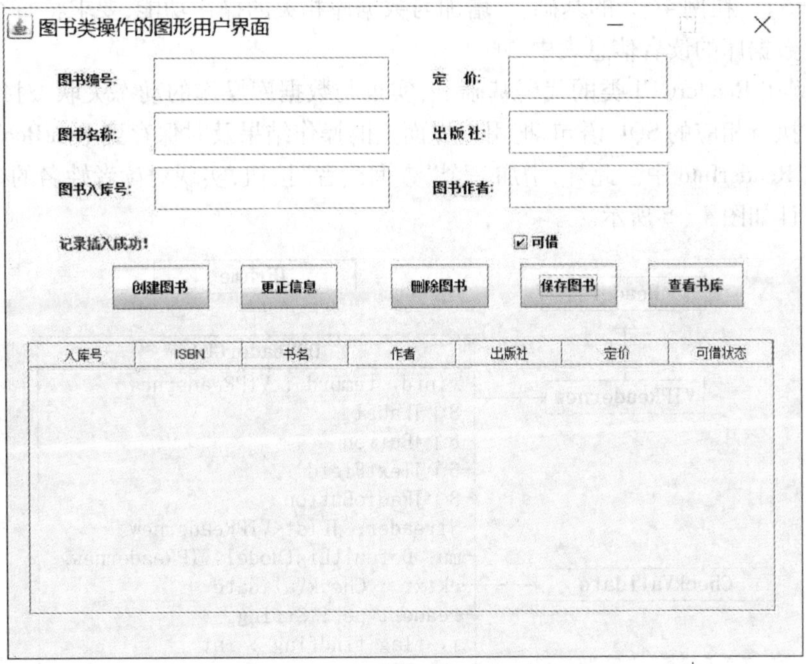

图 4 - 4c　"保存图书"后的运行效果

如果想查看数据库中现有的图书信息,单击"查看书库"按钮,则从图书信息表中读取现有图书信息并逐条显示到表格中,如图 4 - 4d 所示。还可以对现有图书进行修改或删除操作,操作结束再保存到数据表中。

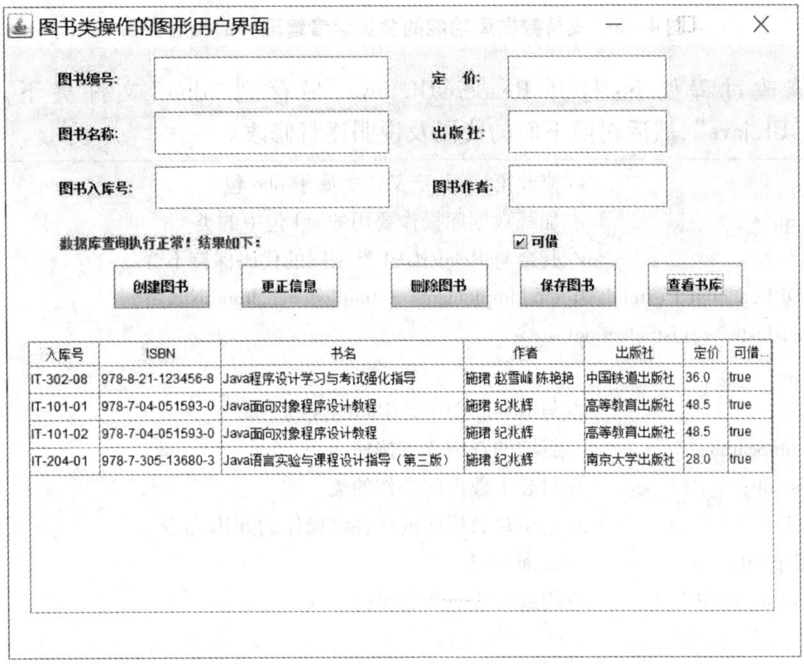

图 4 - 4d　"查看书库"后的运行效果

【例 4 – 5】 在例 4 – 2 的基础上,增加与数据库相关的操作功能,要求将每个操作结果及时保存到数据库的读者信息表中。

解:本例在 ReaderGUI 类的代码基础上,实现与数据库操作的动态关联,对每个按钮的功能都同时执行相应的 SQL 语句,把用户界面上的操作结果及时保存到 RentBook 数据库的读者信息表 ReaderInfo 中。此外,增加一个"查询读者"按钮,实现对读者姓名的模糊查询。

类图设计如图 4 – 5 所示。

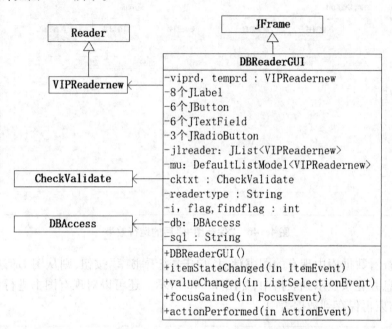

图 4 – 5 支持数据库功能的会员读者管理界面类的类图

相关代码修改过程如下:打开 ReaderGUI. java,另存到"dbo"文件夹下,并更名为"DBReaderGUI. java",然后对照下面的代码及说明逐行修改。

```
package dbo;                          //修改第一行,定义该类属于 dbo 包
import java. sql. * ;                  //加载数据库操作要用的 sql 包中的类
……                                  //其余与 ReaderGUI 类相同的代码保持不变
public class DBReaderGUI extends JFrame implements ActionListener, ItemListener,
        FocusListener, ListSelectionListener
{
    ……                              //与 ReaderGUI 类相同的代码不动
    JButton btnSearch;               //新增的查询读者按钮
    DBAccess db;                     //封装了数据库操作的类
    String sql;                      //用于对数据库进行各种操作的 SQL 命令
    int findflag = 0;                //查询标记
    public DBReaderGUI( )            //构造方法与类名保持一致
    {
        db = new DBAccess( );        //创建数据库操作对象
        ……                          //与 ReaderGUI 类相同的代码保持不变
```

```
    /*以下为新增按钮及修改布局相关的代码*/
    btnSearch = new JButton("查询读者");
    btnSearch.addActionListener(this);
    add(btnSearch);
    btnCreateReader.setBounds(50,230,90,40);  //为各按钮定义外观尺寸,尺寸与 ReaderGUI 中不同
    btnEdit.setBounds(150,230,90,40);
    btnResetPWD.setBounds(250,230,90,40);
    btnDeposit.setBounds(350,230,90,40);
    btnDelete.setBounds(450,230,90,40);
    btnSearch.setBounds(550,230,90,40);
        ……    //其余与 ReaderGUI 类相同的代码保持不变
}
    /*接下来与 ReaderGUI 类相同的4个成员方法的代码保持不变*/
    ……
public void actionPerformed(ActionEvent evt)        //动作事件,各按钮响应
{
    if(evt.getActionCommand().equals("创建读者"))
    {
        /*创建读者时,其编号在数据表现有最大读者编号的基础上自动递增*/
        viprd = new VIPReadernew(txtReaderName.getText(),readertype);

        db.dbconn();
        sql = "select top 1 readerID from readerInfo order by readerID desc";
        db.dbSelect(sql);
        try
        {
            while(db.rs.next())            //查到记录时
            {
                viprd.readerID = db.rs.getInt(1)+1;  //在现有编号基础上+1
            }
        }
        catch(SQLException e)
        {
            lblPrompt.setText(e.toString());
        }
        txtReaderID.setText(""+viprd.readerID);
        viprd.setReaderPwd(txtReaderPwd.getText());
        viprd.setBalance(Double.parseDouble(txtBalance.getText()));
        mu.addElement(viprd);            //将新建的读者对象加入数据模型
        jlreader.setModel(mu);            //更新列表框的数据源
```

```
                    /＊将操作结果写入数据库＊/
            sql = "insert into readerInfo values(" + viprd. readerID + ",'" + txtReaderName. getText( ) + "
','" + viprd. getReaderPwd( ) + "'," + viprd. getBalance( ) + ",'" + readertype + "'," + viprd. getPercent( )
+"," + viprd. getBonusPoints( ) + ")";
            db. dbInsert(sql);
            lblPrompt. setText(db. notes);              //提示数据库操作结果
            db. dbclose( );
        }
        if( evt. getActionCommand( ). equals("更正信息"))
        {
            temprd. readerID = Integer. parseInt(txtReaderID. getText( ));
            temprd. setReaderName(txtReaderName. getText( ));
            temprd. setReadergrade(readertype);
            temprd. setReaderPwd(txtReaderPwd. getText( ));
            temprd. setPercent( );
            mu. setElementAt(temprd, i);                 //界面信息刷新
            /＊ 在数据库中更新指定数据＊/
             sql = "update readerInfo set balance = " + temprd. getBalance( )  + ", readerName = '" +
temprd. getReaderName( ) + "',readerPwd = '" + temprd. getReaderPwd( ) + "',readergrade = '" + readertype
+ "' where readerId = " + temprd. readerID;
            db. dbOperation(sql, 1);
            lblPrompt. setText(db. notes);               //提示数据库操作结果
        }
        if( evt. getActionCommand( ). equals("修改密码"))
        {
            cktxt = new CheckValidate(txtNewPassword);
            if(cktxt. check(0))
            {
                /＊原密码正确才可以设置新密码＊/
                if(txtReaderPwd. getText( ). trim( ). equals(temprd. getReaderPwd( )))
                {
                    temprd. setReaderPwd(txtNewPassword. getText( ). trim( ));
                    /＊在数据库中更新指定数据＊/
                    sql = "update readerInfo set readerPwd = '" + temprd. getReaderPwd( ) + "' where
readerID = " + temprd. readerID;
                    db. dbOperation(sql, 1);
                    lblPrompt. setText(db. notes);   //显示数据库操作结果
                }
                else
                lblPrompt. setText("原密码不对,不可以修改新密码!");
                mu. setElementAt(temprd, i);
            }
        }
```

```
        }
    if( evt. getActionCommand( ). equals( "充值" ) )
        {
            cktxt = new CheckValidate( txtDeposit) ;
            if( cktxt. check( 1) )
                {
                    temprd. setBalance( Double. parseDouble( txtDeposit. getText( ). trim( ) ) ) ;
                    txtBalance. setText( "" + temprd. getBalance( ) ) ;
                    /* 在数据库中更新指定数据 */
                    sql = "update readerInfo set balance = '" + temprd. getBalance( ) + "' where readerID = "
+ temprd. readerID ;
                    db. dbOperation( sql,1) ;
                    lblPrompt. setText( db. notes) ;          //显示数据库操作结果
                    mu. setElementAt( temprd,i) ;
                }
        }

    if( evt. getActionCommand( ). equals( "删除读者" ) )
        {
            flag = 1 ;                                //将执行删除操作
            /* 在数据库中删除指定数据 */
            sql = "delete from readerInfo where readerId = " + temprd. readerID ;
            db. dbOperation( sql,3) ;
            lblPrompt. setText( db. notes) ;          //显示数据库操作结果
            mu. removeElementAt( i) ;                 //删除指定位置的记录
            flag = 0 ;                                //恢复正常操作
        }
    else if( evt. getActionCommand( ). equals( "查询读者" ) )
        {
            mu. removeAllElements( ) ;                //先清空列表框中的所有对象
            findflag = 0 ;
            String rdname = txtReaderName. getText( ). trim( ) ;
            /* 从数据库中读取指定数据 */
            if( rdname. length( ) = = 0)              //没有输入读者姓名时
                sql = "select *  from readerInfo" ;   //查询所有读者
            else
                sql = "select *  from readerInfo where readerName like '%" + rdname + "%'" ;
                                                      //支持模糊查询
            db. dbOperation( sql,0) ;
            try
                {
                    while( db. rs. next( ) )           //查到记录时
                        {
                            findflag = 1 ;
                            temprd = new VIPReadernew( db. rs. getString( 2) ,db. rs. getString( 5) ) ;
```

```
                    temprd. readerID = db. rs. getInt(1);
                    temprd. setReaderPwd( db. rs. getString(3));
                    temprd. setBalance( db. rs. getDouble(4));
                    temprd. setBonusPoints( db. rs. getInt(7));
                    mu. addElement(temprd);          //将链表中的读者对象逐个加入向量
                }
            }
            catch( SQLException e){lblPrompt. setText( e. toString( ));}
            lblPrompt. setText( db. notes);          //显示数据库操作结果
            db. dbclose( );
            jlreader. setModel(mu);
            if( findflag = = 0)
            lblPrompt. setText( "\n 没有查到所要的读者。");
        }
    }
    public static void main( String args[ ])        //程序入口
    {
        new DBReaderGUI( );                          //构造一个新窗体对象
    }
}
```

代码修改完毕编译并运行程序,在读者姓名文本框中输入读者姓名,单击"创建读者",则按照默认值创建的读者信息即可显示在下方的列表框中,并同时插入数据表中。经过若干次的创建读者、更正信息、修改密码、充值等操作后的运行效果如图 4－5a 所示。

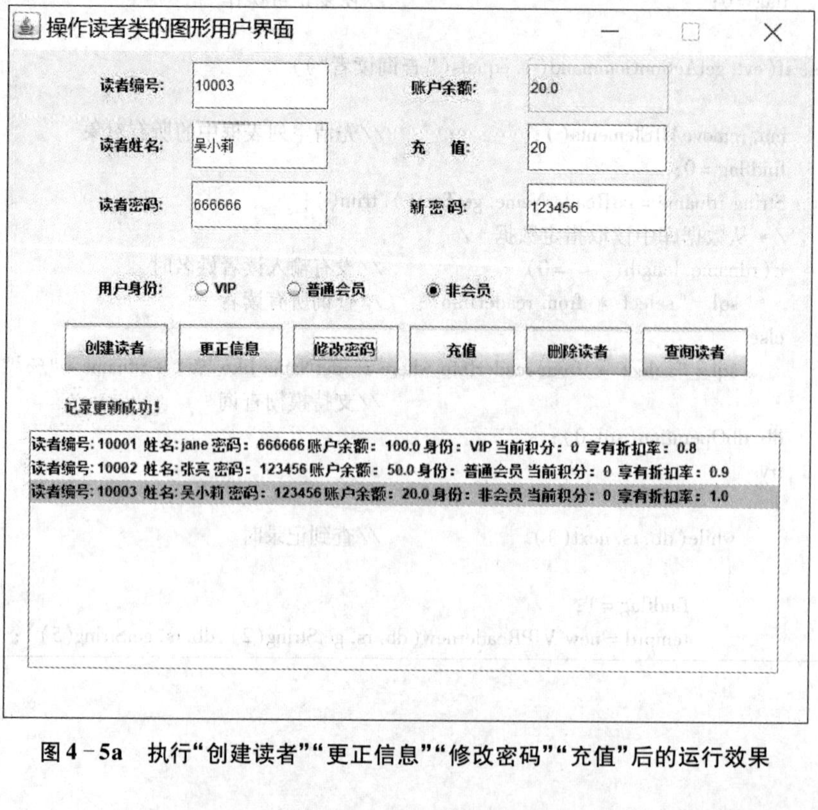

图 4－5a　执行"创建读者""更正信息""修改密码""充值"后的运行效果

　　需要查询数据表中的读者信息时,可以在文本框中输入待查的读者姓名(支持模糊查询),然后单击"查询读者"按钮,查询出来的信息会显示在列表框中,如图 4 - 5b 所示。如果想查看数据表中所有读者的信息,在读者姓名文本框中不输入任何内容并单击"查询读者"按钮即可。

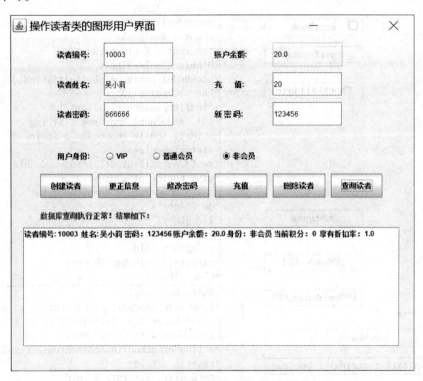

图 4 - 5b　执行"查询读者"后的运行效果

【综合题】

　　【例 4 - 6】　在例 3 - 6 的基础上,利用 GUI 组件设计一个图形用户界面,实现 RentRecord 类的管理功能,并将操作结果实时保存到数据库中。

　　解:本例根据租书业务管理的基本需求,利用采用标签、文本框、组合框、列表框、表格、按钮等 GUI 组件,设计了如图 4 - 6a 所示的图形用户界面,将租书、还书、赔书、费率设置、各种信息查询等业务功能集成于一体,每个按钮的功能都同时执行相应的 SQL 语句,实现与数据库操作的动态关联,把用户界面上的操作结果及时保存到 RentBook 数据库的相关数据表中。此外,还可以调用管理图书与管理读者功能。类图设计如图 4 - 6 所示。

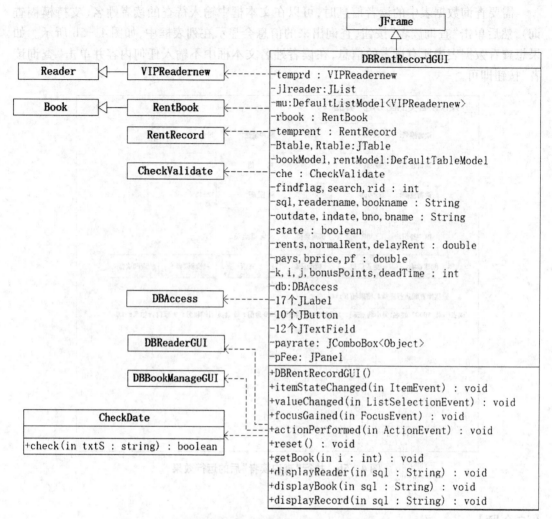

图 4-6 支持数据库功能的图书租阅管理系统界面类的类图

图 4-6a　图书租阅系统管理 DBRentRecordGUI 类的初始运行效果

该界面类命名为 DBRentRecordGUI,保存在 dbo 目录下,代码清单如下:

```
package dbo;                              //定义该类属于 dbo 包
import common. * ;                        //加载 common 包中的所有类
import book. RentBook;
import reader. VIPReadernew;
import rent. RentRecord;
import java. awt. * ;
import java. awt. event. * ;
import javax. swing. * ;
import javax. swing. event. * ;
import javax. swing. table. * ;
import java. util. * ;
import java. sql. * ;                      //加载数据库操作包中的类
import java. text. SimpleDateFormat;       //加载日期格式处理类
```

```
/*该类实现了动作事件接口、选项事件接口、列表选择事件接口和焦点事件接口*/
public class DBRentRecordGUI extends JFrame implements ActionListener, ItemListener,
        ListSelectionListener, FocusListener
{
        DBAccess db;                            //封装了数据库操作的自定义类
        CheckValidate che;                      //验证文本框输入格式的自定义类
        VIPReadernew temprd;                    //读者类的对象
        RentBook rbook;                         //待租图书类的对象
        RentRecord temprent;                    //租书记录类的对象
        JTable Btable, Rtable;                  //分别用来显示图书和租阅记录的表格
        DefaultTableModel bookModel, rentModel; //表格的数据模型
        JList < VIPReadernew > jlreader;        //用来显示读者信息的泛型列表框
        DefaultListModel < VIPReadernew > mu;   //用户列表框的数据模型

        String sql;                             //对数据库进行各种操作的 SQL 语句字符串
        String readername, bookname;            //读者姓名、图书名
        String outdate, indate;                 //租书日期、还书日期
        String bno, bname;                      //被租图书入库号和书名
        int rid;                                //租阅者的读者编号
        boolean state = true;                   //图书是否可租的状态
        double rents;                           //租金
        double pays, bprice, pf = 2;            //损坏或丢失图书的赔偿金、书的价格、默认赔偿率
        int bonusPoints;                        //积分
        int deadTime = 10;                      //租阅期限
        double normalRent = 0.1;                //正常租阅费率
        double delayRent = 1.0;                 //超期租阅费率
        int k, i, j;                            //分别代表当前选中的读者、图书、租书记录的行号
        int findflag;                           //查询标记
        int search;

        /*定义输入、输出提示标签*/
        JLabel lblPrompt, lblPrompt1;           //操作提示信息
        JLabel lblReaderName;                   //租阅者姓名
        JLabel lblReaderID;                     //租阅者编号
        JLabel lblBookName;                     //书名
        JLabel lblBookNo;                       //书入库编号
        JLabel lblOutDate;                      //租书日期
        JLabel lblInDate;                       //还书日期
        JLabel lblRentDays;                     //租阅天数
        JLabel lblRent;                         //租金
        JLabel lblPay;                          //赔款
        JLabel lblPayrate;                      //赔偿率
        JLabel lblDeadTime;                     //预定租阅期限
```

```
    JLabel lblNormalRent;                              //正常租阅费率
    JLabel lblDelayRent;                               //超期租阅费率
    JLabel lblVIPPercent;                              //VIP 会员折扣率 0.8
    JLabel lblGPercent;                                //普通会员折扣率 0.9

    /*定义输入、输出的文本框*/
    JTextField txtReaderName;
    JTextField txtReaderID;
    JTextField txtBookName;
    JTextField txtBookNo;
    JTextField txtOutDate;
    JTextField txtInDate;
    JTextField txtRentDays;
    JTextField txtRent;
    JTextField txtPay;
    JComboBox < Object >  payrate;
    JTextField txtDeadTime;
    JTextField txtNormalRent;
    JTextField txtDelayRent;

    /*定义用户操作按钮*/
    JButton btnReadergui;                              //管理读者
    JButton btnBookgui;                                //管理图书
    JButton btnReader;                                 //列出读者
    JButton btnBook;                                   //列出图书
    JButton btnRent;                                   //租书
    JButton btnSent;                                   //还书
    JButton btnPay;                                    //赔书
    JButton btnSearch;                                 //查询租阅记录
    JButton btnSetFee;                                 //设置费率
    JButton btnReset;                                  //清空界面与数据库中的租阅记录
    JPanel pFee;                                       //显示各种费率的面板
    public DBRentRecordGUI( )
    {
        this. setTitle( "基于 JDBC 的简单图书租阅管理系统") ;    //设置窗体标题
        db = new DBAccess( ) ;                         //数据库访问类的初始化
        /*定义一个显示读者信息的列表框*/
        jlreader = new JList < VIPReadernew > ( ) ;    //显示读者信息的列表框
        mu = new DefaultListModel < VIPReadernew > ( ) ;
        jlreader. setForeground( Color. blue) ;        //列表框字体设为蓝色
        jlreader. setAutoscrolls( true) ;              //自动带滚动条
        jlreader. addListSelectionListener( this) ;    //为列表框注册选择事件监听器
```

```
        JScrollPane jspreader = new JScrollPane(jlreader);          //将列表框加到带滚动条的面板中

        /*定义一个显示图书信息的表格,采用 DefaultTableModel 表格数据模型,
        用数组定义表格列名,当组件内容大于显示区域时会自动产生滚动条,
        表格注册列表选取模型事件监听器*/
        String[] colName = {"入库号","ISBN","书名","作者","出版社","定价","可租状态"};
        String[][] data0 = new String[0][0];                       //表格数据源,初始化为空白
        bookModel = new DefaultTableModel(data0,colName);          //定义表格的默认数据模型
        Btable = new JTable(bookModel);                            //用默认的数据模型新建一个表格对象
        Btable.setForeground(Color.blue);                         //将表格字体设为蓝色显示
        Btable.setRowHeight(25);                                  //设置表格行高
        Btable.setAutoscrolls(true);                              //支持自动产生滚动条
        JScrollPane jspbook = new JScrollPane(Btable);            //将表格放入带滚动条的面板中
        Btable.getSelectionModel().addListSelectionListener(this);    //表格注册选择事件监听器

        /*定义一个显示租阅记录信息的表格*/
        String[] rcolName = {"入库号","读者号","租出日期","归还日期","阅读积分","租金"};
        String[][] rdata = new String[0][0];
        rentModel = new DefaultTableModel(rdata,rcolName);
        Rtable = new JTable(rentModel);
        Rtable.setGridColor(Color.blue);                          //设置表格线条颜色
        Rtable.setRowHeight(25);
        Rtable.setAutoscrolls(true);
        Rtable.setSelectionForeground(Color.red);                 //设置当前选中内容的颜色
        JScrollPane jstb = new JScrollPane(Rtable);
        Rtable.getSelectionModel().addListSelectionListener(this);
        /*初始化所有标签*/
        lblPrompt = new JLabel("操作提示:租书时,首先输入读者姓名并按回车、" + "输入图书名并按
回车,再从下方列表中选择读者、图书,输入租书日期;");
        lblPrompt1 = new JLabel("还书时,先选择下方第二个表中的租阅记录,再输入" + "还书日期,
单击还书按钮;赔书时,先选择赔付率,再点按钮。");
        lblReaderName = new JLabel("租阅者姓名:");
        lblReaderID = new JLabel("租阅者编号:");
        lblBookName = new JLabel("租阅书名:");
        lblBookNo = new JLabel("租阅书号:");
        lblOutDate = new JLabel("租书日期:");
        lblInDate = new JLabel("还书日期:");
        lblRentDays = new JLabel("租阅天数:");
        lblRent = new JLabel("租金:");
        lblPayrate = new JLabel("赔书比例:");
        lblPay = new JLabel("赔款:");
```

```
/* 初始化所有文本框 */
txtReaderName = new JTextField();
txtReaderID = new JTextField();
txtBookName = new JTextField();
txtBookNo = new JTextField();
txtOutDate = new JTextField();
txtInDate = new JTextField();
txtRentDays = new JTextField();
txtRent = new JTextField();
txtPay = new JTextField();

/* 定义赔付率数组,用作复选框的预设数据源,可以添加多个 */
Object[]    payfee = {Double.valueOf(2),Double.valueOf(1.5),Double.valueOf(1)};
payrate = new JComboBox < Object > (payfee);        //初始化设置赔付率的组合框对象
payrate.addItemListener(this);                      //为组合框注册选项事件监听器
txtOutDate.addFocusListener(this);                  //为租书日期文本框注册焦点事件监听器
txtInDate.addFocusListener(this);                   //为还书日期文本框注册焦点事件监听器
txtReaderName.addActionListener(this);              //为读者姓名文本框注册动作事件监听器
txtBookName.addActionListener(this);                //为图书名称文本框注册动作事件监听器

/* 初始化所有按钮 */
btnReadergui = new JButton("管理读者");
btnBookgui = new JButton("管理图书");
btnReader = new JButton("查看读者");
btnBook = new JButton("查看图书");
btnRent = new JButton("租书");
btnSent = new JButton("还书");
btnPay = new JButton("赔书");
btnSearch = new JButton("租阅查询");
btnReset = new JButton("清空记录");
btnSetFee = new JButton("设置费率");

/* 为按钮注册事件监听器 */
btnReadergui.addActionListener(this);
btnBookgui.addActionListener(this);
btnReader.addActionListener(this);
btnBook.addActionListener(this);
btnRent.addActionListener(this);
btnSent.addActionListener(this);
btnPay.addActionListener(this);
btnSearch.addActionListener(this);
btnReset.addActionListener(this);
```

```
        btnSetFee. addActionListener( this);

        /* 为组件定义外观和显示位置 */
        setLayout(null);            //采用空布局,以便调用 setBounds( )方法
        /* 将标签加到界面上 */
        add( lblPrompt);
        add( lblPrompt1);
        add( lblReaderName);
        add( lblReaderID);
        add( lblBookName);
        add( lblBookNo);
        add( lblOutDate);
        add( lblInDate);
        add( lblRentDays);
        add( lblRent);
        add( lblPayrate);
        add( lblPay);

        /* 将文本框加到界面上 */
        add( txtReaderName);
        add( txtReaderID);
        add( txtBookName);
        add( txtBookNo);
        add( txtOutDate);
        add( txtInDate);
        add( txtRentDays);
        add( txtRent);
        add( payrate);
        add( txtPay);

        /* 将按钮加到界面上 */
        add( btnReadergui);
        add( btnBookgui);
        add( btnReader);
        add( btnBook);
        add( btnRent);
        add( btnSent);
        add( btnPay);
        add( btnReset);
        add( btnSearch);
        add( btnSetFee);
        add( jspreader);            //将读者信息列表框加到界面上
```

```
add(jspbook);                              //将图书表格加到界面上
add(jstb);                                 //将租阅记录表格加到界面上

/*给各个界面元素定位,包括显示位置和外观尺寸(x,y,width,height)*/
btnReadergui. setBounds(10,280,90,40);     //按钮
btnBookgui. setBounds(110,280,90,40);
btnReader. setBounds(210,280,90,40);
btnBook. setBounds(310,280,90,40);
btnRent. setBounds(410,280,60,40);
btnSent. setBounds(480,280,60,40);
btnPay. setBounds(550,280,60,40);
btnSearch. setBounds(620,280,90,40);
btnReset. setBounds(720,280,90,40);
btnSetFee. setBounds(820,280,90,40);

lblReaderName. setBounds(50,10,100,40);    //标签
lblReaderID. setBounds(50,60,100,40);
lblRent. setBounds(50,110,100,40);
lblPayrate. setBounds(50,160,100,40);
lblPay. setBounds(50,210,100,40);
lblBookName. setBounds(270,10,100,40);
lblBookNo. setBounds(270,60,100,40);
lblOutDate. setBounds(270,110,100,40);
lblInDate. setBounds(270,160,100,40);
lblRentDays. setBounds(270,210,100,40);

txtReaderName. setBounds(120,10,100,40);   //文本框
txtReaderID. setBounds(120,60,100,40);
txtRent. setBounds(120,110,100,40);
payrate. setBounds(120,160,100,40);
txtPay. setBounds(120,210,100,40);
txtBookName. setBounds(340,10,200,40);
txtBookNo. setBounds(340,60,200,40);
txtOutDate. setBounds(340,110,100,40);
txtInDate. setBounds(340,160,100,40);
txtRentDays. setBounds(340,210,100,40);
jspreader. setBounds(80,370,740,80);       //读者列表框
jspbook. setBounds(80,460,740,120);        //图书表格
jstb. setBounds(80,600,740,150);           //租阅记录表格
lblPrompt. setBounds(80,330,730,20);       //操作结果提示标签
lblPrompt. setForeground(Color. red);
lblPrompt1. setBounds(150,350,700,20);
```

```
lblPrompt1. setForeground( Color. blue) ;

/ * 定义一块显示费率的面板区域 * /
pFee = new JPanel( ) ;
pFee. setLayout( null) ;
pFee. setBorder( BorderFactory. createTitledBorder( " 费率设置") ) ;
pFee. setBounds( 570,10,240,260) ;

lblDeadTime    = new JLabel( " 预定租阅期限:") ;
lblNormalRent = new JLabel( " 正常租阅费率:") ;
lblDelayRent   = new JLabel( " 超期租阅费率:") ;
lblVIPPercent  = new JLabel( " VIP 会员折扣率:        0.8") ;
lblGPercent    = new JLabel( " 普通会员折扣率:        0.9") ;
txtDeadTime   = new JTextField( " " + deadTime) ;
txtNormalRent = new JTextField( " " + normalRent) ;
txtDelayRent   = new JTextField( " " + delayRent) ;

txtDeadTime. setFont( new Font( " 宋体" ,Font. PLAIN,16) ) ;
txtDeadTime. setForeground( Color. blue) ;
txtNormalRent. setFont( new Font( " 宋体" ,Font. PLAIN,16) ) ;
txtNormalRent. setForeground( Color. blue) ;
txtDelayRent. setFont( new Font( " 宋体" ,Font. PLAIN,16) ) ;
txtDelayRent. setForeground( Color. red) ;

pFee. add( lblDeadTime) ;
pFee. add( lblNormalRent) ;
pFee. add( lblDelayRent) ;
pFee. add( txtDeadTime) ;
pFee. add( txtNormalRent) ;
pFee. add( txtDelayRent) ;
pFee. add( lblVIPPercent) ;
pFee. add( lblGPercent) ;

lblDeadTime. setBounds( 10,30,100,40) ;
lblNormalRent. setBounds( 10,80,100,40) ;
lblDelayRent. setBounds( 10,130,100,40) ;
lblVIPPercent. setBounds( 10,180,140,30) ;
lblGPercent. setBounds( 10,210,140,40) ;
txtDeadTime. setBounds( 110,30,100,40) ;
txtNormalRent. setBounds( 110,80,100,40) ;
txtDelayRent. setBounds( 110,130,100,40) ;
add( pFee) ;
```

```java
        this. setBounds(200,20,930,800);                   //设置窗体在屏幕位置、宽度、高度
        this. setVisible( true);
        this. setResizable( false);                         //让窗口尺寸不可改动大小
    }


    /* 重载 ItemListener 接口的方法,取出组合框当前行的值 */
    public void itemStateChanged( ItemEvent e)
    {
        pf = Double. parseDouble( payrate. getSelectedItem( ). toString( ));
    }
    /* 重载 ListSelectionListener 接口的方法,取出表格\列表框当前行号 */
    public void valueChanged( ListSelectionEvent e)
    {
    /* 读者列表框中某行被选中时,创建一个读者对象 */
    if( e. getSource( ) = = jlreader)
    {
        k = jlreader. getSelectedIndex( );                   //列表框当前被选中的行号
        if( findflag = = 1 && k > = 0)
        {
            temprd = ( VIPReadernew) jlreader. getSelectedValue( );  //当前读者对象
            rid = temprd. readerID;                          //获得当前读者编号
            txtReaderID. setText( " " + rid);                //显示当前读者编号
            txtReaderName. setText( temprd. getReaderName( ));  //显示当前读者姓名
        }

    }

    /* 图书表格中某行被选时,创建一个被租图书对象 */
    if( e. getSource( ) = = Btable. getSelectionModel( ))
    {
        i = Btable. getSelectedRow( );                       //获取表格中当前选中的行号
        if( findflag = = 1 && i > = 0)
        {
            getBook( i);                                     //创建当前图书对象
            txtBookNo. setText( bno);                        //显示图书入库号
            txtBookName. setText( bname);                    //显示图书名称
        }

    }

    /* 租阅记录表格中某行被选时,输出相关信息,以便进一步操作 */
    if( e. getSource( ) = = Rtable. getSelectionModel( ))
    {
        j = Rtable. getSelectedRow( );                       //获取表格中当前选中的记录行号
        if( findflag = = 1 && j > = 0)
        {
```

```
            txtBookNo. setText( rentModel. getValueAt( j,0). toString( ));    //图书入库号
            txtReaderID. setText( rentModel. getValueAt( j,1). toString( ));  //读者号
            txtOutDate. setText( rentModel. getValueAt( j,2). toString( ));   //租书日期
            bno = txtBookNo. getText( ). trim( );                             //入库号赋值
            rid = Integer. parseInt( txtReaderID. getText( ). trim( ));       //读者号赋值
            /* 当借书记录来源于数据库时,从数据库中读取指定入库号的图书 */
            if ( search = = 1)
            {
                sql = " select * from BookInfo where bookNo = '" + bno + "'";
                displayBook( sql);                        //在图书表格中显示租阅记录的关联图书
            }
            for ( int index = 0; index < bookModel. getRowCount( );index ++ )
            {                                             //比较图书
                if( bookModel. getValueAt( index,0). toString( ). equals( txtBookNo. getText( )))
                {
                    i = index;                        //找到指定入库号的图书所在位置
                    getBook( i);                      //生成当前被租图书的对象
                    txtBookName. setText( bname);     //在书名文本框中显示被租图书名称
                    break;
                }
            }
/* 当借书记录来源于数据库时,先从数据库中读取指定读者 */
if ( search = = 1)
{
        sql = " select * from ReaderInfo where readerID = " + rid + "";
        displayReader( sql);   //在读者列表框中显示租阅记录的关联读者
}
        for ( int index = 0; index < mu. getSize( );index ++ )   //对读者信息逐行比较
        {
                if( mu. getElementAt( index). getReaderID( ) = = Integer. parseInt(
                                        txtReaderID. getText( ). trim( )))
                {
                    k = index;           //找到指定编号的读者所在位置
                    temprd = mu. getElementAt( k);           //获得当前读者对象
                    txtReaderName. setText( temprd. getReaderName( ));    //租书者姓名
                    break;
                }
        }
    }
}
```

```
/* 重载文本框的获得焦点事件:当光标进入日期框时自动显示当天日期以简化输入 */
public void focusGained( FocusEvent e)
{
    String nt = new SimpleDateFormat( "yyyyMMdd" ). format( new java. util. Date( ));
    if( e. getSource( ) = = txtOutDate)
    {
        txtOutDate. setText( nt);         //租书日期框得到焦点时显示当天日期
    }
    if( e. getSource( ) = = txtInDate)
    {
        txtInDate. setText( nt);          //还书日期框得到焦点时显示当天日期
    }
}
/* 重载焦点接口的失去焦点方法,此处没用到 */
public void focusLost( FocusEvent e) { }
/* 重载动作事件的 actionPerformed( )方法,让各按钮响应指定功能 */
public void actionPerformed( ActionEvent evt)
{
    /* 在读者姓名文本框按回车,则从数据库中查出读者详细信息 */
    if( evt. getSource( ) = = txtReaderName)
    {
        findflag = 0;
        readername = txtReaderName. getText( ). trim( );
        /* 从数据库中读取指定数据,模糊查询读者姓名 */
        sql = "select * from ReaderInfo where readerName like '% " + readername + "% '";
        displayReader( sql);          //显示模糊匹配读者名的所有读者信息
    }
    /* 在图书名称文本框按回车,则从数据库中查出图书详细信息 */
    if( evt. getSource( ) = = txtBookName)
    {
        findflag = 0;
        bookname = txtBookName. getText( ). trim( );
        /* 从数据库中读取指定数据,模糊查询图书名 */
        sql = "select * from BookInfo where bookName like '% " + bookname + "% '";
        displayBook( sql);            //显示模糊匹配书名的所有图书信息
    }
    /* 创建读者管理界面,以便对读者进行管理 */
    if( evt. getActionCommand( ). equals( "管理读者") )
    {
        new DBReaderGUI( );
    }
```

```
    /*创建图书管理界面,以便对图书进行管理*/
    if(evt.getActionCommand().equals("管理图书"))
    {
        new DBBookManageGUI();
    }
    /*根据输入的读者名称,以模糊匹配方式从数据库中查出读者详细信息*/
    if(evt.getActionCommand().equals("查看读者"))
    {
        findflag = 0;                                    //默认标志设为0
        readername = txtReaderName.getText().trim();
        /*从数据库中读取指定数据*/
        if(readername.length()>0)
            sql = "select * from readerInfo where readerName like '%" + readername + "%'";
        else
            sql = "select * from readerInfo";            //读者名如果为空,则列出全部读者
        displayReader(sql);
    }
    /*根据输入的图书名称,以模糊匹配方式从数据库中查出图书详细信息*/
    if(evt.getActionCommand().equals("查看图书"))
    {
        bookname = txtBookName.getText().trim();
        /*从数据库中读取指定数据*/
        if(bookname.length()>0)
            sql = "select * from BookInfo where bookName like '%" + bookname + "%'";
        else
            sql = "select * from bookInfo";              //图书名如果为空,则列出全部图书
        displayBook(sql);
        search = 0;
    }
    /*实现租书功能:根据选中的读者和图书生成租书记录*/
    if(evt.getActionCommand().equals("租书"))
    {
        if(state == false)
            JOptionPane.showMessageDialog(null,"该书现为不可租,请换其他图书。");
        else
        {
            if(CheckDate.check(txtOutDate))              //验证租书日期文本框输入格式
            {
                outdate = txtOutDate.getText();          //获取租书日期
                rents = 0;                               //租书时租金和积分暂设为0
                bonusPoints = 0;
                Vector<String> rdata = new Vector<String>();    //存储租书记录的向量
```

```
                rdata. addElement( bno) ;                           //将图书入库号加入向量
                rdata. addElement( Integer. valueOf( rid). toString( ) ) ;      //读者号加入向量
                rdata. addElement( outdate) ;                        //将租书日期加入向量
                rdata. addElement( "" ) ;                      //将空的还书日期加入向量
                rdata. addElement( Integer. valueOf( bonusPoints). toString( ) ) ;   //加入积分
                rdata. addElement( Double. valueOf( rents). toString( ) ) ;  //加入租金
                rentModel. addRow( rdata) ;            //将该租书记录添加到表格中
                state = false ;                    //状态标志设为不可租,以备后用
                bookModel. setValueAt( state, i, 6) ;    //将被租图书的状态设为不可租
                /* 将操作结果写入数据库 */
                sql = "insert into RentRecordInfo( readerID, bookNo, rentDate) values( " + rid + ", '"
        + bno + "', '" + outdate + "')" ;                    //在租书记录表中插入一条租书记录
                db. dbOperation( sql, 2) ;                 //调用数据库操作类的插入方法
                /* 更新图书表中的状态信息 */
                sql = "update BookInfo set state = 0   where bookNo = '" + bno + "'" ;
                db. dbOperation( sql, 1) ;                 //调用数据库操作类的更新方法
                lblPrompt. setText( db. notes) ;          //提示数据库操作结果
            }
        }
    }
    /* 实现还书功能:对选中的租书记录完成还书日期、积分和租金的修改 */
    if( evt. getActionCommand( ). equals( "还书") )
    {
        if( CheckDate. check( txtInDate) )                //验证归还日期文本框输入格式
        {
            indate = txtInDate. getText( ) ;                //归还图书日期
            outdate = txtOutDate. getText( ) ;            //租出图书日期
            if( Integer. parseInt( outdate) > Integer. parseInt( indate) )
                JOptionPane. showMessageDialog( null, "归还日期不能早于租出日期!") ;
            else
            {
                /* 新建一个租书记录类对象,以便调用其中的方法 */
                temprent = new RentRecord( rbook, temprd, outdate, indate) ;
                txtRentDays. setText( "" + temprent. sumRentdays( ) ) ;   //计算租书天数
                    /* 计算租金 */
                temprent. setRent( deadTime, normalRent, delayRent, temprd. getPercent( ) ) ;
                temprent. setBonusPoints( ) ;                //计算积分
                rents = temprent. getRent( ) ;               //获得租金
                bonusPoints = temprent. getBonusPoints( ) ;   //获得积分
                try
                {
                    temprd. payRent( rents) ;               //调用读者的支付租金方法
```

```
            temprd. setBonusPoints(bonusPoints);              //调用设置积分方法
            temprd. promotion(temprd. getReadergrade());       //调用会员升级方法
            rentModel. setValueAt((Object)indate,j,3);         //修改还书日期
            rentModel. setValueAt((Object)bonusPoints,j,4);    //修改积分
            rentModel. setValueAt((Object)rents,j,5);          //修改租金

            state = true;                     //图书归还后,状态标志改成可租
            bookModel. setValueAt(state,i,6);                  //更新图书表格中的信息
            mu. setElementAt(temprd,k);                        //更新读者列表框中的信息
            txtRent. setText("" + rents);                      //将租金显示到文本框中
            /* 修改数据库中的相关数据,更新租书记录、读者信息、图书信息 */
            sql = "update RentRecordInfo set returnDate = '" + indate + "', rents = " + rents + ",
                bonusPoints = " + bonusPoints + "where readerID = " + rid + " and bookNo = '"
                + bno + "' and rentDate = '" + outdate + "'";
            db. dbOperation(sql,1);
            sql = "update ReaderInfo set balance = " + temprd. getBalance() + ",readergrade =
                '" + temprd. getReadergrade() + "', bonusPoints = " + temprd. getBonusPoints
                () + "where readerID = " + rid;
            db. dbOperation(sql,1);
            sql = "update BookInfo set state = 1    where bookNo = '" + bno + "'";
            db. dbOperation(sql,1);
            lblPrompt. setText(db. notes);                     //提示数据库操作结果
        }
    catch (PayException e)
        {
            JOptionPane. showMessageDialog(null,e);            //用对话框提示异常信息
        }
    }
    }
}
/* 实现赔书功能:让指定读者赔付当前选中的图书 */
if (evt. getActionCommand(). equals("赔书"))
{
    che = new CheckValidate(txtReaderID);                     //验证读者编号
    if(che. check(0))
    {
        state = false;                    //被赔偿的图书说明已经损坏,不能再被租出
        pays = DecF. DecD(bprice * pf);    //根据图书价格和赔付比例计算赔款额度
        txtPay. setText("" + pays);        //在赔付框中显示赔付款额
        try
        {
            temprd. payRent(pays);         //调用支付方法,从其账户余额中扣除赔款
```

```
                mu. setElementAt( temprd,k) ;        //刷新当前读者的余额信息
                bookModel. setValueAt( state,i,6) ;   //刷新被赔图书的可租状态信息
                /* 修改数据库中指定数据,修改读者余额,被赔过的图书不可再租 */
                    sql = " update   ReaderInfo set balance = " + temprd. getBalance( ) + " where
                        readerID = " + rid;
                    db. dbOperation( sql,1) ;
                    sql = " update BookInfo set state = 0   where bookNo = '" + bno + "'" ;
                    db. dbOperation( sql,1) ;
                    lblPrompt. setText( "赔付成功!") ;
                }
                catch ( PayException e)
            {
                JOptionPane. showMessageDialog( null,e) ;      //当余额不够赔付时
            }
        }
    }
/* 删除数据库中所有租书记录,并刷新整个界面 */
if( evt. getActionCommand( ). equals( "清空记录") )
{
    reset( ) ;                              //调用重置方法将文本输入框中的现有信息清空
    if( mu! = null)                         //如果读者列表框的数据源不空
    {
        mu. removeAllElements( ) ;          //清空读者列表框,但不改变数据库中的读者
        jlreader. setModel( mu) ;           //刷新列表框
    }
    if( bookModel! = null)                  //如果图书表格的数据源不空
        for ( int index = bookModel. getRowCount( ) – 1; index > =0;index – – )
        {
            bookModel. removeRow( index) ;  //清空图书表格但数据库中不变
        }
    sql = " delete from RentRecordInfo" ;   //删除数据库中的全部租阅记录
    db. dbOperation( sql,3) ;               //调用数据库操作类的删除方法
    findflag = 0 ;
}
/* 根据读者号框中输入的读者号查询其租书记录 */
if( evt. getActionCommand( ). equals( "租阅查询") )
{
    findflag = 0 ;
    String rdno = txtReaderID. getText( ) ;   //按读者号查
    String rbno = txtBookNo. getText( ) ;     //按图书入库号查
    /* 从数据库中读取指定数据 */
    if( rdno. length( ) >0)
```

```
            sql = "select * from RentRecordInfo where readerID = " + Integer. parseInt(rdno);
        else if (rbno. length( ) > 0)
            sql = "select * from RentRecordInfo where bookNo = '" + rbno + "'";
        else
            sql = "select * from RentRecordInfo";
        displayRecord(sql);
    }
    /* 修改默认的租书期限和租书费率 */
    if(evt. getActionCommand( ). equals("设置费率"))
    {
        CheckValidate che1 = new CheckValidate(txtDeadTime);
        CheckValidate che2 = new CheckValidate(txtNormalRent);
        CheckValidate che3 = new CheckValidate(txtDelayRent);
        if(che1. check(1) && che2. check(1) && che3. check(1))      //验证文本框的输入格式
        {
            deadTime = Integer. parseInt(txtDeadTime. getText( ));
            normalRent = Double. parseDouble(txtNormalRent. getText( ));
            delayRent = Double. parseDouble(txtDelayRent. getText( ));
            lblPrompt. setText("费率修改成功!");
        }
    }
}
/* 清空租阅界面信息 */
public void reset( )
{
    txtReaderName. setText("");
    txtBookName. setText("");
    txtReaderID. setText("");
    txtBookNo. setText("");
    txtOutDate. setText("");
    txtInDate. setText("");
    txtRent. setText("");
    txtPay. setText("");
    if(rentModel! = null)
        for (int index = rentModel. getRowCount( ) - 1; index > = 0; index -- )
        {
            rentModel. removeRow(index);            //逐行清空租书记录表格中的对象
        }
    lblPrompt. setText("重新开始租书操作");
}
/* 根据指定行的图书信息创建图书对象 */
public void getBook(int i)
```

```
{                //外部会用到的变量采用成员变量,其余采用局部变量
    bno = bookModel. getValueAt(i,0). toString();                //获取图书入库编号
    String isbn = bookModel. getValueAt(i,1). toString();
    bname = bookModel. getValueAt(i,2). toString();
    String   bau = bookModel. getValueAt(i,3). toString();
    String bpub = bookModel. getValueAt(i,4). toString();
    bprice = Double. parseDouble(bookModel. getValueAt(i,5). toString());
    state = Boolean. parseBoolean(bookModel. getValueAt(i,6). toString());
    rbook = new RentBook(isbn,bname,bau,bpub,bprice,bno);
}
/ * 显示从数据库中读取读者信息 * /
public void displayReader(String sql)
{
    mu. removeAllElements();                //清空读者列表框数据模型中的所有对象
    db. dbOperation(sql,0);                 //调用数据库操作类的查询方法
    try
    {
        while(db. rs. next())                //查到读者记录时
        {
            findflag = 1;
                                            //根据读者姓名和身份创建读者对象
            temprd = new VIPReadernew(db. rs. getString(2),db. rs. getString(5));
            temprd. readerID = db. rs. getInt(1);    //获取读者号
            temprd. setReaderPwd(db. rs. getString(3));    //获取密码
            temprd. setBalance(DecF. DecD(db. rs. getDouble(4)));    //获取余额
            temprd. setBonusPoints(db. rs. getInt(7));    //获取积分
            mu. addElement(temprd);            //将读者对象逐个加入列表框数据模型
        }
    }
    catch (SQLException e)
    {
        JOptionPane. showMessageDialog(null,e);
    }
    lblPrompt. setText(db. notes);            //显示数据库操作结果
    db. dbclose();
    jlreader. setModel(mu);                  //设置列表框的数据模型
    if(findflag = =0)
        lblPrompt. setText(" \n 没有查到所要的读者。");
}
/ * 显示从数据库中读取图书信息 * /
public void displayBook(String sql)
{
    if(bookModel! = null)
        for (int index = bookModel. getRowCount() –1; index > =0; index –– )
        {
```

```
                bookModel. removeRow(index);                        //逐行清空图书表格中的对象
            }
        db. dbOperation(sql,0);
        try
        {
            while(db. rs. next())                                   //查到图书记录时
            {
                findflag = 1;
                /*定义存储图书信息的向量,以便数据表中字段对应显示在单元格中*/
                Vector < String >  data = new  Vector < String > ();
                data. addElement(db. rs. getString(1));         //将图书信息加入向量,图书入库号
                data. addElement(db. rs. getString(2));             //图书 ISBN
                data. addElement(db. rs. getString(3));             //图书名称
                data. addElement(db. rs. getString(4));             //图书作者
                data. addElement(db. rs. getString(5));             //图书出版社
                data. addElement(db. rs. getString(6));             //图书价格
                data. addElement(db. rs. getString(7));             //图书是否可借的状态
                bookModel. addRow(data);                            //将向量加入表格数据模型
            }
        }
        catch (SQLException e)
        {
            JOptionPane. showMessageDialog(null,e);
        }
        lblPrompt. setText(db. notes);                              //显示数据库操作结果
        db. dbclose();
        if(findflag = =0)
            lblPrompt. setText("\n 没有查到所要的图书。");
    }
    /*将从数据库中读取的租书记录信息显示在表格中*/
    public void displayRecord(String sql)
    {
        if(rentModel! = null)
            for (int index = rentModel. getRowCount() - 1; index > =0; index --)
            {
                rentModel. removeRow(index);                        //逐行清空租书记录表格中的信息
            }
        db. dbOperation(sql,0);
        try
        {
            while(db. rs. next())                                   //查到记录时
            {
```

```
                    findflag = 1;
                    Vector < String > data = new Vector < String > ();
                    data. addElement( db. rs. getString(2));              //被租图书的入库号
                    data. addElement( db. rs. getString(3));              //租书者的读者号
                    data. addElement( db. rs. getString(4));              //租书日期
                    data. addElement( db. rs. getString(5));              //还书日期
                    data. addElement( db. rs. getString(6));              //积分
                    data. addElement( db. rs. getString(7));              //租金
                    rentModel. addRow( data);                            //将向量加入表格数据模型
                }
            }
        catch ( SQLException e)
        {
                OptionPane. showMessageDialog( null, e);
        }
        blPrompt. setText( db. notes);                                   //显示数据库操作结果
        db. dbclose();
        if( findflag = = 0)
            lblPrompt. setText( " \n 没有查到该读者的租书记录。");
    }
    / * 应用程序入口 * /
    public static void main( String args[ ])
    {
        new DBRentRecordGUI( );                                         //构造一个新窗体对象
    }
}
```

　　进行图书租阅管理之前,可以先通过单击"管理读者"和"管理图书"按钮,分别查看读者信息和图书信息,必要时可进行记录的增、删、改。随后,在租阅者姓名框中输入姓名并单击"查看读者",在租阅书名框中输入图书名并单击"查看图书",两种情况均支持模糊查询,如果不输入姓名或书名,则列出所有的读者和图书。

　　开始租书操作时,先单击列表框中指定的读者和图书表格中的指定图书,再点击租书日期框,框中默认出现当天日期以节省输入时间,可以修改该日期,然后单击"租书",则在下方的表格中插入一条租书记录。执行 3 次租书后的效果如图 4 - 6b 所示,被租出的图书其可租状态会被修改为 false。

　　要执行还书操作时,先从下方的租书记录表格中选中某一行,然后点击"还书日期"输入框,框中默认出现当天日期以节省输入时间。可以修改该日期,如果日期格式不规范或者早于借出日期,系统都会通过消息框提示异常。输入还书日期后,单击"还书"按钮,系统会更新下方租书表格中的租书记录,填写对应的还书日期、阅读积分和租金。被还回来的图书其可租状态会被修改为 true,同时从租该书的读者账户余额中扣除租金,并获得积分。如果读者的累计积分达到晋级额度(默认设为 1 000 分,租书 1 天获得 1 个积分),则可以晋升一个级别,晋级后的读者可享受更大的租金优惠折扣率。还书操作的结果如图 4 - 6d 所示。

图 4 - 6b   执行"查看读者""查看图书""租书"后的运行效果

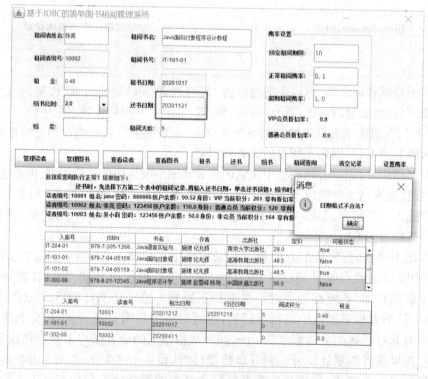

图 4 - 6c   执行"还书"时的运行效果

如果读者损坏或者遗失图书,可以在还书操作的同时实现赔偿功能。先从读者列表框中选中读者,从图书表格中选择待赔图书,再从赔书比例组合框中选择赔偿比例,然后单击"赔书"按钮,则从读者账户余额中扣除赔偿金,并将已赔图书的可借状态改为 false。赔书执行效果如图 4-6d 所示。

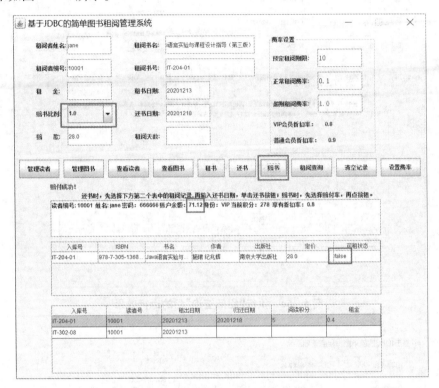

图 4-6d 执行"赔书"后的运行效果

要查询租阅记录时,可以在"租阅者编号"框中输入读者号,或者在"租阅书号"框中输入图书入库号,则在下方表格中列出精确匹配的租书记录;如果这两个输入框中都为空,则列出所有租书记录。单击其中任意一条租书记录,则在读者列表框和图书表格中显示出关联的读者和图书信息。查询租阅记录的执行效果如图 4-6e 所示。

在不退出系统的情况下,如果需要重新开始执行租书管理业务,可以先单击"清空记录"按钮,然后再从头开始操作。该功能是先删除数据库中的所有租书记录(但不删除现有的读者信息和图书信息),并清空读者列表框、图书表格、租书表格及各文本框中的现有信息。清空记录的执行效果如图 4-6f 所示。

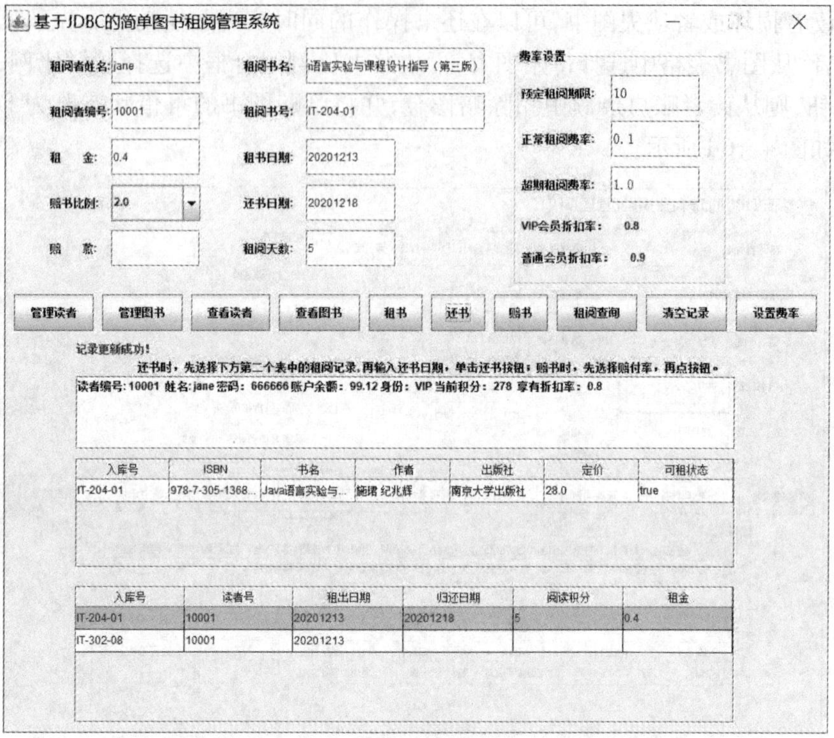

图 4－6e 执行"租阅查询"后的运行效果

图 4－6f 执行"清空记录"后的运行效果

如果需要修改租阅期限或者租阅费率,可以在操作过程中随时重新输入租阅期限、费率,然后单击"设置费率",则后续还书过程中按照新的期限和费率计算租金(不过程序重新启动时,会还原系统默认的费率)。修改费率的运行效果如图 4-6g 所示。

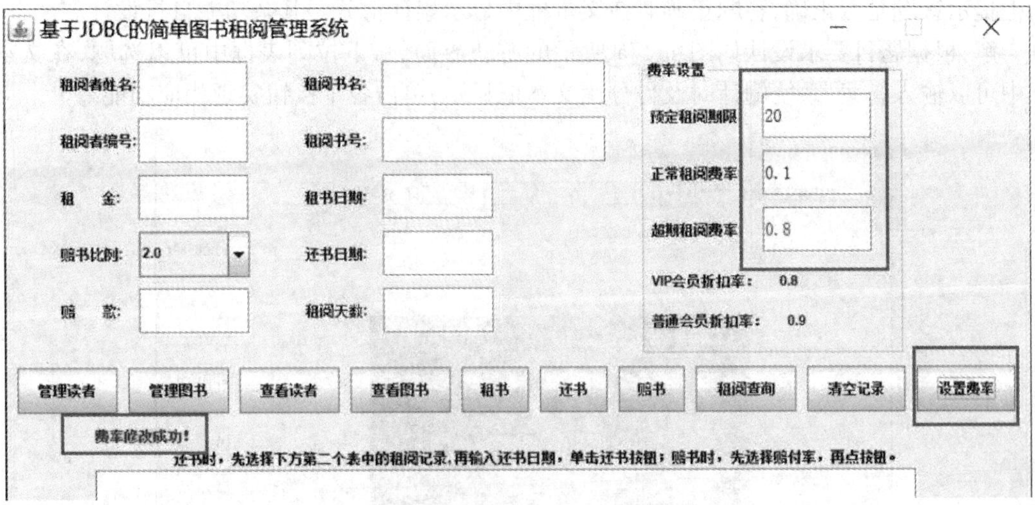

图 4-6g　执行"设置费率"后的运行效果

为了确保租书和还书日期有效,专门定义了一个用于判断文本框中输入的内容是否可以转换为正常日期格式的通用类,对月份及闰年的日期范围均可以自动判断。

```java
package common;                          //定义该类属于 common 包
import javax. swing. * ;
import java. text. SimpleDateFormat;
public class CheckDate
{
    public static boolean check(JTextField txtS)    //检查文本框中是否已输入数据
    {
        SimpleDateFormat sdf = new SimpleDateFormat("yyyyMMdd");
        try {
            sdf. setLenient(false);              //指定日期、时间的解析是否不严格, false 是严格的
            sdf. parse(txtS. getText( ). trim( )); //解析字符串的文本,生成 Date
            return true;
        }
        catch (Exception e)
        {
            JOptionPane. showMessageDialog(null,"日期格式不合法!");
            return false;
        }
    }
}
```

【例 4－7】 综合应用 GUI 常用组件、文件读写操作和多线程等相关知识,编写一个图文混合显示的趣味小游戏。要求:① 从游戏题文件中读取题目、答案、配套图片、分值;退出游戏时将答题时间和分数保存到结果文件中;② 用线程模拟实现答题倒计时功能;③ 用对话框提示答题是否正确,答题正确时在文本框中显示累计得分。其余功能自行设计。

解:根据题目要求设计如图 4－7a 所示的游戏界面,从下拉列表框中可以选题,在文本框中可以输入答案,系统倒计时及得分用文本框显示,单击各个按钮实现相应功能。

图 4－7a 趣味小游戏的起始运行效果

设计的游戏流程为:单击“开始游戏”按钮,从题目文件中读入题目并显示图片,同时开始倒计时;用户在文本框中输入答案后,单击“确定”按钮则程序进行判断,答题结果用对话框提示;答题结束后,单击“奖品”按钮,界面显示一张鲜花图片;单击“退出”按钮,程序把得分和用时保存到答题记录文件中,同时关闭窗口退出运行。程序清单如下:

```
import java. awt. * ;                    //加载 awt 图形工具包
import java. awt. event. * ;              //加载 awt 控件对应的事件包
import javax. swing. * ;                 //加载 swing 图形工具包
import javax. swing. event. * ;           //加载 swing 控件对应的事件包
import java. io. * ;                      //加载文件读写所用到的包
public class GUIshow extends JFrame implements ActionListener,ItemListener,Runnable
{
    JPanel pNorth = new JPanel( );        //显示问题和答案的面板,放在界面上部
    JPanel pBottom = new JPanel( );       //显示按钮和滚动条的面板,放在界面下部
    JPanel pTime = new JPanel( );         //显示计时和得分的面板,放在界面右侧
    JLabel pic;                           //显示图片的标签
```

```
        ImageIcon img;                          //标签上显示的图片
        Thread thread1;                         //答题计时用的线程
        JLabel prompt,ptime,pscore;             //提示信息的标签
        JTextField question,score,time,answer;  //显示问题、答案、得分、计时的文本框
        Checkbox look;                          //是否公布答案的复选框
        JComboBox < String > size;              //排列题号的组合框
        JButton btStart,btOk,btCancel,btReward;

        String[ ][ ] game = new String[3][4];   //存放问题、答案、配图名、得分的字符串数组
        int i;                                  //保存当前题号
        int scores = 0;                         //保存得分的成员变量
        int times = 50;                         //保存计时剩余时间的成员变量

        public GUIshow( )
        {
            this. setTitle("图形界面设计示例——竞猜小游戏");  //设置窗体标题
            thread1 = new Thread(this,"timing");    //创建计时用线程对象
            /*初始化上部答题面板区域中的所有组件*/
            prompt = new JLabel(" * * * * 有奖竞猜啦! * * * * *");
            size = new JComboBox < String > ( );
            size. addItem("1");                     //添加题号 1
            size. addItem("2");                     //添加题号 2
            size. addItem("3");                     //添加题号 3
            question = new JTextField(20);
            look = new Checkbox("显示答案",false);
            answer = new JTextField(10);
            /*将以上组件布置到上部面板中*/
            pNorth. add( prompt);
            pNorth. add( size);
            pNorth. add( question);
            pNorth. add( look);
            pNorth. add( answer);
            look. addItemListener(this);            //为复选框注册事件监听器
            size. addItemListener(this);            //为组合框注册事件监听器
            add( pNorth,BorderLayout. NORTH);       //将答题面板布局在界面上部

            /*初始化右侧显示计时和得分的标签和文本框*/
            ptime = new JLabel("剩余时间:");
            time = new JTextField(6);
            time. setFont(new Font("黑体",Font. PLAIN,18));
            time. setForeground(Color. RED)
            pscore = new JLabel("目前得分:");
```

```
        score = new JTextField("0        ");
        pTime.setLayout(new GridLayout(8,1));
        pTime.add(ptime);
        pTime.add(time);
        pTime.add(pscore);
        pTime.add(score);
        add(pTime,BorderLayout.EAST);                //将答题时间和得分面板布局在右侧

        /*初始化中部显示的图片标签*/
        img = new ImageIcon("game0.jpg");            //创建一张图片
        pic = new JLabel(img);                       //创建一个图片标签对象
        add(pic,BorderLayout.CENTER);                //将图片标签放在界面中部

        /*初始化下部面板区域中的所有按钮组件*/
        btStart = new JButton("开始游戏");
        btOk = new JButton("确定");
        btCancel = new JButton("退出");
        btReward = new JButton("奖品");
        pBottom.add(btStart);
        pBottom.add(btOk);
        pBottom.add(btReward);
        pBottom.add(btCancel);
        add(pBottom,BorderLayout.SOUTH);             //将按钮面板布局在界面下部

        btStart.addActionListener(this);             //为按钮注册事件监听器
        btOk.addActionListener(this);
        btCancel.addActionListener(this);
        btReward.addActionListener(this);

        thread1.start();                             //启动线程对象,进入就绪状态
        setBounds(200,100,700,600);                  //设置窗体在屏幕位置、宽度、高度
        setVisible(true);                            //让窗体可见
        setResizable(false);                         //让窗口不可改动大小
    }

    /*重载组合框和复选框的状态改变事件,实现选题和查看答案*/
    public void itemStateChanged(ItemEvent e)
    {
        if(e.getSource() == size)
        {
            String s = size.getSelectedItem().toString();  //获取列表项代号
```

```
            i = Integer. parseInt(s);              //转换为对应题号,从 1 开始
            i = i - 1;                             //数组下标从 0 开始
            question. setText(game[i][0]);         //读取当前问题并显示在文本框中
            img = new ImageIcon(game[i][2]);       //换另外一张图片
            pic. setIcon(img);
        }
        else if(e. getSource() = = look)
            answer. setText(game[i][1]);
    }

    public void run()        //实现 Runnable 接口的 run() 方法,在线程启动时自动执行
    {
        try{
            while(times > 0)                       //还有剩余计时
            {
                Thread. sleep(1000);               //使当前活动线程休眠 1 秒
                times = times - 1;                 //倒计时,每次减 1 秒
                time. setText("" + times);         //在文本框里显示剩余时间
            }
                note();                            //显示计时结束时的答题情况
        } catch(InterruptedException e){}}
    }
    public void actionPerformed(ActionEvent evt)   //各按钮响应的动作事件
    {
        if(evt. getActionCommand(). equals("开始游戏"))
        {
            readFile();
            question. setText(game[i][0]);         //读取第 i 个问题并显示在文本框中
            img = new ImageIcon(game[i][2]);       //换第 i 个问题的图片
            pic. setIcon(img);                     //在界面中部显示与题目匹配的图片
            times = 50;                            //初始计时
            scores = 0;                            //初始得分
            time. setText("" + times);
            score. setText("" + scores);
        }
        if(evt. getActionCommand(). equals("确定"))   //判断答案是否正确
        {
            if(answer. getText(). equals(game[i][1]))
            {
                JOptionPane. showMessageDialog(null,"恭喜你回答正确!","友情提醒",1);
                scores + = Integer. parseInt(game[i][3]);
```

```
            score. setText( " " + scores) ;
        }
        else
            JOptionPane. showMessageDialog( null," 对不起,回答错误!"," 友情提醒",0) ;
    }
    if( evt. getActionCommand( ). equals( "奖品") )
    {
        img = new ImageIcon( " gift. gif") ;
        pic. setIcon( img) ;
    }
    if( evt. getActionCommand( ). equals( "退出") )
    {
        writeFile( ) ;                        //退出前将得分和成绩存入文件
        System. exit(0) ;                     //系统退出
    }
}

void readFile( )                              //封装一个从文件获取题目相关信息的成员方法
{
    String[ ] str;
    String record;
    try{
        FileReader fr = new FileReader( " games. txt") ;    //创建一个文件字符输入流对象
        BufferedReader br = new BufferedReader( fr) ;  //用 FileReader 为参数创建一个缓冲输入流
        while( ( record = br. readLine( ) )! = null)
        {
            str = record. split( " ") ;                    //用空格分隔
            game[ i][ 0] = str[ 0] ;                        //提取题目
            game[ i][ 1] = str[ 1] ;                        //提取答案
            game[ i][ 2] = str[ 2] ;                        //提取图片
            game[ i][ 3] = str[ 3] ;                        //提取分数
            i + + ;
        }
        i - - ;
        br. close( ) ;                                      //关闭缓冲流,文件流自动关闭
    }
    catch( IOException e) {
        System. out. println( " 读出游戏文件错误!") ;
    }
}
void writeFile( )                              //封装一个将成绩存入文件的成员方法
{
```

```
        try {
            RandomAccessFile raf = new RandomAccessFile("score.txt","rw");  //创建随机流对象
            raf.write((("得分:" + scores + "  用时:" + (50 - times)).getBytes());   //写入字符串
            raf.close();         //关闭缓冲流,文件流自动关闭
        }
        catch(IOException e) {
            System.out.println("写入文件错误!");
        }
    }

    public void note()                                          //友情提醒
    {
        //计时已到且答案没有填写正确时,提示用户并显示出正确答案
        if(times = =0 && !(answer.getText().equals(game[i][1])))
        {
            JOptionPane.showMessageDialog(null,"已经超时,请看答案!","友情提醒",1);
            answer.setText(game[i][1]);    //文本框内容设为答案
        }
        if(scores = =100)                      //如果得分达到 100 表明 3 题都回答正确
            JOptionPane.showMessageDialog(null,"全部回答正确,你真棒!","友情提醒",1);
    }

    public static void main(String args[])      //程序入口
    {
        new GUIshow();                         //构造一个新窗体对象
    }
}
```

该程序模拟的游戏题目及答题结果文件如图 4-7b 所示,答题时的运行效果如图 4-7c 所示。

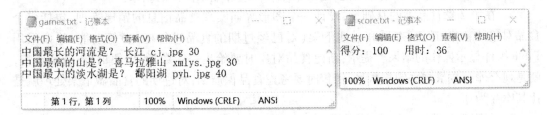

图 4-7b 模拟的游戏题目及答题结果文件结构

图 4 - 7c　趣味小游戏答题时的运行效果

4.3　实验任务

【基础题】

1. 在第 2 章学生类的基础上,设计一个图形界面实现学生信息的管理,包括多个学生对象的新建、查看、修改和删除功能,建议采用 List 组件显示操作的结果。

2. 在第 2 章食品类的基础上,设计一个图形界面实现食品信息的销售管理,包括多个食品对象的新建、销售、查看和过期下架(对已经过期的食品进行标注)等功能,建议采用 Table 组件显示操作的结果。提示:新建食品对象时要给出一定数量,以便销售;所谓销售,就是现有库存数量减去销售数量;销售时要考虑食品保质期,对过期的食品做下架处理就是让其库存为 0。

3. 在第 3 章借记卡的基础上,设计一个图形界面,实现对借记卡的业务操作,包括办理新卡、存款、取款、修改密码、查看余额、查看密码等功能,要求采用适当的组件显示对卡的每项操作记录。

4. 利用多线程编程实现按秒动态变化的数字时间,可以用文本框或标签组件来显示。

【提高题】

1. 在基础题第 1 题的基础上,修改界面,增加两个按钮:"保存"和"读取",单击"保存"按钮时,实现将所有学生的信息逐条保存到一个文本文件中;单击"读取"按钮时,实现从文本文件中读取已有学生信息并显示到 List 组件中的功能。

2. 在基础题第 2 题的基础上,修改界面,增加两个按钮:"保存"和"读取",单击"保存"按钮时,实现将所有食品的信息逐条保存到数据库的食品表中,注意新建时的总数量、已经销售的数量、现有库存数量的区别;单击"读取"按钮时,实现从食品表中读取已有食品信息并显示到 List 组件中。

3. 在基础题第 4 题的基础上,参考实体时钟的模样,绘制背景、时针、分针和秒针,模拟电子时钟的走时功能。

【综合题】

1. 在提高题第 2 题的基础上,完善"销售""查看"按钮的功能:单击"销售"按钮时,实现将所有食品的销售信息逐条保存到数据库的食品销售记录表中,注意销售过程中可能发生的过期下架信息的存储;单击"查看"按钮时,实现从食品销售表中读取已有的食品销售信息并显示到 List 或 Table 组件中。

2. 在基础题第 3 题的基础上,完善各按钮的功能,实现将所有操作的信息都动态关联到数据库的数据表中。

3. 在提高题第 3 题的基础上,增加定时器和音乐报时的功能,并提供万年历的日历查询。

【题目完成要求】

1. 学生可以根据各自基础选做其中 1~3 题,同类题目不要重复选;

2. 选用适当的编程工具完成选题,尽可能多的应用所学知识,注意编程规范性,要添加必要的注释;

3. 确保程序调试通过,测试运行结果正常;

4. 提交源程序和内容齐全的实验报告。

第 5 章　实训 1——Java 桌面应用程序开发案例

5.1　实训目的与要求

为了综合应用所学程序设计知识解决实际问题,增强学以致用的编程能力,Java 桌面应用程序开发实训选题针对与大学生学习、生活、娱乐相关的信息服务系统,如:学生成绩管理系统、学生评优评奖信息管理系统、学生社团活动信息管理系统、学生会日常事务管理系统、学科竞赛信息管理系统、体育赛事信息管理系统、校园风光导游信息管理系统、经典音乐播放器、唐诗宋词阅读器、中华成语故事查阅器、百科知识竞答器、其他益智类小游戏等。

为适应现代软件工程的工作方式,实训项目要求采用面向对象的编程方法,在主流的可视化集成开发环境中,遵循"OOA(分析)→OOD(设计)→OOP(编程实现)"的设计流程,以团队方式协作完成系统的开发。各团队可自选不同题目,建议采用带菜单栏或工具栏的 Application 主窗口来集成系统的全部功能界面,并注意用户界面的友好性、规范性和风格一致性。

为了培养团队协作精神,建议每个团队由 3 人组成,设一名组长。每位成员负责其中某些模块的设计与实现,负责编写各自的说明文档。组长除完成本身任务外,还要负责设计作为程序入口的主类、系统总的说明文档,最后要实现系统各模块的无缝集成。

5.2　实训指导

1. 组队与选题

为方便日常沟通,建议以宿舍为单位组队,或者是志趣相投、相处融洽的同学组队。但为了锻炼团队协作精神,鼓励能力强与基础弱的学生混搭,也鼓励男女生混合组队。组长应推选工作责任心强、踏实肯干、善于沟通的同学担任。

根据团队意愿和技术基础选定感兴趣的题目,主题名称无歧义、信息内容健康即可。

2. 需求分析与团队分工

根据所选的课题,组长带领组员首先共同开展系统的需求分析,分析研究系统应该具备哪些功能? 需要哪些角色? 每个角色可以使用哪些功能?

根据分析结果采用 UML(统一建模语言)画出系统用例图。根据定稿的用例图,将涉及的相关功能归纳划分成若干功能模块,并明确任务分工,分工时要兼顾各人技术基础、兴趣和特长,每人至少负责一个独立的功能模块。

选用主流的 Java 集成开发环境(本书案例基于 NetBeans IDE 8.2 开发),建立一个 Java 应用程序项目,每个组员在项目中建立一个包(即用英文命名的文件夹),后续编写的程序最好都保存在各自的包中,以免互相干扰。为便于项目的无缝集成,推荐由组长新建好项目文件,再把整个项目文件夹复制给其余组员进行后续开发。建议所有文件都采用英文词汇规范命名,且词能达意。

3. 设计类图与编写实体类代码

设计类是一个对类进行抽象与封装的过程,包括类的命名、属性的提炼、构造方法及成员方法的声明,可以用类图表达类的设计结果。类的设计思路如下:

- 系统需要定义几个实体类? 它们之间是什么关系?
- 各个类应该有哪些属性和方法?
- 各个属性如何命名? 用什么数据类型合理?
- 各个方法如何命名? 返回类型是什么? 需要带哪些类型的形式参数?
- 每个类需要几个构造方法? 各构造方法必须带哪些参数?
- 根据类之间所定义的继承关系,该如何定义子类的属性和方法才能实现继承和覆盖、重载?
- 如何体现个性与共性的有机统一(即将共性的属性和方法放在父类中定义,将个性的属性和方法放在子类中定义)?
- 各个类、属性、方法分别用什么修饰符来修饰最合理? 哪些可以用多种修饰符修饰? 用不同的修饰符会产生什么不同的效果? 用哪些修饰符会互斥?

根据类图可以对应编写出类定义代码,特别是实体类的代码编写。包括类头的声明、成员变量的声明、成员方法与构造方法的定义、toString( )方法的重载等,非常简单方便。写代码时要注意编程规范,源程序中必须对程序功能、方法、属性等加适当的注释。

4. 设计用户操作界面类

设计用户操作界面类就是在集成开发环境中,合理选用不同的 AWT 和 Swing 组件来构建所需的用户操作界面,各模块要注意保持界面风格的一致性,力求操作友好、美观大方,并用菜单将设计的所有类组织起来,根据用户身份设定菜单的可用性,形成一个完整的 Java 桌面应用程序。用户界面的设计思路如下:

- 用什么组件接收用户输入的各种信息最简单、方便、准确?
- 系统运行结果用什么组件显示最直观、清晰?
- 如何利用所设计的界面一次实现对多个数据的输入、保存、处理、查找?
- 组件的数据模型用什么绑定数据源? 用数组、向量或集合框架各有何优缺点?
- 如何用菜单组织系统的各个功能界面?
- 是否需要设计用户登录界面? 如何实现用户身份验证?
- 如何提高系统的用户友好性? 如何提高程序的健壮性? 如何处理异常?

- 如何体现用户界面风格的一致性？

GUI 设计时要注意组件的规范命名和属性设置的统一性，设计图形界面的一般原则如下：

（1）保持风格的一致性
- 背景颜色耐看，避免黑、大红、艳绿、明黄；
- 采用统一字体，颜色对比清晰、字号大小合理；
- 布局统一，组件尺寸恰当、外观一致。

（2）注重操作的友好性
- 必要的操作提示与信息反馈；
- 考虑用户的普遍习惯。

（3）选用适合主题的色调和风格，简洁明快，重在协调
- 多浏览国内外著名公司的网站；
- 参考大公司开发的专业产品；
- 商业经典色系：蓝色、灰色、蓝白、蓝灰。

（4）界面的边界一般设为不可调整大小，以免影响布局

5. 设计数据库与编写数据库访问类

根据选题需要设计一个 Access 数据库，数据库中一般不少于 3 个数据表，表结构与命名由组员根据系统功能自行设计。各组员利用自己设计的用户界面进行数据采集、处理，主要包括信息录入、维护和查询等。

设计思路提示如下：
- 如何运用 JDBC 技术为系统连上数据库？
- 如何封装数据库操作的 SQL 语句？
- 数据库中应该包含哪些数据表？如何恰当命名？
- 数据表与前面设计的实体类和业务类如何关联起来？哪些应该完全对应？哪些可以采用更适合数据库操作的替代方案？
- 各数据表中的字段名、数据类型、长度、默认值该如何定义？
- 哪些数据表需要通过设置主键以避免重复记录的插入？
- 是否有需要分类汇总、排序等二次处理的信息？是采用数据库中的视图方式实现还是在业务类中编程实现？

6. 编写业务处理代码以响应 GUI 事件

业务处理类是设计难点，编写有关组件的事件响应代码会涉及其他类的方法调用、数据库访问等，需要根据系统功能的业务逻辑来编程实现。

学会运用基于 JDBC 的数据库编程技术，形成一个完整的 Java 图形界面应用程序。设计思路提示如下：
- 如何合理分解业务功能到相关的用户操作界面上以便让不同组件来协作完成？
- 如何避免一个组件的事件响应代码过多或过于复杂？
- 如何封装相同或类似业务处理代码以减少重复编码量？

- 如何有效调用实体类中的成员方法以避免在组件的事件响应中重复编写代码？
- 如何通过在数据表中添加适当的字段来简化业务处理的复杂代码？
- 如何通过 SQL 语句将用户界面上的操作与数据库实时联动起来？
- 如何在用户界面上及时发现数据库操作遇到的异常？
- 如何合理选用泛型集合框架进行中间数据的存储和高效处理？
- 如何在业务代码编程过程中进一步优化用户界面设计及数据表结构？

7. 系统集成测试与打包发布

- 全面回顾一下前面所定义的类和实现的方法是否完善？如何设计系统会更合理？
- 如何编写系统开发文档？
- 如何让程序打包发布给其他人在其他电脑上运行？哪些可以用 jar 包集成为一个独立运行程序？哪些文件需要分开单独提供？
- 如何编写用户使用说明书或者操作手册？

5.3　实训案例

1. 选题与团队分工

实训选题为"模拟校园卡信息管理系统"，团队分工见表 5-1。

表 5-1　实训团队成员分工表

角色	姓名	承担的具体任务
组长	jane	用户界面设计,用户类的设计与实现
组员	jerry	卡类的设计与实现
组员	jack	业务类的设计与实现

2. 系统需求分析

校园卡信息管理系统主要有两类用户,一是系统管理员,负责对系统信息进行管理,可以实现用户信息维护、办理新卡、卡挂失/卡重置、修改密码、统计充值、统计消费、查询信息等操作;二是普通用户,可以实现修改密码、充值、消费、查余、查询个人消费和充值记录等操作。

根据系统功能分析画出的用例图见图 5-1,关于用例图的相关知识详见配套主教材第 3 章。

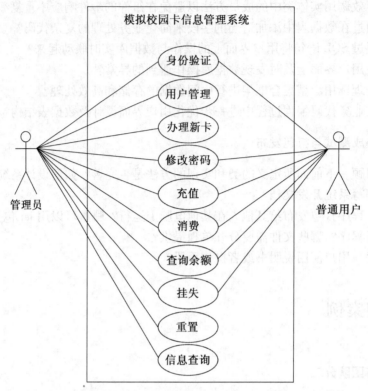

图 5-1 模拟校园卡信息管理系统用例图

3. 建立 Java 应用程序项目

实训例题选用最新版本的 NetBeans IDE 8.2 作为系统开发环境。首先，启动 NetBeans IDE 8.2，从其"文件"菜单或工具栏中点击"新建项目"；在"新建项目"窗口中，在左侧"类别"列表框中选择"Java"，在右侧"项目"列表框中选择"Java 应用程序"，如图 5-2a 所示。

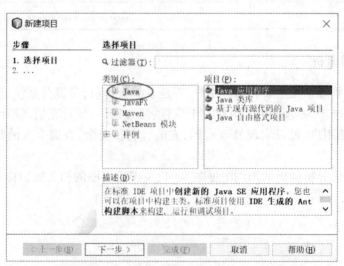

图 5-2a NetBeans IDE 的"新建项目"窗口

单击"下一步",在随之打开的"新建 Java 应用程序"窗口中,输入本案例的项目名称 "SchoolCard",点"浏览…"按钮选定项目保存位置,去掉"创建主类"复选框前面的钩,设置 好的界面如图 5 – 2b 所示。

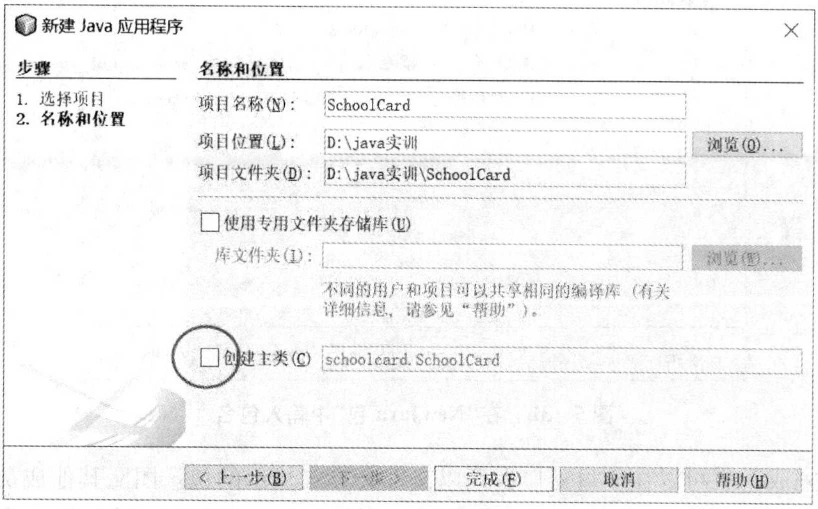

图 5 – 2b 在 NetBeans IDE 中新建项目 SchoolCard

单击"完成",则 Java 应用程序项目新建成功。

接下来为每个组员建立工作文件夹,建议后续编写的程序都保存在各自的文件夹中。 在项目中右击"源包"中的"＜默认包＞",从快捷菜单的"新建"中选"Java 包",如图 5 – 3a 所示;再在对话框中输入包名,如图 5 – 3b 所示。

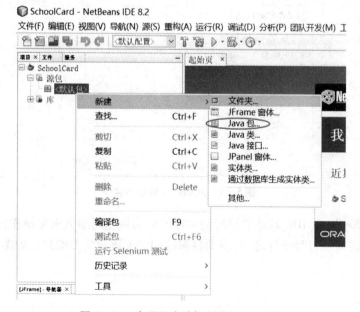

图 5 – 3a 在项目中选择新建"Java 包"

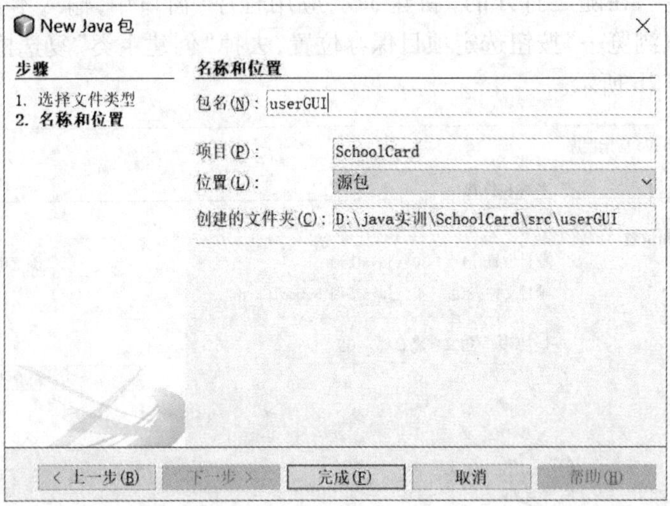

图 5 - 3b　在"NewJava 包"中输入包名

　　单击"完成",就可以在项目窗口看到以文件夹方式显示的包。团队其他成员按同样方法建立同名项目,将图 5 - 3b 中包名分别换成 cardGUI、operationGUI 即可,以便今后的项目集成、发布。也可以采用新建"文件夹"方式,如果文件夹位置就选择在源包中,则效果一样。

　　如果觉得项目初始命名不合适,可以修改。方法是:右击项目名称,从快捷菜单中选择"重命名",在对话框中输入新名称;如果希望同时修改文件夹名称,可勾选"同时重命名项目文件夹",之后单击"重命名"按钮即可。

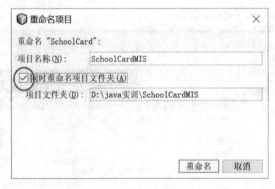

图 5 - 4　对项目文件重命名

　　特别提醒: NetBeans IDE 默认的编码为 UTF - 8,为避免后期数据库操作过程中,读写汉字时产生乱码,建议进行类设计之前,将项目属性中的编码改为 GB2312,如图 5 - 5 所示。

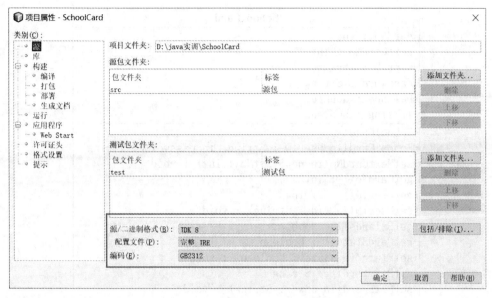

图 5-5　在项目属性窗口中设置编码

4. 画出实体类的类图

　　模拟校园卡信息管理系统包括 3 个实体类:卡用户类 CardUsers、校园卡类 SchoolCard 和校园卡使用记录类 CardUseRcords,其中第三个类依赖于前两个类的使用。类图设计分别 如图 5-6、图 5-7 和图 5-8 所示。

CardUsers
+userID : String
+userName : String
-userSex : String
-userPwd : String
-userType : String
+CardUsers(in userID : String)
+CardUsers(in userID : String, in userName : String, in userSex : String, in userPwd : String, in userType : String)
+getUserID() : String
+setUserID(in userID : String) : void
+getUserName() : String
+setUserName(in userName : String) : void
+getUserSex() : String
+setUserSex(in userSex : String) : void
+getUserPwd() : String
+setUserPwd(in userPwd : String) : void
+getUserType() : String
+setUserType(in userType : String) : void
+toString() : String

图 5-6　卡用户类 CardUsers 的类图

SchoolCard
+cardNo : int
-nextCardNo : int
-userID : String
-password : String
+balance : double
-isUsing : boolean
+SchoolCard()
+SchoolCard(in UserID : String, in password : String)
+setNextCardNo(in newStartNo : int) : void
+getCardNo() : int
+getUserID() : String
+setUserID(in uid : String) : void
+getBalance() : double
+getCardState() : boolean
+setState(in state : boolean) : void
+getPassword() : String
+setPassword(in upwd : String) : void
+deposit(in money : double) : void
+consume(in money : double) : boolean
+check() : boolean
+toString() : String

图 5 - 7　校园卡类 **SchoolCard** 的类图

CardUseRecords
-recordID : int
-cardNo : int
-useItems : String
-money : double
-useTime : String
+CardUseRecords(in recordID : int, in cardNo : int, in item : String, in money : double, in time : String)
+getRecordID() : int
+getCardNo() : int
+getUseItems() : String
+getUseTime() : void
+getMoney() : double
+toString() : void

图 5 - 8　校园卡使用记录类 **SchoolCardUseRecords** 的类图

5．根据类图编写实体类代码

（1）编写用户类 CardUsers 代码

在 NetBeans 的项目中，右击源包中的 userGUI，从新建菜单中选"Java 类"，输入类名
"CardUsers"，单击"完成"，系统自动打开源代码编辑区域，如图 5-9a 所示。

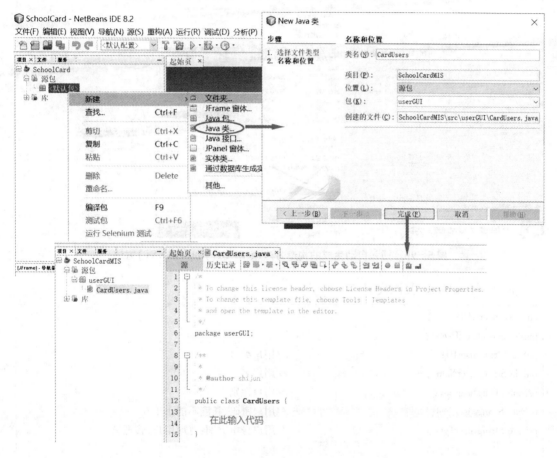

图 5-9a　在项目中新建"Java 类"

在 CardUsers 类源代码编辑窗口，输入完 5 个属性后，右击类名，从快捷菜单中选择"插
入代码…"，选择"getter 和 setter"，在对话框中勾选需要的字段，之后单击"生成"按钮，生成
的代码将被自动插入光标所在位置处；对构造方法、toString( )方法也采用同样方法生成，必
要时可按需修改生成的代码，如图 5-9b 所示。

为了保证用户密码的长度符合要求，在自动生成的代码基础上进行适当修改，在构造卡
用户对象及修改密码时，如果密码长度不足 6 位则抛出异常，异常信息用对话框提示。

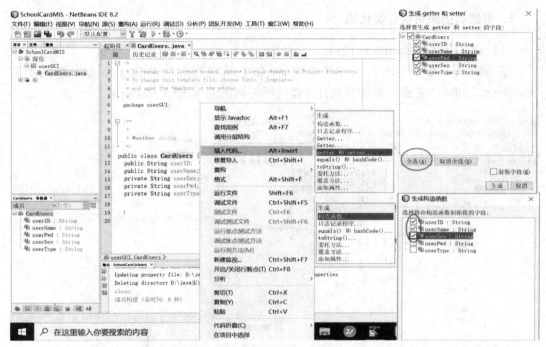

图5-9b 插入自动生成的构造方法、**getXXX( )**和 **setXXX( )**方法

完整的 CardUsers 类源代码清单如下：

```
package userGUI;
public class CardUsers {
public String userID;                          //用户编号
public String userName;                        //用户名
private String userSex;                        //用户性别
private String userPwd;                        //用户密码,长度不能小于6
private String userType;                       //用户身份类别:普通用户、管理员

    public CardUsers( String userID) {
        this. userID = userID;
    }
public CardUsers( String userID, String userName, String userSex, String userPwd, String userType)
throws PwdShortException {
    if( userPwd. length( ) < 6)
        throw ( new PwdShortException( ) );   //密码长度不足6位则抛出异常
    else {
            this. userID = userID;
            this. userName = userName;
            this. userSex = userSex;
            this. userPwd = userPwd;
            this. userType = userType;
```

```
        }
    }
    public String getUserID() {
        return userID;
    }
    public void setUserID(String userID) {
        this.userID = userID;
    }
    public String getUserName() {
        return userName;
    }
    public void setUserName(String userName) {
        this.userName = userName;
    }
    public String getUserSex() {
        return userSex;
    }
    public void setUserSex(String userSex) {
        this.userSex = userSex;
    }
    public String getUserPwd() {
        return userPwd;
    }
    public void setUserPwd(String userPwd) throws PwdShortException{
        if(userPwd.length() < 6)
            throw (new PwdShortException());//新密码长度不足 6 位则抛出异常
        else
            this.userPwd = userPwd;
    }
    public String getUserType() {
        return userType;
    }
    public void setUserType(String userType) {
        this.userType = userType;
    }
    @Override
    public String toString() {
        return"用户编号 = " + userID + "| 姓名 = " + userName + "| 性别 = " + userSex +
            "| 密码 = " + userPwd + "| 身份 = " + userType;
    }
}
```

对密码长度不足 6 位进行异常处理的 PwdShortException 类代码如下：

```
package userGUI;
import javax. swing. JOptionPane;
public class PwdShortException extends Exception {
    public PwdShortException( ) {
        JOptionPane. showMessageDialog( null,"密码长度不到 6 位,过短不安全,请重新输入!");
    }
}
```

（2）编写校园卡类 SchoolCard 代码

按同样方法编写 SchoolCard 类代码,该类保存在另外一个名为 cardGUI 的包中。根据校园卡的业务需求,在自动生成的基础上进行了少量修改:用静态初始化器实现创建新卡时卡号自动递增;封装了一个检查卡的状态属性的方法 check( );对修改密码、充值及消费的方法设置了异常处理,当卡的状态为已挂失时,提示不能进行相关业务处理;此外,消费时还要判断卡上余额是否足够本次开支。

源程序清单如下：

```
packagecardGUI;
import javax. swing. JOptionPane;
public class SchoolCard {
    public int cardNo;                                    //卡号
    static int nextCardNo;                                //起始卡号
    private String userID;                                //卡所属的用户号
    private String password;                              //卡密码
    public double balance;                                //卡上余额
    private boolean isUsing;                               //卡的状态,正常为 true,挂失的卡为 false
    static                                                //静态初始化器
    {
    nextCardNo = 10000;                                   //设置起始卡号 10000
    }
    public SchoolCard( ) {                                //无参构造方法
        this. cardNo = nextCardNo ++ ;
    }
    public SchoolCard(StringuserID, String password) {   //带参数的构造方法
        this( );
        this. userID = userID;
        this. password = password;
        this. balance = 0;
        this. isUsing = true;
    }
    public static void setNextCardNo( int newStartNo) {   //设置卡的起始编号
        SchoolCard. nextCardNo = newStartNo;
```

```
    }
    public int getCardNo( ) {                                  //查卡号
        return cardNo;
    }
    public String getUserID( ) {                               //查卡的用户号
        return userID;
    }
    public void setUserID(String uid) {                        //设置卡的用户号
        this. userID = uid;
    }
    public double getBalance( ) {                              //查余
        return balance;
    }
    public boolean getCardState( ) {
        return isUsing;
    }
    public void setState(boolean state) {                      //设置卡状态
        this. isUsing = state;
    }
    public String getPassword( ) {
        return password;
    }
    public void setPassword(String upwd) throws UseStateException, PwdShortException{
        if( check( ) && upwd. length( ) > =6)         //检查卡是否有效且长度不少于 6 位才可操作
            this. password = upwd;
        else if( upwd. length( ) <6)
            throw new PwdShortException( );
        else
            throw new UseStateException( );
        }
        public void deposit(double money) throws UseStateException{  //充值
            if( check( ))                                    //检查卡是否有效,有效才可操作
                this. balance = balance + money;
            else
                throw (new UseStateException( ));
    }
    public boolean consume(double money) throws UseStateException{   //消费
        if( check( )){                                       //检查卡是否有效,有效才可操作
            if( balance > = money)                            //检查余额是否够本次消费
            {
                balance = balance − money;
                return true;
```

```
            }
        else
        {
            JOptionPane. showMessageDialog( null,"卡上余额不够消费,请先充值!");
            return false;
        }
    else
        throw new UseStateException( );
}
public boolean check( ){          //检查卡的状态
    if( this. isUsing)
        return true;
    else
        return false;
}
public String toString( ) {
        return "卡号 = " + cardNo + "| 用户号 = " + userID + "| 密码 = " + password + "|余额 = "
                + balance + "| 是否可用 = " + isUsing;
}
}
```

对卡状态进行异常处理的 UseStateException 类代码如下：

```
packagecardGUI;
import javax. swing. JOptionPane;
public class UseStateException extends Exception{
    public UseStateException( ) {
        JOptionPane. showMessageDialog( null,"本卡当前处于无效状态,不可进行该操作!");
    }
}
```

（3）编写卡操作记录类 CardUseRecords 代码

按同样方法编写 CardUseRecords 类代码,该类保存在 operationGUI 包中。源清单如下：

```
packageoperationGUI;
public class CardUseRecords {
    private int recordID;              //记录流水号
    private long cardNo;               //卡号
    private String useItems;           //操作项目,如:充值、消费
    private double money;              //使用金额
    private String useTime;            //使用时间

    public CardUseRecords( int recordID,int cardNo, String item, double money,String time) {
```

```
            this. recordID = recordID;
this. cardNo = cardNo;
            this. useItems = item;
            this. money = money;
            this. useTime = time;
        }
        public int getRecordID( ) {
            return recordID;
        }
        public long getCardNo( ) {
            return cardNo;
        }
        public String getUseItems( ) {
            return useItems;
        }
        public String getUseTime( ) {
            return useTime;
        }
        public double getMoney( ) {
            return money;
        }
        @ Override
        public String toString( ) {
            return" 记录号 = " + recordID + " | 卡号 = " + cardNo + " | 名目 = " + useItems + " | 费用 = " +
                money + " | 时间 = " + useTime;
        }
}
```

6. 设计用户操作界面类

本案例中设计了 6 个综合性的用户操作界面类:用户信息管理界面类、校园卡信息管理界面类、校园卡查询界面类、用户查询界面类、校园卡日常业务管理类、校园卡使用记录查询界面类,其简化的类图设计分别如图 5 - 10a、图 5 - 10b、图 5 - 10c、图 5 - 10d、图 5 - 10e 和图 5 - 10f 所示。

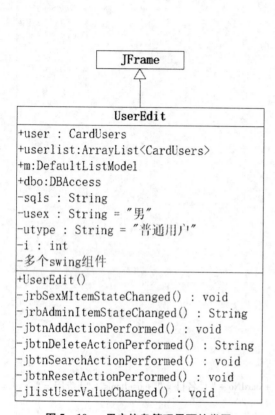

图 5－10a　用户信息管理界面的类图

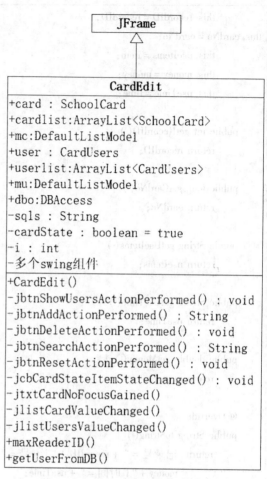

图 5－10b　校园卡信息管理界面的类图

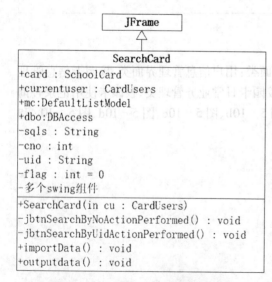

图 5－10c　校园卡查询界面的类图

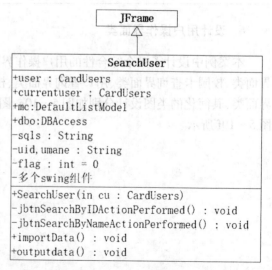

图 5－10d　用户查询界面的类图

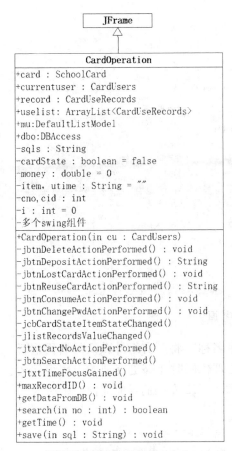

图 5 - 10e 校园卡日常业务
管理界面的类图

图 5 - 10f 校园卡使用记录查询界面的类图

此外,还有 5 个功能较单一的图形界面:用户登录界面、修改登录密码界面、应用程序主窗口、系统帮助界面、版权说明界面,这些界面的类图设计省略。

(1) 设计用户信息管理界面

在项目窗口中右击保存该类的包 userGUI,从快捷菜单"新建"中选"JFrame 窗体",在弹出窗口中输入图形界面文件的类名,如:UserEdit,如图 5 - 11 所示。

在中部新开的"设计"窗口开始界面设计:从右侧组件面板中首先拖拽一个面板到窗体上,设置好面板的背景色,并将系统默认的"自由布局"改成"绝对布局",这样组件摆放时位置互不影响,然后逐个选择需要的其他组件放置到界面预期位置上。组件拖放到界面之后,就可以通过"属性"窗口设置相关属性:设置窗体的 Title 属性为"用户信息管理界面";将窗体的 defaultCloseOperation 属性设置为"DISPOSE",表示点击窗体上的"X"按钮时,关闭本窗口,但不退出系统运行;设置窗体的 resizable 属性为 false;设置窗体的 bounds 属性,在对话框中输入适当的 x、y 坐标,比如:x = 400、y = 300,以便运行时出在屏幕较为居中的位置。

此外,界面上需要添加 2 个无形的按钮组(在左侧导航器的"其他组件"中可看到组件名称),并在属性窗口中设置每个单选钮所属的按钮组,以便同一组的单选按钮形成互斥的选中关系。

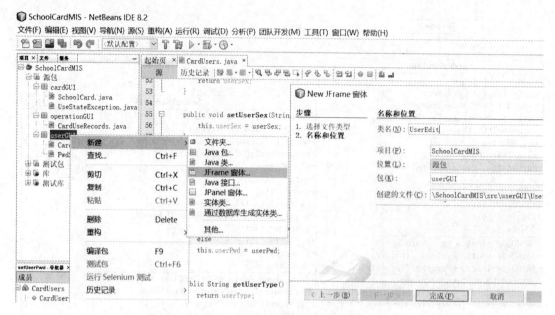

图 5-11 新建图形用户界面

建议:右击每个组件,从快捷菜单中选择"更改变量名称",将所有组件默认的名称重新修改为与其功能对应的名称,以便后续编写业务逻辑处理代码时能够更直观的引用组件名称。设计完成的 UserEdit 类所包括的组件详细信息如图 5-12 左侧的导航器窗口中所示。

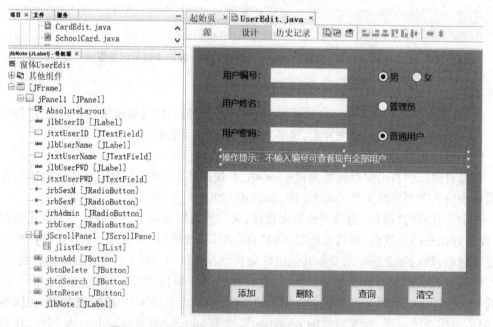

图 5-12 用户信息编辑界面 UserEdit 类的组件构成

点击工具栏上的"预览设计"按钮,可看到 UserEdit 类的界面设计效果如图 5-13 所示。

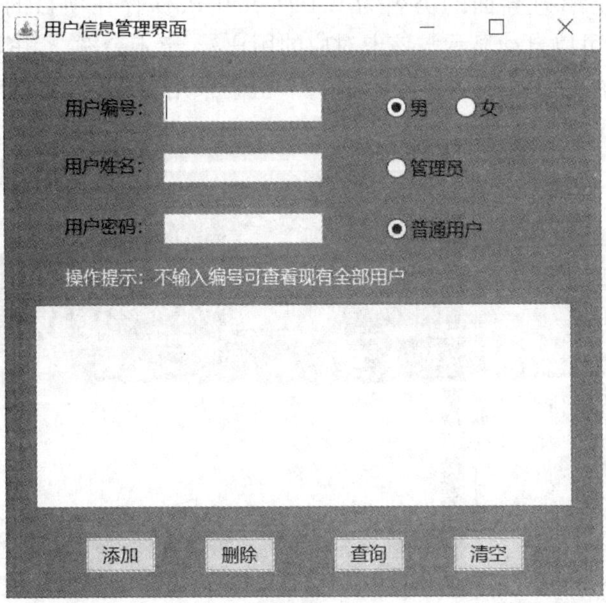

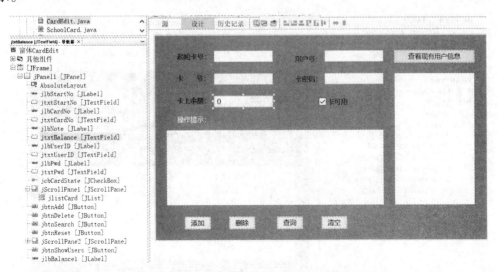

图 5-13 用户信息管理界面 UserEdit 类的预览效果

(2) 设计校园卡信息管理界面

校园卡信息管理界面的类名为 CardEdit,保存在 cardGUI 包中,设计步骤与用户信息管理界面类似,其中显示卡状态是否可用的组件为复选框,默认勾选;卡上余额默认值设为 0。为了减轻校园卡信息管理时的录入工作量且保障系统信息的一致性,设计了"查看现有用户信息"按钮,单击该按钮可以列出数据库中现有用户信息,选中列表框中某行,则该行的用户号、密码自动出现在界面上左侧对应的文本框中,无须输入。界面组件构成如图 5-14 所示。

图 5-14 校园卡信息管理界面 CardEdit 类的组件构成

（3）设计校园卡日常业务管理界面

校园卡日常业务管理界面的类名为 CardOperation，保存在项目的 operationGUI 包中。输入卡号回车，系统可以自动显示与该卡对应的用户号、卡上余额、卡密码及卡的使用状态。卡上余额和用户号的文本框设置为不可编辑，卡密码采用掩码显示的密码框，也不可编辑。界面设计结果如图 5-15 所示。

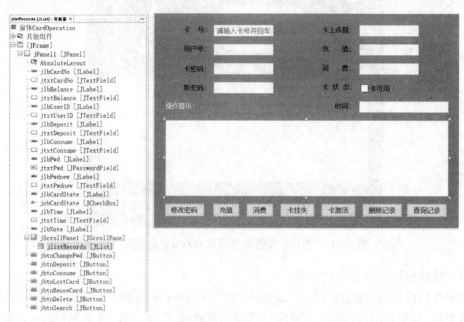

图 5-15 校园卡日常业务管理界面 CardOperation 类的组件构成

（4）设计用户查询界面

用户查询界面的类名为 SearchUser，保存在项目的 userGUI 包中。界面设计结果如图 5-16所示。

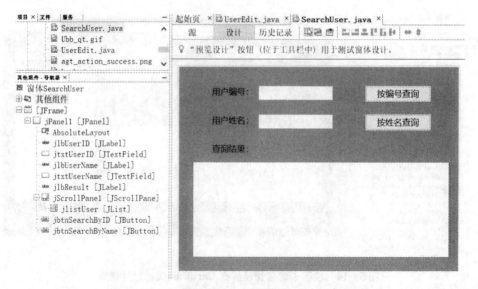

图 5-16 用户查询界面 SearchUser 类的组件构成

（5）设计校园卡查询界面

设计 SearchCard 类时，由于该界面与 SearchUser 类非常类似，故在项目窗口右击
SearchUser 类，从快捷菜单的"重构"中选复制，修改类名并保存到 cardGUI 包中，如图
5-17a 所示。

图 5-17a　将 SearchUser 类重构复制为 SearchCard 类

对重构复制过来的界面，更改部分控件的名称即可，设计好的界面组件结构如图5-17b
所示。

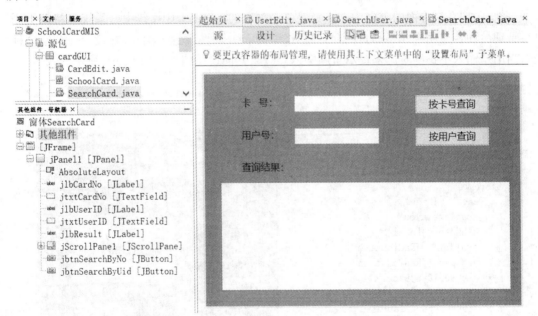

图 5-17b　校园卡查询界面 SearchCard 类的组件构成

（6）设计校园卡使用记录查询界面

校园卡使用记录查询界面的类名为 SearchRecords，保存在项目的 operationGUI 包中。
设计时，首先在"设计"窗口进行界面设计，将所需要的控件放置到窗体面板上，并设置好相
关属性，设计好的界面组件结构如图5-18 所示。

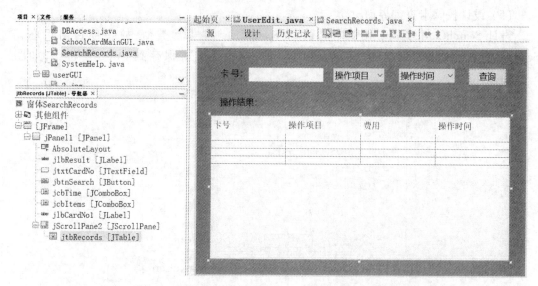

图 5-18 校园卡使用记录查询界面 SearchRecords 类的组件构成

（7）设计系统用户登录界面

系统用户登录界面的类名为 Login，保存在项目的 operationGUI 包中。系统支持两类用户：管理员和普通用户，默认为普通用户。按钮的 icon 属性设置了图片，并设置一个空白标签，当用户输入不正确时用来提示重新输入。登录界面设计结果如图 5-19 所示。

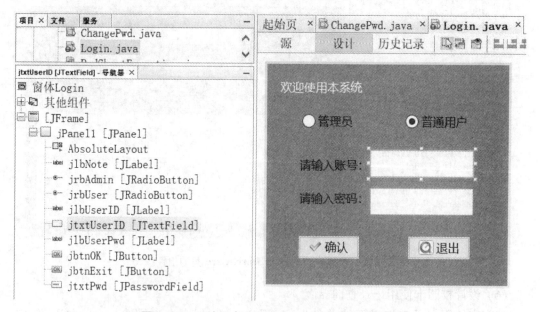

图 5-19 系统用户登录界面 Login 类的组件构成

（8）设计修改登录密码界面

修改登录密码界面的类名为 ChangePwd，保存在 userGUI 包中。所有用户登录后都可以通过该界面修改本人的用户密码，修改密码界面的设计结果如图 5-20 所示。

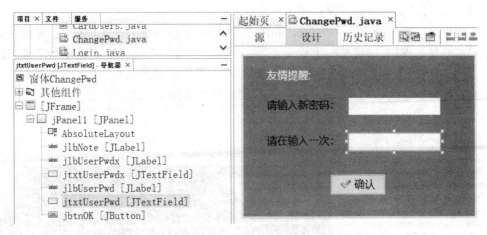

图 5 - 20 修改登录密码界面 ChangePwd 类的组件构成

（9）设计系统的使用说明界面和版权界面

"使用说明"和"关于系统"是关于系统操作的简单说明和系统版权信息，类名分别为 SystemHelp 和 AboutSystem，均保存在 operationGUI 包中，其界面设计效果分别如图 5 - 21 和图5 - 22 所示。

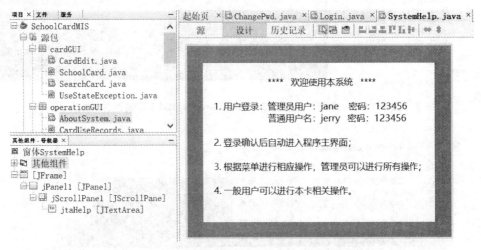

图 5 - 21 使用说明界面 SystemHelp 类的组件构成

图 5 - 22 关于系统界面 AboutSystem 类的组件构成

（10）设计应用程序的主窗口和系统菜单

应用程序主窗口的类名为 SchoolCardMainGUI,保存在 operationGUI 包中。系统主窗口主要起功能导航作用,主菜单栏上设置了"用户管理""校园卡管理""信息查询"和"帮助"菜单,各菜单下设若干菜单项,将之前设计的界面有机组织起来,以实现系统各项功能。主窗口的界面设计结果如图 5-23a 所示,系统菜单结构如图 5-23b 所示。

图 5-23a　应用程序主窗口 SchoolCardMainGUI 类的组件构成

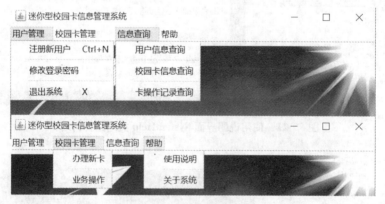

图 5-23b　应用程序主窗口系统菜单的组成

在以上菜单设计中,如果登录的用户身份是"普通用户",则"注册新用户"和"办理新卡"菜单项将被灰化,不可进行对应操作;通过其他菜单操作时,涉及的也仅限该用户相关的卡信息。

以上是本案例所包含的 11 个用户界面的外观设计,组件及各按钮的事件响应代码将在后面的"8.编写业务处理源代码以响应 GUI 事件"中再详细介绍。

7. 设计系统后台数据库并编写数据库访问类

（1）创建系统数据库

根据实训案例的设计需要，用 MS Access 创建一个名为 SchoolCardDB. accdb 的数据库，其中包括3张表：用户表 CardUsers、校园卡表 SchoolCard、校园卡操作记录表 CardUseRecords，字段名称和数据类型与前面设计的实体类完全对应，设计结果如图5-24所示。

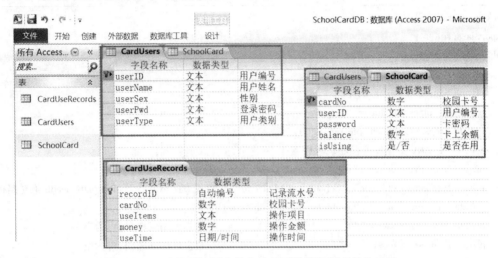

图5-24　迷你型校园卡信息管理系统的数据库结构设计

为便于数据库处理，将 CardUseRecords 表中的"操作时间"字段 useTime 设计为日期时间型，这样各种操作记录保存时直接调用系统函数 now() 提取当前时间即可，十分方便。其他代码没有变化。

（2）加载数据库驱动程序

本案例采用数据库厂商专门提供的对 Access 数据库进行访问的驱动程序包 Access_JDBC40. jar，该程序需要导入 NetBeans IDE 的库中。操作步骤：在项目窗口右击"库"，选中"添加 JAR/文件夹…"，在弹出的窗口中找到 Access_JDBC40. jar，单击"打开"，该驱动程序包即可导入项目中，如图5-25所示。

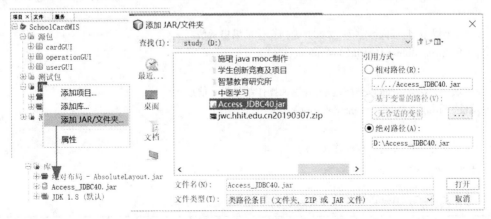

图5-25　将数据驱动程序导入项目的库中

（3）编写数据库连接与操作类

编写了一个专门进行数据库访问操作的 DBAccess 类，保存在 operationGUI 包中。该类包括了数据库操作的常用方法：数据库连接、查询、插入、更新、删除和关闭。为进一步简化多种数据库操作，封装了一个分类操作方法 dbOperation( )，调用时通过 SQL 语句和一个 int 型参数来区分操作方式，查询 = 0、更新 = 1、插入 = 2、删除 = 3。

DBAccess 类（其中各实例方法参见实验 4 中的同名类，不再赘述）的程序清单如下：

```java
package operationGUI;
import java.sql. * ;
public class DBAccess {
    private Connection conn = null;
    private Statement stmt = null;
    public ResultSet rs = null;
    private PreparedStatement prestmt = null;
    / * Access 2010 数据库连接驱动程序 */
    private final String driver = "com. hxtt. sql. access. AccessDriver";
    private final String dbName = "SchoolCardDB. accdb";   //或 D:/java/ SchoolCardDB. accdb 绝对路径
    private final String url = "jdbc:Access:///" + dbName;
    private final String user = "";                        //数据库访问账号,可为空
    private final String password = "";                    //数据库访问密码,可为空
    public String notes = "数据库操作提示!";
    public String sql;                                     //对数据库进行各种操作的 SQL 命令
    public int flag = 0;                                   //插入操作成功标记
    / * 实例方法 1:实现数据库连接 */
    public void dbconn( ) {

    }
    / * 实例方法 2:查询数据库记录,并返回查询结果的记录集 */
    public ResultSet dbSelect( String selString) {

    }
    / * 实例方法 3:更新数据库记录,并返回操作结果提示信息 */
    public String dbUpdate( String updateString) {

    }
    / * 实例方法 4:插入数据库记录,并返回操作结果提示信息 */
    public String dbInsert( String insertString) {

    }
    / * 实例方法 5:删除数据库记录,并返回操作结果提示信息 */
    public String dbDelete( String delString) {

    }
    / * 实例方法 6:关闭数据库连接 */
    public void dbclose( ) {

    }
    / * 实例方法 7:对数据库进行分类操作 */
```

```
        public voiddbOperation(String sql,int action){
    }
}
```

8. 编写业务处理源代码以响应 GUI 事件

（1）用户信息管理界面 UserEdit 类的源代码

加载包：在类头前面加上相关类的导入语句：

```
import java. util. ArrayList;
import javax. swing. DefaultListModel;
import operationGUI. * ;
import java. sql. * ;
```

变量声明：打开 UserEdit 类的"源"窗口，在类体的成员变量声明处定义下列对象和变量：

public CardUsers user;	//存储新创建的卡用户对象
public DefaultListModel　m = new DefaultListModel( );	//用户列表框的数据模型
public ArrayList < CardUsers > userlist = new　ArrayList < > ( );	//存储用户信息的顺序表
public DBAccess dbo = new DBAccess( );	//创建一个数据库访问操作类的对象
ptivate String sqls;	//存储各种 sql 语句的字符串
ptivate String usex = "男";	//用户默认性别为"男"
ptivate String utype = "普通用户";	//用户默认身份为"普通用户"
ptivate int i;	//表示列表框当前行号的变量

单选钮代码：右击单选钮"男"，从快捷菜单中选择"事件"→"Item"→"itemStateChanegd"，在打开的"源"窗口编写事件响应代码；对单选钮"管理员"采取同样操作。两个单选钮的事件代码编写结果如图 5-26 所示。

图 5-26　用户信息管理界面上"男"和"管理员"单选钮的选择事件响应代码

　　列表框代码:单击列表框中的记录,可获取选中的记录号。编写列表选择事件响应代码的方法是:右击列表框组件,从快捷菜单的"事件"中选择"ListSelection"所对应的"valueChanged"方法,在"源"窗口中输入一行代码,如图 5 - 27 所示。

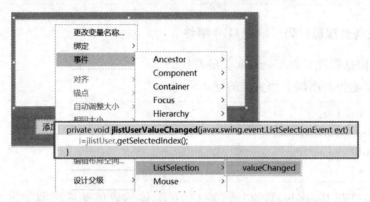

图 5 - 27　用户信息管理界面列表框的列表选择事件响应代码

　　"添加"按钮代码:右击"添加"按钮,从快捷菜单中选择"事件"→"Action"→"actionPerformed",在打开的"源"窗口编写事件响应代码,其功能是:先创建一个CheckValidate 对象,验证用户编号框中的输入内容是否为合法数字;如果符合要求,则将编号、姓名、密码这三个文本框的内容分别赋值给三个变量,据此创建一个 User 对象,并将该对象存储到顺序表中;随之,将对象添加到列表框的数据源中,以刷新列表框的显示内容;最后,编写一条 insert 语句,调用数据库访问操作类的 dbOperation( )方法,将新用户的信息插入到数据库中,并输出操作提示。"添加"选钮的事件代码编写结果如图 5 - 28 所示。

图 5 - 28　用户信息管理界面"添加"按钮的动作事件响应代码

　　CheckValidate 类：为了确保文本框输入内容的合法性，专门编写了一个对文本框输入内容进行验证的通用类 CheckValidate，方法 check(0)用于检查文本框是否为空，check(1)用于检查输入的是否均为为非负的数字。CheckValidate 类保存在 operationGUI 包中，源程序清单如下（其中内容除包名外，其余代码与前面实验 4 例 4-2 中的同名类相同，此处略）：

```
package operationGUI;
import javax. swing. * ;
public class CheckValidate {
……
}
```

　　"删除"按钮代码：单击"删除"按钮，可以删除已经添加的某条记录。"删除"按钮的代码如下：

```
private void jbtnDeleteActionPerformed( java. awt. event. ActionEvent evt) {
    String uid = userlist. get( i). getUserID( );          //从用户列表中获取当前用户的用户号
    userlist. remove( i);                                  //删除顺序表中当前对象
    m. removeElementAt( i);                                //删除列表框数据源的当前行
    jlistUser. repaint( );                                 //列表框刷新
    sqls = "delete from CardUsers where UserID = '" + uid + "'"; //删除指定用户的 SQL 语句
    dbo. dbOperation( sqls,3);                             //调用方法从数据库删除该记录
    jlbNote. setText( dbo. notes);                         //显示操作提示
}
```

　　"查询"按钮代码：在用户编号框中输入用户号，可以从数据库中查询该用户的信息，并在列表框中显示出来；如果没有查到，则列表框中不显示任何信息；如果编号框中为空，则列出数据库中所有用户的信息。"查询"按钮的代码如下：

```
private void jbtnSearchActionPerformed( java. awt. event. ActionEvent evt) {
    m. removeAllElements( );                          //先清空数据模型中的对象
    String uid = jtxtUserID. getText( ). trim( );     //获取文本内容并去除空格后赋值给变量 uid
    if( uid. length( ) = =0)      //如果长度为 0,说明没有输入用户编号,则查询出全部用户
        sqls = "select * from CardUsers";
    else
        sqls = "select * from CardUsers where UserID = '" + uid + "'";  //查询指定的用户
    dbo. dbOperation( sqls,0);                        //从数据库查找记录
    jlbNote. setText( dbo. notes);
    try{
        while( dbo. rs. next( )){                      //遍历数据库中的记录
            try{
                user = new CardUsers( dbo. rs. getString( 1),dbo. rs. getString( 2),dbo. rs. getString( 3),
                    dbo. rs. getString( 4),dbo. rs. getString( 5));
            } catch( PwdShortException e){}}
            m. addElement( user);                     //将查到的对象逐个加入数据模型
            userlist. add( user);                     //将对象 user 加入顺序表 userlist 中
        }
```

```
| catch(SQLException e) | |
    dbo. dbclose( );
    jlistUser. setModel( m );              //列表框数据源刷新
|
```

"清空"按钮相关代码:单击该按钮可以清空界面上各个文本框及列表框中的现有信息,但不清空数据库中的信息。"清空"按钮的代码如下:

```
private void jbtnResetActionPerformed( java. awt. event. ActionEvent evt) |
    jtxtUserID. setText("");               //清空用户编号框内容
    jtxtUserName. setText("");             //清空用户姓名框内容
    jtxtUserPWD. setText("");              //清空用户密码框内容
    userlist. clear( );                    //清空顺序表中的元素
    m. removeAllElements( );               //清空数据模型中的数据
    jlistUser. repaint( );                 //列表框刷新
|
```

至此,用户信息管理界面的全部事件响应代码编写完毕,测试运行情况如图 5 – 29 所示。

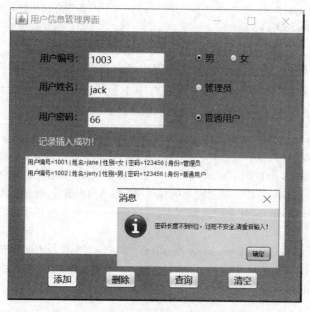

图 5 – 29　用户信息管理界面的运行效果

(2) 校园卡信息管理界面 CardEdit 类的源代码

加载包:在类头前面加上相关类的导入语句:

```
import java. util. ArrayList;
import javax. swing. DefaultListModel;
import operationGUI. * ;
import java. sql. * ;
```

变量声明：打开 UserEdit 类的"源"窗口，在类体的成员变量声明处定义下列对象和变量：

```
public SchoolCard card;                                    //声明一个校园卡对象
public CardUsers user;                                     //声明一个用户对象
public ArrayList < SchoolCard > cardlist = new  ArrayList < > ();   //校园卡列表
public ArrayList < CardUsers > userlist = new  ArrayList < > ();    //用户列表
public DefaultListModel mc = new DefaultListModel();       //校园卡列表框的数据模型
public DefaultListModel mu = new DefaultListModel();       //用户列表框的数据模型
public DBAccess dbo = new DBAccess();   //声明并创建一个数据库访问操作类的对象
private String sqls;                                       //存储各种 sql 语句的字符串
private int i;                                             //列表框当前行号
private boolean cardState = true;                          //卡状态,默认为可用
```

界面初始化：在"源"窗口的构造方法中加一行代码，调用 maxReaderID() 方法：

```
maxReaderID();      //从数据库读取现有最大卡号,以免与新卡重复
```

maxReaderID() 方法可以从数据库读取现有校园卡的最大编号，并在起始卡号框中显示出当前最大卡号，代码清单如下：

```
public final void maxReaderID()                           //从数据库读取最大校园卡编号
{
    sqls = "select top 1 CardNo from SchoolCard order by CardNo desc";
    dbo. dbOperation(sqls,0);
    try {
        while(dbo. rs. next()){                            //查到记录时
            SchoolCard. nextCardNo = dbo. rs. getInt(1);   //获得最大卡号
        }
    }
    catch (SQLException es){
        System. out. println(es);
    }
    dbo. dbclose();
    /* 设置起始卡号框显示数据库当前最大卡号 */
    jtxtStartNo. setText(String. valueOf(SchoolCard. nextCardNo));
    card = new SchoolCard();                               //以现有最大卡号为起点,继续创建新卡
}
```

"卡号"文本框代码：为避免卡号重复或输入错误，当卡号文本框获得系统光标时，会自动在现有卡号基础上 +1，以节省输入时间，如图 5 – 30 所示。

"卡可用"复选框代码：当单复选框勾选上时，表示卡处于可用状态，否则卡不可用。为节省办理新卡时的操作时间，初始状态默认为可用，如图 5 – 31 所示。

校园卡列表框代码：在列表框的选择事件中，获取当前被选中的行号并赋值给变量 i，代码如图 5 – 32 所示。

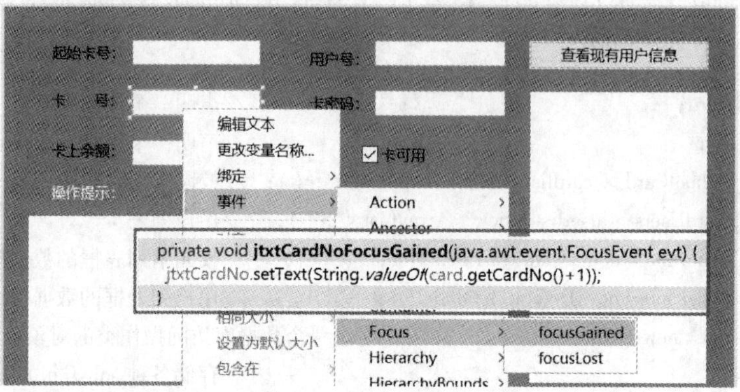

图 5-30 校园卡界面"卡号"文本框的得到焦点事件响应代码

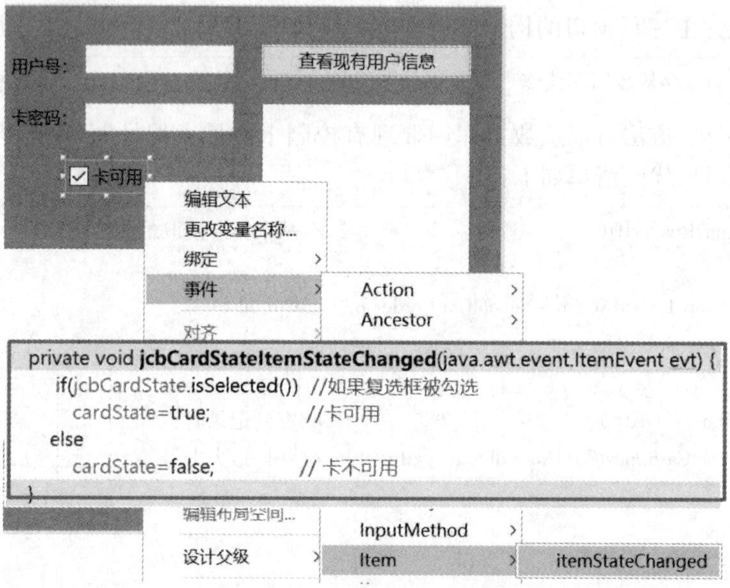

图 5-31 校园卡界面"卡可用"复选框的状态改变事件响应代码

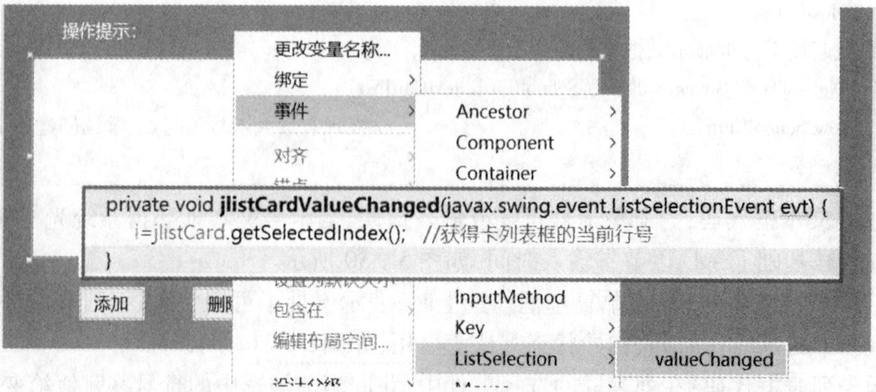

图 5-32 校园卡列表框的选择事件响应代码

"查看现有用户信息"按钮代码: 为了减轻校园卡信息管理时的录入工作量且保障系统信息的一致性,设计了"查看现有用户信息"按钮,单击该按钮可以列出数据库中现有用户信息,选中列表框中某行,则该行的用户号、密码自动出现在界面上左侧对应的文本框中,无须输入。代码清单如下:

```
private void jbtnShowUsersActionPerformed(java.awt.event.ActionEvent evt){
    getUserFromDB();                          //从数据库读取现有用户信息
    mu.removeAllElements();                   //清空列表框现有数据
    mu.addElement("用户编号 |  姓名 | 密码  ");  //为列表框第一行加标头
    /*将用户表中所有的户号、姓名、密码逐行加入数据模型*/
    for(int j = 0; j < userlist.size(); j++){
        mu.addElement(userlist.get(j).getUserID() + "|"
            + userlist.get(j).getUserName() + "|" + userlist.get(j).getUserPwd());
    }
    jlistUsers.setModel(mu);                   //将列表框数据设置为 userlist
}
```

上述代码中出现的 getUserFromDB() 方法,用来从数据库中读取现有用户信息,并将其添加到用户列表中,代码清单如下:

```
public void getUserFromDB(){              //从数据库读取现有用户信息
    userlist.clear();
    sqls = "select * from CardUsers";
    dbo.dbOperation(sqls,0);              //从数据库查找记录
    try{
        while(dbo.rs.next()){            //遍历数据库中的记录
            try{
                user = new CardUsers(dbo.rs.getString(1),
                    dbo.rs.getString(2),dbo.rs.getString(3),
                    dbo.rs.getString(4),dbo.rs.getString(5));
            }
            catch(PwdShortException e){}
            userlist.add(user);          //将对象 user 加入顺序表 userlist 中
        }
    }
    catch(SQLException e){}
    dbo.dbclose();
}
```

用户列表框代码: 在列表框的选择事件响应方法中,首先获取列表框所选中的当前行,通过字符串解析器,以"|"为分隔符,将列表框中的字符串分段解析并显示到界面左侧对应的文本框中,其中第 1 个字符串为用户号、第 3 个字符串为密码,以实现高效、准确的自动输入,如图 5 - 33 所示。

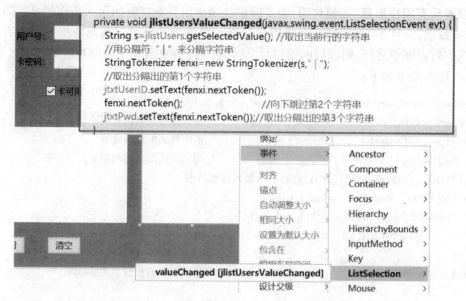

图 5 – 33　用户列表框的选择事件响应代码

"添加"按钮代码：

```
private void jbtnAddActionPerformed( java. awt. event. ActionEvent evt) {
    CheckValidate ck = new CheckValidate( jtxtUserID) ;           //创建检查文本框信息的对象
    if( ck. check(1)) {                                           //判断是否为合法数字
        String uid = jtxtUserID. getText( ) ;                    //获取用户编号文本框内
        String upwd = jtxtPwd. getText( ) ;                      //获取密码框内容
        card = new SchoolCard( uid , upwd) ;                     //新建一个校园卡对象
        card. setState( cardState) ;
        card. balance = Double. parseDouble( jtxtBalance. getText( )) ;
        cardlist. add( card) ;                                   //将对象 card 加入顺序表 cardlist 中
        mc. addElement( card) ;                                  //将对象 card 添加到数据模型中
        jlistCard. setModel( mc) ;                               //列表框数据源设置为 cardlist
        sqls = "insert into SchoolCard values( " + card. getCardNo( ) + ",'" + uid + "','" + upwd + "'," +
        card. getBalance( ) + "," + card. getCardState( ) + ")" ;  //插入记录的 SQL
        dbo. dbOperation( sqls ,2) ;                             //调用方法把记录插入数据库
        jlbNote. setText( dbo. notes) ;                          //显示操作提示信息
    }
}
```

"删除"按钮代码：单击"删除"按钮，可以删除已经添加的某条记录。"删除"按钮的代码如下：

```
private void jbtnDeleteActionPerformed( java. awt. event. ActionEvent evt) {
    int cno = cardlist. get( i). cardNo ;
    cardlist. remove( i) ;                     //删除顺序表中当前对象
    mc. removeElementAt( i) ;                   //删除数据模型中的当前行
```

```
        jlistCard. repaint( );                                //列表框刷新
        sqls = "delete from SchoolCard where CardNo = " + cno; //删除记录的 SQL
        dbo. dbOperation( sqls,3);                           //调用方法从数据库删除记录
        jlbNote. setText( dbo. notes);
    }
```

"查询"按钮代码: 可以根据卡号输入框中输入的待查询卡号,查出数据库中现有校园卡的信息。查询语句采用了支持指定基础卡号的格式,根据查询出来的信息逐个创建校园卡对象,并显示在下面的列表框中,以便办理新卡时掌握现有用户已拥有校园卡情况。代码清单如下:

```
private void jbtnSearchActionPerformed( java. awt. event. ActionEvent evt) {
    mc. removeAllElements( );                              //先清空数据模型中的元素
    int cno = Integer. parseInt( jtxtCardNo. getText( ));    //获取待查询的卡号
    sqls = "select * from SchoolCard where CardNo > = " + cno; //支持模糊查询
    dbo. dbOperation( sqls,0);                            //从数据库查找记录
    try{
        while( dbo. rs. next( )){                          //遍历数据库中的记录
            try{
                /* 以用户号、密码创建校园卡对象 */
                card = new SchoolCard( dbo. rs. getString(2),dbo. rs. getString(3));
                card. cardNo = dbo. rs. getInt(1);         //设置卡号
                card. deposit( dbo. rs. getDouble(4));     //设置卡上余额
                card. setState( dbo. rs. getBoolean(5));   //设置卡状态
            } catch( UseStateException e){}
            mc. addElement( card);                        //将对象 card 加入数据模型 mc 中
            cardlist. add( card);                         //将对象 card 加入顺序表 cardlist 中
        }
    } catch( SQLException e){}
    dbo. dbclose( );                                      //关闭数据库连接
    jlbNote. setText( dbo. notes);
}
```

"清空"按钮代码: 单击该按钮可以清空界面上各个文本框及列表框中的现有信息,但不清空数据库中的信息。代码清单如下:

```
private void jbtnResetActionPerformed( java. awt. event. ActionEvent evt) {
    jtxtUserID. setText( "");                             //清空用户编号框内容
    jtxtCardNo. setText( "");                             //清空卡号框内容
    jtxtPwd. setText( "");                                //清空密码框内容
    jcbCardState. setSelected( false);                   //卡可用复选框不被勾选
    cardlist. clear( );
    mc. removeAllElements( );                             //清空数据模型中的数据
    jlistCard. repaint( );                               //列表框刷新
```

```
    maxReaderID();                    //重新获取数据库中当前最大编号
}
```

代码全部编写完成后,测试校园卡信息录入图形界面的运行情况,如图 5 - 34 所示。

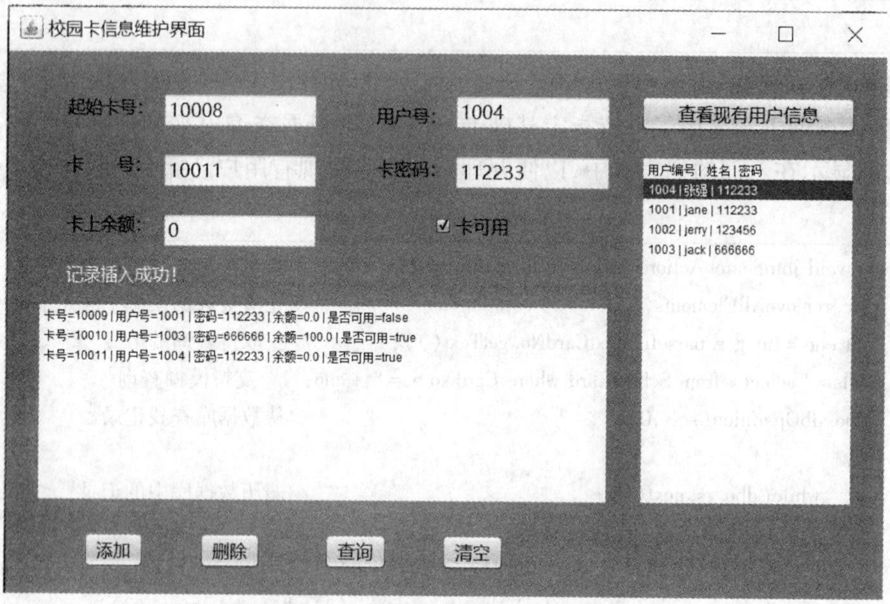

图 5 - 34   校园卡信息管理界面的运行结果

(3)校园卡日常业务管理界面 CardOperation 类的源代码

加载包: 在类头前面加上相关类的导入语句:

```
import cardGUI. SchoolCard;
import cardGUI. UseStateException;
import java. sql. SQLException;
import java. util. ArrayList;
import java. time. LocalDateTime;
import java. time. format. DateTimeFormatter;
import javax. swing. DefaultListModel;
import javax. swing. JOptionPane;
import userGUI. CardUsers;
import userGUI. PwdShortException;
```

变量声明: 打开 UserEdit 类的"源"窗口,在类体的成员变量声明处定义下列对象和变量:

```
public SchoolCard card;                    //校园卡对象
public CardUsers currentuser;              //用户对象
public CardUseRecords record;              //校园卡使用记录对象
public ArrayList < CardUseRecords > uselist = new ArrayList < > ();
```

```
public DefaultListModel mu = new DefaultListModel( );        //创建列表框数据模型;
public DBAccess dbo = new DBAccess( );                       //封装了数据库操作的类
private String sqls;                                         //存储各种 sql 语句的字符串
private boolean cardState = false;                           //初始卡状态变量的值
private double money = 0;                                     //初始操作金额变量的值
private String item = " ";                                   //初始操作名目的值
private String utime;                                        //操作时间
private int cno,cid;                                         //卡号变量,记录流水号变量
private int i = 0;                                           //列表框当前行号
```

界面初始化: 在"源"窗口的构造方法中加两行代码,将构造方法所带参数 cu 赋值给代表当前用户的成员变量 currentuser,并调用 getDataFromDB( )方法,代码如下:

```
public CardOperation( CardUsers cu) {
    initComponents( );
    currentuser = cu;
    getDataFromDB( );        //如当前用户为普通用户,则获取其校园卡信息
    maxRecordID( );          //获得卡使用记录表中当前最大记录号
}
```

如当前用户为普通用户,getDataFromDB ( )方法可以从数据库读取当前用户的校园卡相关信息,否则不进行校园卡的读取操作。getDataFromDB ( )方法的代码清单如下:

```
public final void getDataFromDB( ) {
    if( currentuser. getUserType( ). equals( "普通用户") ) {
        sqls = " select * from SchoolCard where UserID = '" + currentuser. getUserID( ) + "' and isUsing =
                true";
        dbo. dbOperation( sqls,0);
        try {
            if( dbo. rs. next( ) ) {
                card = new SchoolCard( dbo. rs. getString(2) , dbo. rs. getString(3) );
                card. cardNo = dbo. rs. getInt(1);                         //获得卡号
                card. deposit( dbo. rs. getDouble(4) );                    //获得账号余额
                card. setState( dbo. rs. getBoolean(5) );                  //获得卡的状态
                jtxtUserID. setText( card. getUserID( ) );                 //显示用户号
                jtxtPwd. setText( card. getPassword( ) );                  //显示密码
                jtxtBalance. setText( "" + card. getBalance( ) );          //显示账户余额
                if( card. getCardState( ) )
                    jcbCardState. setSelected( true);                      //显示卡的状态
                else
                    jcbCardState. setSelected( false);
                jtxtCardNo. setText( String. valueOf( card. cardNo) );     //显示卡号
                cno = card. cardNo;
                jtxtCardNo. setEditable( false);                           //设置卡号文本框不可编辑
```

```
            }
        else
            JOptionPane. showMessageDialog( null, "数据库中无可用卡,请先办卡。") ;
        }
    catch( UseStateException | SQLException e){ }
    dbo. dbclose( ) ;
    }
}
```

构造方法中还调用了一个自定义的 maxRecordID( )方法,用来从数据库读取最大操作
记录流水号。代码清单如下:

```
public final void maxRecordID( )
{
    sqls = "select top 1 recordID from CardUseRecords order by recordID desc" ;
    dbo. dbOperation( sqls ,0) ;
    try {
        while( dbo. rs. next( )){          //查到记录时
            cid = dbo. rs. getInt( 1) ;      //获得最大记录号
            jlbNote. setText( "数据库中当前最大记录号 = " + cid) ;
        }
    }
    catch ( SQLException es){ }
    dbo. dbclose( ) ;
}
```

卡号文本框代码:右击卡号文本框,在其动作事件中编写如图 5 - 35 所示的代码,可以
实现在卡号文本框输入卡号,按回车后能自动显示卡的用户号、密码和卡上余额的功能。

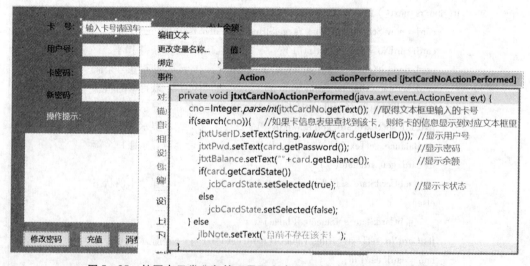

图 5 - 35　校园卡日常业务管理界面上卡号文本框的动作事件响应代码

　　程序中调用了一个自定义的 search(cno)方法,该方法用来查找所输入的卡号是否存在校园卡信息表里,且对应的卡处于可用状态,代码如下:

```java
public boolean search(long no){
    int flag = 0;
    sqls = "select * from SchoolCard where CardNo = " + no + "and isUsing = true";
    dbo. dbOperation(sqls,0);
    try{
        if(dbo. rs. next()){
            card = new SchoolCard(dbo. rs. getString(2), dbo. rs. getString(3));
            card. cardNo = dbo. rs. getInt(1);
            card. deposit(dbo. rs. getDouble(4));
            card. setState(dbo. rs. getBoolean(5));
            flag = 1;
            jlbNote. setText(card. toString());
        }
    }
    catch(UseStateException | SQLException e){}
    dbo. dbclose();
    return flag;
}
```

　　"卡可用"复选框代码:让变量 cardState 与复选框的当前状态一致,当单复选框勾选上时,表示卡处于可用状态,否则卡不可用,默认为未选中,如图 5-36 所示。

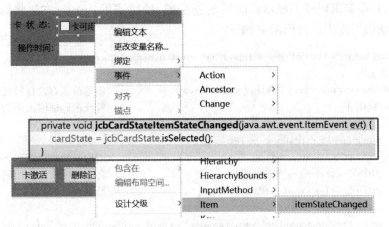

图 5-36　"卡可用"复选框的状态改变事件响应代码

　　操作时间文本框代码:为了自动获取并显示当前操作时间,在文本框的获得焦点事件中调用 getTime()方法,代码如下:

```java
private void jtxtTimeFocusGained(java. awt. event. FocusEvent evt) {
    getTime();
}
```

```
/*封装一个取得系统当前时间的方法*/
public void getTime() {
        LocalDateTime date2 = LocalDateTime. now();              //获取系统当前日期
        DateTimeFormatter df = DateTimeFormatter. ofPattern("yyyy - MM - dd HH:mm:ss");
        jtxtTime. setText(df. format(date2));
    }
```

如果需要修改操作时间,也可以在文本框中手动输入或修改。

操作记录列表框代码:在列表框的选择事件中,获取当前被选中的行号并赋值给变量 i,
代码如图 5 - 37 所示。

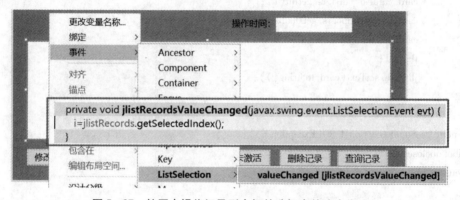

图 5 - 37　校园卡操作记录列表框的选择事件响应代码

"修改密码"按钮代码:首先检查密码框中是否为空,然后调用校园卡的修改密码方法
来修改密码,并在卡密码框中显示修改后的新密码,最后调用 save() 方法将修改密码的操
作记录保存到数据库中。代码清单如下:

```
private void jbtnChangePwdActionPerformed(java. awt. event. ActionEvent evt) {
    item = "改密";
    CheckValidate ck = new CheckValidate(jtxtPwdnew);              //创建输入有效性验证对象
    if(ck. check(0)) {                                             //验证密码框输入不为空
        try {
            String npwd = jtxtPwdnew. getText();
            card. setPassword(npwd);                               //调用卡的修改密码方法
            jtxtPwd. setEchoChar((char)0);                         //将密码框恢复为明码显示
            jtxtPwd. setText(card. getPassword());                 //显示改后的密码
            money = 0;
            sqls = "update SchoolCard set password = '" + card. getPassword() + "' wherecardNo = " + cno;
            save(sqls);                                            //将操作记录保存到数据库
        } catch(UseStateException | PwdShortException e) {}}       /*如果卡已挂失,或者密码长度不够,执
            行时抛出卡此异常*/
    }
}
```

　　保存操作记录的代码:封装了一个保存记录的 save(String sql)方法,该方法首先自动获取各项操作的时间,然后创建操作记录对象并存储到顺序表 uselist 中,同时在列表框中显示操作信息并更新卡上余额文本框的数字,最后把操作记录保存到数据库中。代码如下:

```
/* 封装一个保存操作记录的方法 */
public void save(String sql){
        cid ++;                                              //记录流水号 +1
        getTime();
        utime = jtxtTime.getText();                          //操作时间
        record = new CardUseRecords(cid,cno,item,money,utime); //新建一个卡使用记录对象
        uselist.add(record);                                 //将对象 record 加入数组 uselist 中
        mu.addElement(record);                               //将记录加入数据模型
        jlistRecords.setModel(mu);                           //列表框数据设置为 mu
        jtxtBalance.setText(""+ card.getBalance());          //将卡上余额显示出来
        dbo.dbOperation(sql,1);                              //更新数据库记录
        sqls = "insert into CardUseRecords values("+ cid +","+ cno +",'"+ item +"','"+ money +"','"+
                utime +"')";
        dbo.dbOperation(sqls,2);                             //记录插入数据库
        jlbNote.setText(dbo.notes);
}
```

　　"充值"按钮代码:首先检查充值框中是否为合法的数值,然后调用校园卡的充值方法来修改余额,并在余额框中显示充值后的结果,最后调用 save()方法将充值记录保存到数据库中。代码清单如下:

```
private void jbtnDepositActionPerformed(java.awt.event.ActionEvent evt) {
    item = "充值";
    CheckValidate ck = new CheckValidate(jtxtDeposit);       //验证充值框输入内容
    if(ck.check(1)){
        try{
            money = Double.valueOf(jtxtDeposit.getText());
            card.deposit(money);                             //调用校园卡的充值方法
            sqls = "update SchoolCard set balance = "+ card.getBalance()+"where cardNo = "+ cno;
            save(sqls);                                      //将操作记录保存到数据库
        } catch(UseStateException e){}                       //如果卡已挂失,执行时抛出此异常
    }
}
```

　　"消费"按钮代码:首先检查消费框中是否为合法的数值,然后调用校园卡的消费方法来修改余额,并在余额框中显示消费后的结果,最后调用 save()方法将消费记录保存到数据库中。代码清单如下:

```
private void jbtnConsumeActionPerformed( java. awt. event. ActionEvent evt) {
    item = "消费";
    CheckValidate ck = new CheckValidate( jtxtConsume);    //验证消费框输入内容
    if( ck. check( 1)) {
        try {
            if( card. consume( money))                //调用卡的消费方法
            {
                sqls = "update SchoolCard set balance = " + card. getBalance( ) + "where cardNo = " + cno;
                save( sqls);                          //将操作记录保存到数据库
            }
        } catch( UseStateException e) { }              //如果卡已挂失,执行时抛出卡此异常
    }
}
```

"卡挂失"按钮代码:先调用校园卡的状态设置方法,将卡状态设置为 false,并将界面上 "卡可用"复选框前面的勾选去掉,最后调用 save( )方法将卡挂失的操作记录保存到数据库 中。代码清单如下:

```
private void jbtnLostCardActionPerformed( java. awt. event. ActionEvent evt) {
        item = "挂失";
        money = 0;
        card. setState( false);                       //将卡状态设为 false
        jcbCardState. setSelected( false);            //将显示状态的复选框去勾
        sqls = "update SchoolCard set isUsing = false where cardNo = " + cno;
        save( sqls);                                  //将操作记录保存到数据库
    }
```

"卡激活"按钮代码:先调用校园卡的状态设置方法,将卡状态设置为 true,并勾选"卡 可用"复选框,最后调用 save( )方法将卡激活的操作记录保存到数据库中。代码清单如下:

```
private void jbtnReuseCardActionPerformed( java. awt. event. ActionEvent evt) {
    item = "激活";
    money = 0;
    card. setState( true);                            //将卡状态设为 true
    jcbCardState. setSelected( true);                 //将显示状态的复选框勾上
    sqls = "update SchoolCard set isUsing = true where cardNo = " + cno;
    save( sqls);                                      //将操作记录保存到数据库
}
```

"删除记录"按钮代码:将列表框中选定的记录从数据库中删除,同时刷新列表框的显 示内容,该操作不保存到数据库中。代码如下:

```
private void jbtnDeleteActionPerformed( java. awt. event. ActionEvent evt)  {
    sqls = "delete from CardUseRecords wherere cordID = " + uselist. get( i). getRecordID( );
    dbo. dbOperation( sqls ,3) ;        //删除数据库中记录
    jlbNote. setText( dbo. notes ) ;
    uselist. remove( i) ;               //删除顺序表的元素
    mu. removeElementAt( i) ;           //删除当前行
    jlistRecords. repaint( ) ;          //列表框刷新
}
```

"查询记录"按钮代码:首先清空列表框中现有记录,然后获取待查的卡号,用 select 语句从数据库中查询出该卡号相关的所有操作记录,逐个添加到列表框的数据模型中,最后刷新列表框的显示内容。该操作无须保存到数据库中,代码如下:

```
private void jbtnSearchActionPerformed( java. awt. event. ActionEvent evt)  {
    cno = Integer. parseInt( jtxtCardNo. getText( ). trim( )) ;   //获取待查的卡号
    int flag = 0;
    mu. removeAllElements( ) ;                                   //清空数据模型中的记录
    sqls = "select * from CardUseRecords where cardNo = " + cno;
    dbo. dbOperation( sqls ,0) ;                                 //从数据库中查询记录
    try {
        while ( dbo. rs. next( )) {                              //遍历数据库中的记录
            record = new CardUseRecords( dbo. rs. getInt( 1) , dbo. rs. getInt( 2) , dbo. rs. getString( 3) ,
            dbo. rs. getDouble( 4) , dbo. rs. getString( 5). substring( 0 ,19)) ;
            uselist. add( record) ;                              //将对象 record 逐个插入使用记录表
            mu. addElement( record) ;                            //将对象 record 逐个加入数据模型
            flag = 1;
        }
    } catch( SQLException e) { }
    dbo. dbclose( ) ;
    if( flag = = 0)
        jlbNote. setText( "没有查该卡的使用信息!") ;
    jlistRecords. setModel( mu) ;                                //列表框数据设置为 mu
}
```

设计完成后,用管理员和普通用户身份登录测试,运行结果分别如图 5 - 38a、图 5 - 38b 所示。

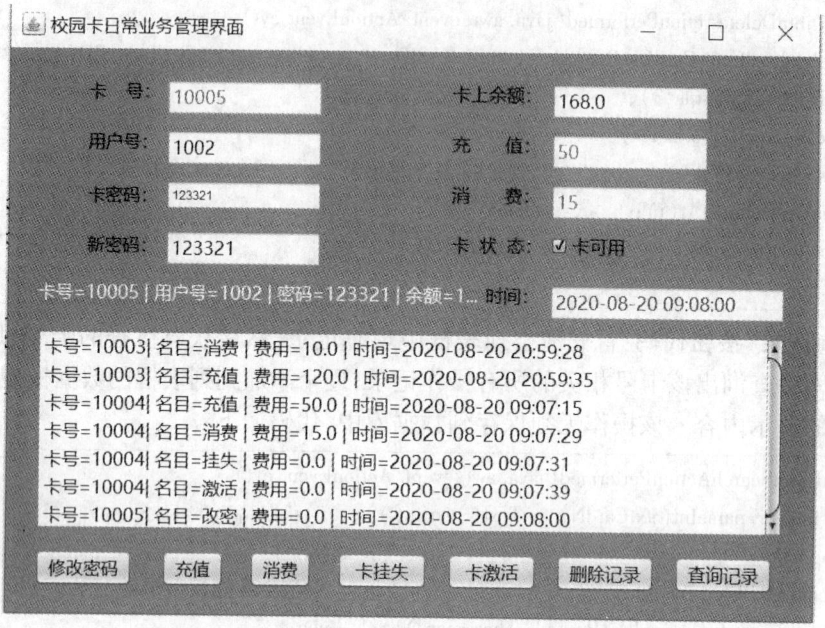

图 5‑38a　校园卡日常业务管理类 CardOperation 的运行效果——管理员

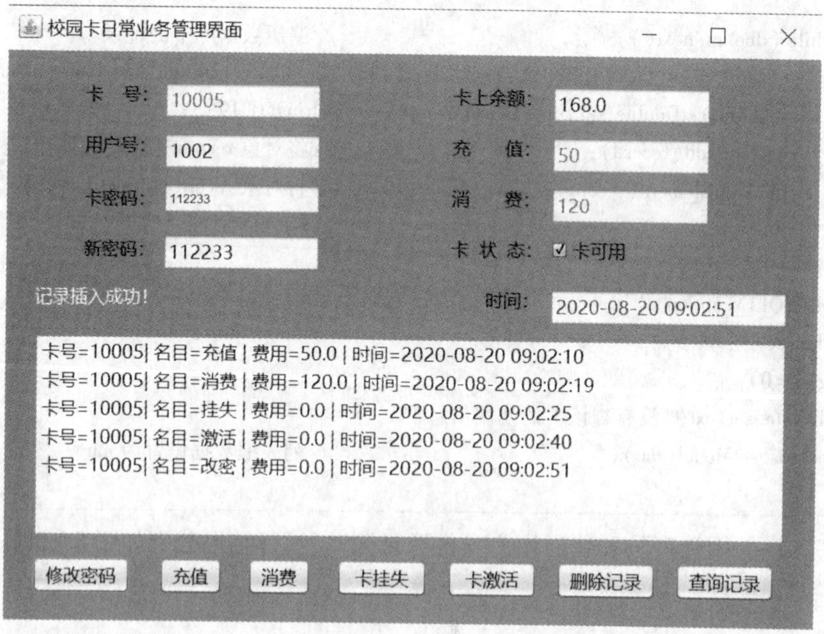

图 5‑38b　校园卡日常业务管理类 CardOperation 的运行效果——普通用户

（4）用户查询界面 SearchUser 类的源代码

加载包：需要加载下面 3 个类：

```
import java. sql. SQLException;
import javax. swing. DefaultListModel;
import operationGUI. DBAccess;
```

变量声明：用户查询界面的成员变量定义如下：

```
public CardUsers user;                                //查询到的用户
public CardUsers currentuser;                         //当前用户
public DefaultListModel mc = new DefaultListModel( );  //列表框的数据模型
public DBAccess dbo = new DBAccess( );                 //数据库访问操作的类
private String sqls;                                   //存储各种 sql 语句的字符串
private String uid,uname;                              //定义查询变量
private int flag = 0;                                  //查找标记
```

构造方法：用户查询界面的构造方法需要采用传递过来的当前用户对象作为参数，以便根据角色实现不同的操作权限。代码如下：

```
public SearchUser( CardUsers cu) {
    initComponents( );
    currentuser = cu;
    importData( );
}
```

构造方法中调用的 importData( )方法，会根据用户身份来加载当前用户的基本信息，对普通用户仅可以直接看自己的信息，不支持在文本框中输入账号或姓名来查询其他用户。代码如下：

```
public final void importData( ) {
    if( currentuser. getUserType( ). equals("普通用户")) {
        jtxtUserID. setText( currentuser. getUserID( ));
        jtxtUserName. setText( currentuser. getUserName( ));
        jtxtUserID. setEditable( false);       //用户编号文本框设为不可编辑
        jtxtUserName. setEditable( false);     //用户姓名文本框设为不可编辑
    }
}
```

"按编号查询"按钮代码：支持按用户编号模糊查询，可以根据输入的用户号，从数据库中查出符合条件的所有用户。代码如下：

```
private void jbtnSearchByIDActionPerformed( java. awt. event. ActionEvent evt) {
    uid = jtxtUserID. getText( ). trim( );
    flag = 0;
    sqls = " select * from CardUsers where UserID like '% " + uid + " % '";
    dbo. dbOperation( sqls ,0);
    outputdata( );
}
```

"按姓名查询"按钮代码:支持按姓名模糊查询,可以根据输入的用户姓名,从数据库中查出符合条件的所有用户。代码如下:

```
private void jbtnSearchByNameActionPerformed( java. awt. event. ActionEvent evt) {
    uname = jtxtUserName. getText( ). trim( );
    flag = 0;
    sqls = " select * from CardUsers where UserName like '% " + uname + " '% '";
    dbo. dbOperation( sqls ,0);
    outputdata( );
}
```

两个查询按钮中都调用的 outputdata( )方法,是用来将查到的信息输出到列表框中显示出来。代码如下:

```
public void outputdata( ) {
    mc. clear( );                      //先清空数据模型
    try {
        while( dbo. rs. next( ) ) {     //遍历数据库中的记录
            try {
                user = new CardUsers( dbo. rs. getString(1) , dbo. rs. getString(2) , dbo. rs. getString
                    (3) , dbo. rs. getString(4) , dbo. rs. getString(5) );
                mc. addElement( user. toString( ) );
                flag = 1;
            }
            catch( PwdShortException e) { }
        }
        jlbResult. setText( "用户的信息如下:");
        jlistUser. setModel( mc );       //列表框数据设置为 mc
    }
    catch( SQLException e) { }
    dbo. dbclose( );
    if( flag = = 0)
        jlbResult. setText( "没有找到需要的用户!");
    jlistUser. repaint( );              //列表框刷新
}
```

用户查询界面的测试运行结果如图 5-39 所示，左图为管理员的查询界面，输入用户编号或者用户姓名都可以查询；右图为普通用户的查询界面，默认为当前用户号和姓名，只可以查询当前用户信息，不可以输入其他用户号或姓名。

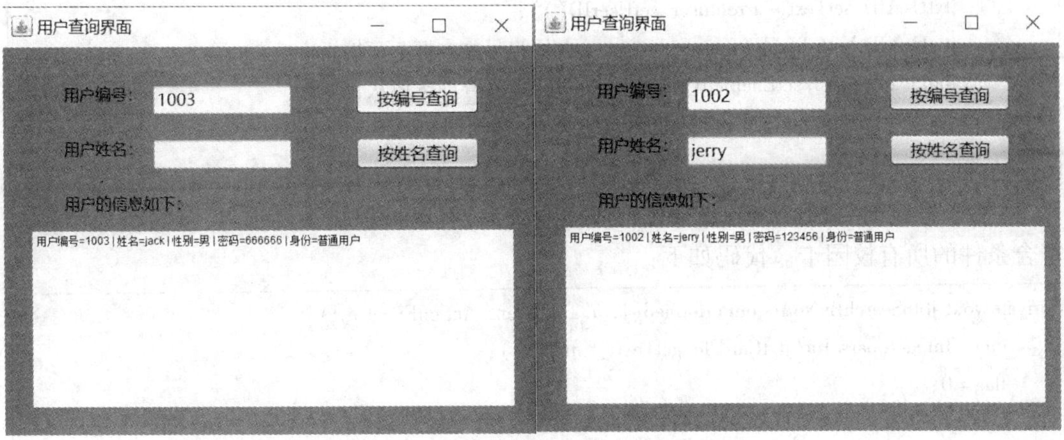

图 5-39　用户查询界面的运行效果

（5）校园卡查询界面 SearchCard 类的源代码

加载包：需要加载下面 4 个类：

```java
import java. sql. SQLException;
import javax. swing. DefaultListModel;
import operationGUI. DBAccess;
import userGUI. * ;
```

变量声明：校园卡查询界面的成员变量定义如下：

```java
public SchoolCard card;                                    //校园卡
public CardUsers currentuser;                              //当前用户
public DBAccess dbo = new DBAccess( );                     //数据库访问操作的类
public DefaultListModel mc = new DefaultListModel( );      //列表框的数据模型
private String sqls;                                        //存储各种 sql 语句的字符串
privateint cno;                                            //卡号
private String uid;                                        //用户号
private int flag = 0;                                       //查找标记
```

构造方法：校园卡查询界面的构造方法也需要采用传递过来的当前用户对象作为参数，以便根据角色实现不同的操作权限。代码如下：

```java
public SearchCard( CardUsers cu) {
    initComponents( );
    currentuser = cu;
    importData( );
}
```

构造方法中调用的 importData( )方法，对普通用户仅可以看自己的用户号，不支持输入

用户号来查询其他用户,也不支持在文本框中输入卡号来查询校园卡信息。代码如下:

```
public final void importData( ) {        //加载原始卡信息
    if( currentuser. getUserType( ). equals( "普通用户" ) ) {
        jtxtUserID. setText( currentuser. getUserID( ) );
        jtxtUserID. setEditable( false );        //用户号文本框不可编辑
        jbtnSearchByNo. setEnabled( false );        //按卡号查询按钮灰化
    }
}
```

"按卡号查询"按钮代码:支持按卡号模糊查询,可以根据输入的卡号,从数据库中查出符合条件的所有校园卡。代码如下:

```
private void jbtnSearchByNoActionPerformed( java. awt. event. ActionEvent evt) {
    cno = Integer. parseInt( jtxtCardNo. getText( ). trim( ) );
    flag = 0;
    sqls = " select * from SchoolCard where CardNo like % " + cno + " % ";
    dbo. dbOperation( sqls,0 );
    outputdata( );
}
```

"按用户号查询"按钮代码:支持按用户号模糊查询,可以根据输入的用户号,从数据库中查出符合条件的所有校园卡。代码如下:

```
private void jbtnSearchByUidActionPerformed( java. awt. event. ActionEvent evt) {
    uid = jtxtUserID. getText( );
    flag = 0;
    sqls = " select * from SchoolCard where UserID like '% " + uid + " %'";
    dbo. dbOperation( sqls,0 );
    outputdata( );
}
```

两个查询按钮中都调用的 outputdata( )方法,是用来将查到的信息输出到列表框中显示出来。代码如下:

```
public void outputdata( ) {
    mc. clear( );                                //先清空数据模型
    try {
            while( dbo. rs. next( ) ) {                //遍历数据库中的记录
                try {
                    card = new SchoolCard( dbo. rs. getString( 2 ),dbo. rs. getString( 3 ) );
                    card. cardNo = dbo. rs. getInt( 1 );
                    card. deposit( dbo. rs. getDouble( 4 ) );    //用此方法设置卡上余额
                    card. setState( dbo. rs. getBoolean( 5 ) ); //将卡状态还原为本来状态
                    mc. addElement( card. toString( ) );
```

```
                    flag = 1；
                }
            catch( UseStateException e){}
        }
        jlbResult. setText("卡的信息如下：")；
        jlistCard. setModel(mc)；                //列表框数据设置为 cardlist
    }
    catch( SQLException e){}
    dbo. dbclose( )；
    if( flag = = 0)
        jlbResult. setText("没有找到需要的卡！")；
    jlistCard. repaint( )；                      //列表框刷新
}
```

校园卡查询界面测试运行结果如图 5 - 40a 和图 5 - 40b 所示，其中图 5 - 40a 为管理员的查询界面，输入卡号或者用户号都可以查询相关校园卡；图 5 - 40b 为普通用户的查询界面，默认为当前用户号，且不可以输入其他用户号查询。

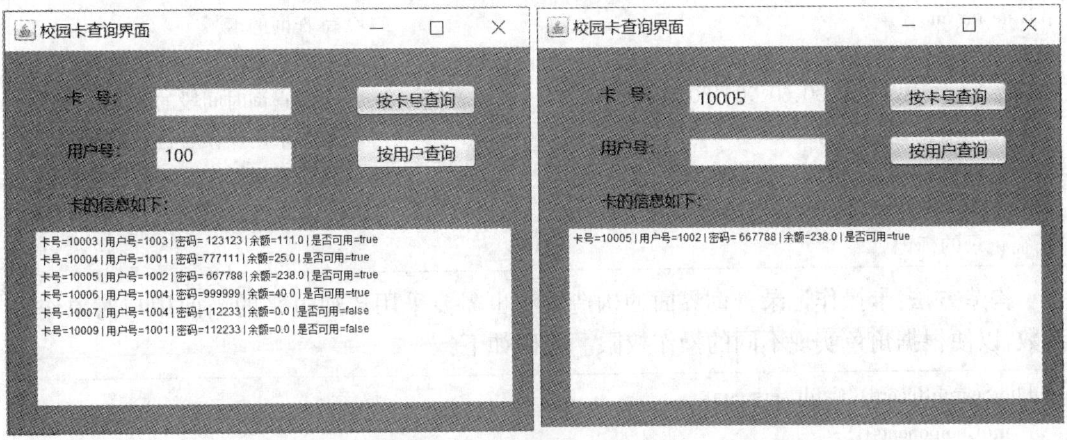

图 5 - 40a　校园卡查询界面的的运行效果——管理员

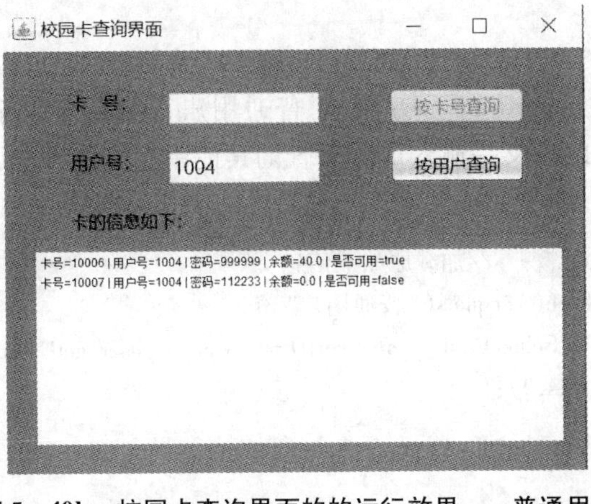

图 5 - 40b　校园卡查询界面的的运行效果——普通用户

（6）卡操作记录查询界面 SearchRecord 类的源代码

加载包：由于采用表格显示，并涉及日期时间处理，本类需要加载下面 7 个类：

```
import javax. swing. table. DefaultTableModel;
import java. sql. SQLException;
import java. text. ParseException;
import java. text. SimpleDateFormat;
import java. util. ArrayList;
import java. util. Date;
import userGUI. CardUsers;
```

变量声明：卡操作记录查询界面的成员变量较多，定义如下：

```
public CardUsers currentuser;
public CardUseRecords record;                                //存储卡操作记录的临时对象
public DBAccess dbo = new DBAccess( );                       //数据库访问操作类的对象
public String sqls;                                          //存储各种 sql 语句的字符串
public ArrayList < CardUseRecords > templist = new ArrayList < >( );  //存储查到的记录信息表
public DefaultTableModel recordModel;                        //表格的数据模型
private int cno;                                             //待查询的卡号
private String[ ] sitems = new String[6];                    //存储查询名目字符串的数组
private int[ ] days = {0,30,60,90,180,365};                  //存储查询时间段的数组
private int i = 0, flagi = 0;                                //是否采用操作名目条件的标记
private int t = 0, flagt = 0;                                //是否采用操作时间条件的标记
private int stime = 0, flag = 0;                             //存储查询时间的变量、是否查到
所需记录的标记
```

构造方法：卡操作记录查询界面的构造方法也需要采用传递过来的当前用户对象作为参数，以便根据角色实现不同的操作权限。代码如下：

```
public SearchRecords( CardUsers cu) {
    initComponents( );
    currentuser = cu;
    importData( );
}
```

构造方法中调用的 importData( )方法，对普通用户直接在卡号输入框显示自己的校园卡号，且不可再编辑，因此不支持输入卡号来查询其他用户。该方法还实现了对表格的外观进行初始化的功能，代码如下：

```
public final void importData( ) {      //加载原始卡信息
    if( currentuser. getUserType( ). equals( "普通用户")) {
        sqls = "select * from SchoolCard where UserID = '" + currentuser. getUserID( ) + "'";
        dbo. dbOperation( sqls,0);
        try {
```

```
        while( dbo. rs. next( ) ) {                              //遍历数据库中的记录
            jtxtCardNo. setText( String. valueOf( dbo. rs. getInt( 1 ) ) );
            jtxtCardNo. setEditable( false );
        }
    }
    catch( SQLException e) { }
    dbo. dbclose( );
}
    String[ ] columnNames = {"卡号","操作名目","费用","操作时间"};   //表格列名
    String[ ][ ] data0 = new String[ 0 ][ 0 ];                    //表格数据源,初始化为空白
    recordModel = new DefaultTableModel( data0,columnNames);      //表格的默认数据模型
}
```

"操作项目"组合框代码: 首先设置组合框的 model 属性值,在组合框模型编辑器中,将操作项目的名称输入在对话框中并确定,如图 5 - 41a 所示。

图 5 - 41a　"操作项目"组合框的 model 属性设置

再次右击组合框,在选项状态改变方法中编写选项事件响应代码,如图 5－41b 所示。

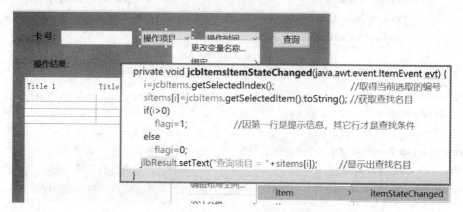

图 5－41b "操作项目"组合框的选项事件响应代码

"操作时间"组合框代码:先设置操作时间组合框的 model 属性值为"操作时间,1 个月, 2 个月,3 个月,6 个月,12 个月",然后编写选项事件响应代码。代码如下:

```java
private void jcbTimeItemStateChanged( java. awt. event. ItemEvent evt) {
    t = jcbTime. getSelectedIndex( );                    //取得当前选取的编号
    stime = days[ t] ;                                   //获取查找时间
    if( t > 0)
        flagt = 1 ;                                      //因第一行是提示信息,其他行才是查找条件
    else
        flagt = 0 ;
        jlbResult. setText( "查询时间: <    " + days[ t] ) ;   //显示出查找时间范围
}
```

"查询"按钮代码:首先检查卡号框输入是否有效,然后根据操作项目与操作时间组合框的选项内容,调用相应的带不同参数的查询方法。代码清单如下:

```java
private void jbtnSearchActionPerformed( java. awt. event. ActionEvent evt) {
    CheckValidate ck = new CheckValidate( jtxtCardNo) ;   //检查卡号框输入
    if( ck. check( 1) ) {                                 //如果卡号框输入的是有效数字
        cno = Integer. parseInt( jtxtCardNo. getText( ). trim( ) ) ;
        templist. clear( ) ;                              //先清空存储查询结果的顺序表
        if( flagi = = 0 && flagt = = 0)                   //仅按卡号查
            searchByCno( cno) ;
        else if( flagi = = 1 && flagt = = 0)              //按卡号和操作项目联合查
            searchByCnoItem( cno, sitems[ i] ) ;
        else if( flagi = = 1 && flagt = = 1)              //按卡号、操作项目和时间联合查
            searchByCnoItemTime( cno, sitems[ i] , stime) ;
        else if( flagi = = 0 && flagt = = 1)              //按卡号和操作时间联合查
            searchByCnoTime( cno, stime) ;
```

```
        outputData();                              //输出查找结果
    }
}
```

根据查找条件不同,分别编写了按"卡号""卡号 + 项目""卡号 + 时间""卡号 + 项目 +
时间"共 4 种联合查找方法,代码如下:

```
public void searchByCno(long cno){                        //仅卡号查询
    flag = 0;
    sqls = "select * from CardUseRecords where CardNo = " + cno;
    dbo.dbOperation(sqls,0);
    getDataFromDB();
}
public void searchByCnoItem(long cno,String item){        //卡号 + 项目联合查询
    flag = 0;
    sqls = "select * from CardUseRecords where CardNo = " + cno + " and UseItems = '" + item + "'";
    dbo.dbOperation(sqls,0);
    getDataFromDB();
}
public void searchByCnoTime(long cno,int time){           //卡号 + 时间联合查询
    flag = 0;
    Date ftime = settime(time);                           //计算时间范围
    sqls = "select * from CardUseRecords where CardNo = " + cno + "and UseTime > " + ftime;
    dbo.dbOperation(sqls,0);
    getDataFromDB();
}
public void searchByCnoItemTime(long cno,String item,int time){//卡号 + 项目 + 时间联合查询
    flag = 0;
    Date ftime = settime(time);                           //计算时间范围
    sqls = "select * from CardUseRecords where CardNo = " + cno + " and UseItems = '" + item + "' and
UseTime > " + ftime;
    dbo.dbOperation(sqls,0);
    getDataFromDB();                                      //从数据库查询记录
}
```

以上程序中调用了自定义的 settime()方法,用来计算两个时间之差,代码如下:

```
public Date settime(int tm){   //计算操作记录的时间与当前系统时间之差
    Date date1 = null;
    Date date2 = new Date();
    String x = String.valueOf(date2.getTime()/86400000 - tm);
    try{
        date1 = new SimpleDateFormat("yyyy - MM - ddHH:mm:ss").parse(x);
```

```
            } catch (ParseException ex) { }
        return date1;
    }
```

上面各个查询方法中均调用了自定义的 getDataFromDB() 方法,用来将数据库中查询出来的记录生成卡操作记录对象 record,逐个存储到顺序表 templist 中,并通过 outputData() 方法把全部结果输出到表格中。代码清单如下:

```
public void getDataFromDB() {                    //从数据库查询记录
    templist.clear();
    try {
        while(dbo.rs.next()) {                    //遍历数据库中的记录
            record = new CardUseRecords(dbo.rs.getInt(1), dbo.rs.getString(2), dbo.rs.getDouble(3),
                dbo.rs.getString(4).substring(0,19));
            templist.add(record);
            flag = 1;
        }
    } catch(SQLException e) { }
    dbo.dbclose();
    outputData();                                //将查询结果输出到表格中
}
```

上面调用的 outputData() 方法用来将查询结果输出到格式化的表格中,代码如下:

```
public void outputData() {                        //将查找结果输出到下方的表格里显示出来
    int k = 0;
    if(flag = = 1) {
        jlbResult.setText("卡的操作记录如下:");
        reset();                                  //清空表格中现有记录
        while(k < templist.size()) {
            record = templist.get(k);
            Object[] data = new Object[4];        //创建一个长度为4的对象数组
            data[0] = record.getCardNo();
            data[1] = record.getUseItems();
            data[2] = record.getMoney();
            data[3] = record.getUseTime();
            recordModel.addRow(data);             //将信息表中的对象逐行追加到数据模型中
            k ++;
        }
        jtbRecords.setModel(recordModel);
                                                  //将表格第4列宽度调整到150
        jtbRecords.getTableHeader().getColumnModel().getColumn(3).setPreferredWidth(150);
    }
    else
```

```
        jlbResult. setText("没有找到该卡的使用记录!");
}
```

此外,还封装了清空表格数据的方法,代码如下:

```
public void reset( ) {        //逐行删除表格数据模型中的数据
    for ( int index = recordModel. getRowCount( ) - 1; index > = 0; index -- ) {
        recordModel. removeRow( index);
    }
}
```

校园卡操作记录查询类的测试运行结果如图 5 - 42a、图 5 - 42b 所示。

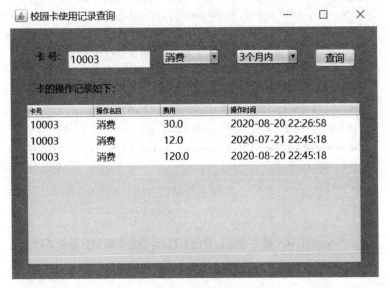

图 5 - 42a　校园卡操作记录查询界面的运行效果——单条件查询

图 5 - 42b　校园卡操作记录查询界面的运行效果——联合查询

（7）系统用户登录界面 Login 类的源代码

加载包：需要加载下面 3 个类：

```
import operationGUI. DBAccess;
import java. sql. SQLException;
import operationGUI. SchoolCardMainGUI;
```

变量声明：用户登录界面的成员变量定义如下：

```
public CardUsers currentuser;              //存储当前系统用户的对象
public DBAccess dbo = new DBAccess( );     //定义一个数据库操作类的对象
private String sql;                        //存储数据库操作命令的字符串
private String chtype;                     //存储用户身份的字符串
```

"确定"按钮代码：首先根据单选钮的状态判断当前用户身份,再从数据库中查询出所有用户,对用户输入的账号、密码、身份进行一致性验证,验证通过则创建并显示应用程序的主窗口,同时关闭当前登录窗口;如果身份验证不一致,则提示"账号、密码、身份不符,请检查所输信息是否正确?"。其代码如下：

```
private void jbtnOKActionPerformed( java. awt. event. ActionEvent evt) {
    if( jrbAdmin. isSelected( ))                           //确定用户身份
        chtype = "普通用户";
    else
        chtype = "管理员";
    sql = " select * from CardUsers";                      //查询所有用户的信息
    dbo. dbOperation( sql,0);                              //对数据库进行查询操作
    try {
        while( dbo. rs. next( )) {
            /* 对用户号、密码、身份进行一致性判断 */
            if( jtxtUserID. getText( ). trim( ). equals( dbo. rs. getString( "UserID"))
                && String. valueOf( jtxtPwd. getPassword( )). equals( dbo. rs. getString( "UserPwd"))
                && chtype. equals( dbo. rs. getString( "UserType"))) {
                { //显示用户名,并新建当前用户对象,存储有关信息便于后期利用
                currentuser = new CardUsers( jtxtUserID. getText( ). trim( ));
                currentuser. setUserType( chtype);
                currentuser. setUserName( db. rs. getString( "UserName"));
                jlbNote. setText( "欢迎你:" + currentuser. getUserName( ) + "!");
                new SchoolCardMainGUI( currentuser). setVisible( true);  //创建主窗口
                this. dispose( );                          //关闭当前界面
                break;
            }
            else
                jlbNote. setText( "账号、密码、身份不符,请检查所输信息是否正确?");
    }
```

```
    } catch (SQLException e) {}
}
```

"退出"按钮代码:该按钮的作用是关闭当前窗口,退出系统运行状态。代码如下:

```
private void jbtnExitActionPerformed(java. awt. event. ActionEvent evt) {
    this. dispose();
    System. exit(0);
}
```

运行登录界面,当账号、密码、身份三者之中有不一致时,测试结果见图 5 - 43。

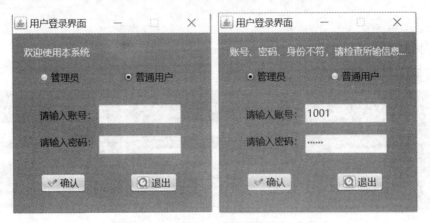

图 5 - 43　用户登录界面类的运行效果

(8) 修改登录密码界面 ChangePwd 类的源代码

加载包:需要加载下面 2 个类:

```
import operationGUI. CheckValidate;
import operationGUI. DBAccess;
```

构造方法:在构造方法中,自动获取当前用户姓名,并通过标签提醒用户密码长度不能少于 6 位。代码如下:

```
public ChangePwd(CardUsers cu) {
    initComponents();
    currentuser = cu;
    jlbNote. setText("友情提醒:" + currentuser. getUserName() + ",密码长度不得少于 6 位。");
}
```

"确定"按钮代码:首先验证密码框中的字符长度不能少于 6,再检查两个密码框中输入的内容是否一致,如果相同,则将新密码更新到数据库中,并提示"密码修改成功!",否则提示"两次输入不一致!",需要重新输入。代码如下:

```
private void jbtnOKActionPerformed(java. awt. event. ActionEvent evt) {
    CheckValidate ck = new CheckValidate(jtxtUserPwdx);
    if(ck. check(0) && jtxtUserPwdx. getText(). length() > = 6) {
```

```
        if( jtxtUserPwdx. getText( ). equals( jtxtUserPwd. getText( ) ) ) {
            db. dbconn( ) ;
            String sql = " update CardUsers set UserPwd = '" + jtxtUserPwdx. getText( )
                        + "' where UserID = '" + currentuser. getUserID( ) + "'" ;
            db. dbUpdate( sql ) ;
            db. dbclose( ) ;
            jlbNote. setText( "密码修改成功!" ) ;
        } else
            jlbNote. setText( "两次输入不一致!" ) ;
    }
}
```

该界面的测试运行情况如图 5 - 44 所示。

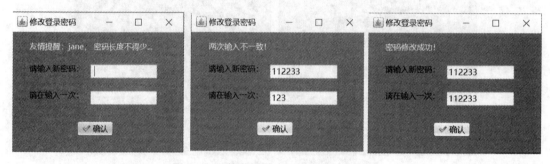

图 5 - 44   修改登录密码界面的运行效果

(9) 应用程序主窗口 SchoolCardMainGUI 类的源代码

加载包:需要加载下面 2 个类:

```
import cardGUI. * ;
import userGUI. * ;
```

变量声明:应用程序主窗口界面的成员变量仅需要定义一个:

```
public CardUsers currentuser;              //存储当前系统用户的对象
```

构造方法:主窗口类的构造方法需要采用从用户登录界面传递过来的当前用户对象作为参数,以便根据角色实现不同的操作权限。代码如下:

```
public SchoolCardMainGUI( CardUsers user ) {
    initComponents( ) ;
    currentuser = user ;
}
```

"用户管理"菜单:该菜单下包括 3 个菜单项,"注册新用户""修改登录密码""退出系统",其动作事件代码分别如下:

```
private void jmiUserEditActionPerformed(java. awt. event. ActionEvent evt) {      //注册新用户
    new UserEdit( ). setVisible(true) ;
}
private void jmiSetPwdActionPerformed(java. awt. event. ActionEvent evt) {      //修改登录密码
    new ChangePwd(currentuser). setVisible(true) ;
}
private void jmiExitActionPerformed(java. awt. event. ActionEvent evt) {      //退出系统
    this. dispose( ) ;
    System. exit(0) ;
}
```

　　"校园卡管理"菜单：该菜单下包括 2 个菜单项，"办理新卡""业务操作"，其动作事件代码分别如下：

```
private void jmiCardEditActionPerformed(java. awt. event. ActionEvent evt) {      //办理新卡
        new CardEdit( ). setVisible(true) ;
}
private void jmiOperationActionPerformed(java. awt. event. ActionEvent evt) {      //业务操作
        new CardOperation(currentuser). setVisible(true) ;
}
```

　　"信息查询"菜单：该菜单下包括 3 个菜单项，"用户信息查询""校园卡信息查询""卡操作记录查询"，其动作事件代码分别如下：

```
private void jmiSearchUserActionPerformed(java. awt. event. ActionEvent evt) {      //用户信息查询
    new SearchUser(currentuser). setVisible(true) ;
}
private void jmiSearchCardActionPerformed(java. awt. event. ActionEvent evt) {      //校园卡信息查询
    new SearchCard(currentuser). setVisible(true) ;
}
private void jmiSearchRecordsActionPerformed(java. awt. event. ActionEvent evt) {      //卡操作记录查询
    new SearchRecords(currentuser). setVisible(true) ;
}
```

　　"帮助"菜单：该菜单下包括 2 个菜单项，"使用说明""关于系统"，其动作事件代码分别如下：

```
private void jmiSystemHelpActionPerformed(java. awt. event. ActionEvent evt) {      //使用说明
    new SystemHelp( ). setVisible(true) ;
}
private void jmiAboutSystemActionPerformed(java. awt. event. ActionEvent evt) {      //关于系统
    new AboutSystem( ). setVisible(true) ;
}
```

该界面的测试运行情况如图 5-45a 所示,系统菜单组成如图 5-45b 所示。

图 5-45a   应用程序主窗口的运行效果

图 5-45b   应用程序主窗口的菜单组成

9. 系统集成测试

各组员将分担的系统所有的类设计完成之后,将各自项目 src 中的文件复制到组长机器上的实训项目所在目录下的 src 中,注意包名、文件名不要覆盖混淆,即可进行集成调试。

在快捷菜单中选择"属性",在项目属性窗口左侧单击"运行",在其右侧"主类"(文本框中选择本项目的主类(即起始运行的那个文件)并确定,如图 5-46 所示。

再次右击项目名称,从快捷菜单中选择"构建",系统会自动编译所有类文件,并在输出窗口提示信息,一般警告与出错信息用红色字体显示,对出错信息需要进行排查。本实训项目成功生成后的信息如图 5-47 所示。

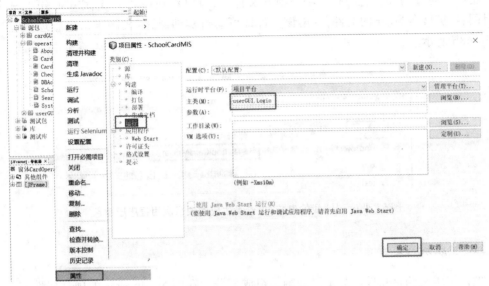

图 5-46 在项目属性窗口设置主类

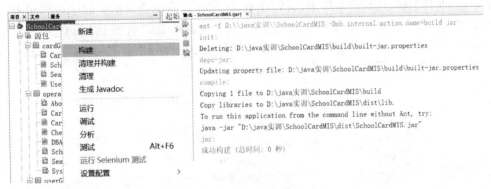

图 5-47 项目生成时的输出信息

最后右击项目名称,从快捷菜单中选择"运行",系统会从主类开始运行,输入有关测试数据,对系统进行全面测试,对发现的 bug 及时进行修复。

10. 系统生成与部署

项目集成测试正确后,即可将项目打包压缩进行发布。先通过"项目属性"窗口设置好项目有关版权信息,再右击项目名称,从快捷菜单中选择"构建",系统自动将相关字节码文件和 GUI 界面上用到的图片文件压缩生成可直接执行的 jar 包。生成后,通过"文件"窗口可以看到"dist"目录下与项目同名的 jar 文件,如图 5-48a 所示。

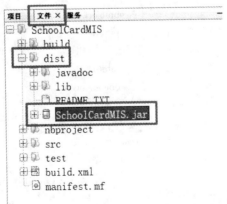

图 5-48a 系统生成的项目应用程序压缩包

也可以通过"我的电脑"打开项目所在文件夹,可以看到在其子目录"dist"下有一个与项目同名、扩展名为 jar 的文件,双击该文件即可运行实训课题"校园卡信息管理系统",如图 5 – 48b 所示。

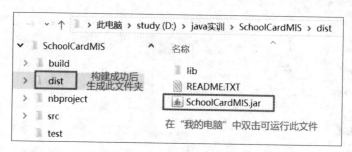

图 5 – 48b 从"我的电脑"中查看生成的项目应用程序压缩包

11. 生成系统文档

项目技术文档是软件产品不可分割的组成部分。在图 5 – 46 所示的项目属性窗口,单击"生成文档",在"浏览器窗口标题"中输入本项目的名称。Java 具有自动生成项目文档的功能,右击项目名称,从快捷菜单中选择"生成 Javadoc",系统会自动生成一份 html 格式的系统文档,直接显示在浏览器中。这些文档位于项目所在文件夹的"dist"子目录下的"javadoc"子目录中,双击其中的 index. html 文件即可在浏览器中打开浏览。本项目生成的文档文件如图 5 – 49 所示。

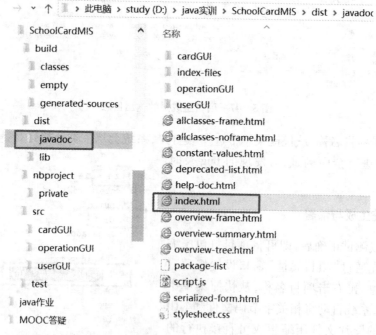

图 5 – 49 利用 Javadoc 自动生成的项目文档

打开 index. html 文件运行结果如图 5-50 所示。

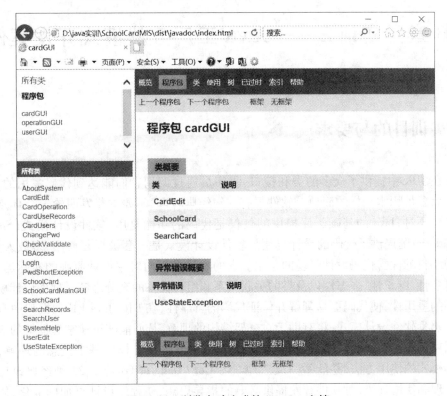

图 5-50　浏览自动生成的 javadoc 文档

在该项目中包的组织方式为：userGUI(用户相关类包)、cardGUI(校园卡相关类包)、operationGUI(业务处理类相关包)，这种方式适合团队成员编程能力相差不大的情况，各包中任务量相差不多。

至此，本实训案例讲解完毕，相关源程序可在作者开发的 Java 精品资源共享课网站下载，网址：http://java. jou. edu. cn。

第6章　实训2——Java 工厂方法模式开发案例

6.1　实训目的与要求

Java 在 JDK 中提供了众多的类和接口,程序员通过调用它们能达到代码复用的效果,使得编程就象堆积木一样的简单。软件界有一句经典名言"不要重复发明轮子",体现了复用的意义。不过,Java 的基础类库提供的仅仅是代码的功能复用;软件设计模式(Software Design Pattern)则提供了代码的设计复用。软件设计模式是一套被反复使用、多数人知晓、经过分类编目的优秀代码设计经验的总结。它的本质是面向对象设计原则的实际运用,是对类的封装性、继承性、多态性以及类的关联关系和组合关系的充分理解。软件设计模式能提高代码的重用性,使代码更易理解并保证代码的可靠性,在 EJB、Java EE 的框架中有大量的使用。熟悉软件设计模式,将有助于对框架结构的理解,从而能够迅速掌握框架的应用。

实训项目通过 Java 工厂方法模式的应用,加深对软件设计模式基本概念的理解,掌握软件设计模式的使用方法,并能举一反三地学习 GoF(Gang of Four)的 23 种经典设计模式的基本原理和使用环境,对软件开发提供必要的指导思想,使程序设计更加标准化、代码编制更加工程化,使软件开发效率大大提高,从而缩短软件的开发周期。

实训项目要求体现"工厂方法模式"的工作原理,符合面向对象中的"开闭原则"。

6.2　实训指导

1. 面向对象的设计原则

为了提高软件系统的可维护性和可复用性,增加软件的可扩展性和灵活性,在软件设计中程序员要遵循一定的原则,从而提高软件开发效率、节约软件开发成本和维护成本。面向对象的设计原则通常包括:开闭原则、里氏替换原则、依赖倒置原则、单一职责原则、接口隔离原则以及迪米特法则等 6 种。

(1) 开闭原则

开闭原则是指软件实体应当对扩展开放、对修改关闭,其含义是说一个软件实体应该通过扩展来实现变化,而不是通过修改已有的代码来实现变化。实现途径通常为"抽象约束、封装变化",这里的抽象指接口或者抽象类,即通过接口或者抽象类为软件实体定义一个相对稳定的抽象层,软件中需要改变的部分由实现类进行扩展。

(2) 里氏替换原则

里氏替换原则主要反映父类与子类之间的关系,子类继承父类时,除添加新的方法完成新增功能外,尽量不要重写父类的方法。

(3) 依赖倒置原则

依赖倒置原则的核心思想是"面向接口编程,不要面向实现编程",模块间的依赖通过抽象的"接口或者抽象类"发生,实现类之间不发生直接的依赖关系。变量的声明类型尽量是接口或者抽象类,任何类都不应该从具体类派生。依赖倒置原则是 JavaBean、EJB 和 COM 等组件设计模型的基本原则。

(4) 单一职责(功能)原则

单一职责原则主要是控制类的粒度大小,一个类只负责一项职责,降低类的复杂度。软件设计时分析类的不同职责并将其分离,再封装到不同的类或模块中。

(5) 接口隔离原则

接口隔离原则为各个类建立专用接口,一个接口只服务于一个子模块或者业务逻辑。该原则与单一职责原则一样追求"高内聚低耦合",不同之处是:单一职责原则对类进行约束,针对程序中的实现和细节;接口隔离原则对接口进行约束,针对抽象和程序中整体框架的构建。

(6) 迪米特法则

迪米特法则又叫最少知识原则,它的含义是:一个类应当对其他类尽可能少地直接调用,通过中介对象转发该调用,从而降低类之间的耦合度,提高模块的相对独立性。应用该原则时,在类的结构设计上尽量降低类成员的访问权限,不暴露类的属性成员,而应该提供相应的访问方法(setter 和 getter 方法)。但是,过度使用迪米特法则会使系统产生大量的中介类,增加系统的复杂性,因此在软件设计时需要反复权衡。

2. 软件设计模式分类

常见的软件设计模式可以概括为 23 种,根据所能达到的目的,可分为创建型模式、结构型模式和行为型模式。

(1) 创建型模式

创建型模式提供创建对象的软件设计方式,主要特点是将对象的创建与使用进行分离。单例、原型、工厂方法、抽象工厂、建造者等 5 种模式属于该类型。

(2) 结构型模式

结构型模式用于处理类或对象的组合,即描述类和对象之间按照何种布局组织起来形成更大的结构,从而实现新的功能。适配器、桥接、组合、装饰、外观、享元、代理等 7 种属于该类型。

(3) 行为型模式

行为型模式对类或者对象的任务(职责)进行分配以及设计它们之间的通信模式,使它们相互协作共同完成更为复杂的功能。模板方法、策略、命令、职责链、状态、观察者、中介者、迭代器、访问者、备忘录、解释器等 11 种模式属于该类型。

创建型应用于对象的创建,结构型应用于处理类或者对象的组合,行为型用于对象之间的任务分配。因此,所有模式都涉及类或对象的创建、组合和协作,很多模式之间存在一定的关联关系,在大的系统开发中常常综合使用多种设计模式。

3. 软件模式的使用

软件设计模式是实践经验的抽象与概括,应用过程中往往无法准确把握不同模式的使用方法。因此,对于任意一个给定的问题,可能难以从中找出针对特定设计问题的设计模式。

首先,注重设计工作创新,根据具体需要合理选择设计模式,即在理解问题需求的基础之上,根据牵涉的一个或若干特定问题领域,循序渐进地不断找出可能要用到的模式或模式组,科学安排系统各子项之间的结构,促进设计水平提升。其次,要研究模式的结构、组成以及它们之间如何协作,这将确保设计人员理解这个模式的类、对象以及其中的关联关系。

需要说明的是,没有任何一种技术或方法是万能的,软件设计模式也是一样,且它不是公式和模型,故要结合设计的具体需要,灵活采用,避免教条。也并不是所有软件设计都要采用模式,设计中需要综合考虑,注重结合具体需要决定是否应用设计模型来提升系统功能,从而避免滥用。使用过程中,也可以将多个设计模式复合在一起,以解决目标代码问题,模式之间的联系或相关性是因业务建立的,而不是模式理论本身。

4. 工厂方法模式

在 Java 的 JDK 类库中广泛使用了简单工厂模式,如工具类 java. text. DateFormat,它用于格式化一个本地日期或者时间。简单工厂模式属于创建型模式,又叫作静态工厂方法模式,该模式专门定义一个类来负责创建其他不同类的实例,可以根据参数的不同返回不同类的实例,前提是被创建的实例通常都具有共同的父类。简单工厂模式的缺点是系统扩展困难,一旦添加新产品就不得不修改工厂逻辑,破坏了面向对象设计原则之一的"开闭原则"。

工厂方法模式是对简单工厂模式的进一步抽象化,其优势是可以使系统在不修改原来代码的情况下引进新的产品,即满足开闭原则。由工厂父类负责定义创建对象的公共接口,而子类则负责生成具体的对象。即工厂父类不再负责所有产品的创建,而只是给出具体的工厂子类必须实现的接口,这样工厂方法模式在添加新产品的时候就不修改工厂父类逻辑而是添加新的工厂子类,符合开放封闭原则,克服了简单工厂模式的缺点。总而言之,将类的实例化(具体产品的创建)延迟到工厂类的子类(具体工厂)中完成,即由子类来决定应该实例化(创建)哪一个类。

工厂方法模式有四个核心要素:抽象工厂(工厂父类)、具体工厂(工厂子类)、抽象产品和具体产品。抽象工厂提供了创建产品的接口,在接口体中提供了用于创建产品的抽象方法。具体工厂是抽象工厂的实现类,实现抽象工厂中的抽象方法,完成具体产品的创建。抽象产品是提供产品规范的接口,描述产品的主要特征和功能。具体产品是抽象产品的实现类,实现抽象产品中的抽象方法。其中具体产品由具体工厂来创建,具体工厂与具体产品之间是一对多的关系,而具体产品与具体工厂是一一对应的关系。

在 Java EE 快速开发软件项目时,常常会用到 Spring 框架,这个框架使用基本的 Java Bean 来完成以前只可能由 EJB 完成的事情。Spring 可以选择使用 BeanFactory 管理 Java Bean,而 BeanFactory 正是采用了工厂方法设计模式,这个接口负责创建和分发 Bean。Spring 框架的重要机制之一——依赖注入,实际上就是实现了工厂方法模式的 IoC 机制。

6.3 实训案例

1. 选题

实训选题为"用工厂方法模式设计高等学校各学院对专业学生的培养"。

2. 需求分析

任何一所高等学校都会设置若干二级学院,每个二级学院培养特定专业方向的学生,如计算机工程学院培养计算机科学与技术方向的学生,海洋技术与测绘学院培养测绘工程方向的学生。将各二级学院看作"工厂",将学生看作"产品",工厂方法模式非常适合对高等学校的二级学院进行软件设计。

在应用工厂方法模式进行软件设计之前,先对软件的需求进行分析。因为目标是培养特定专业的学生,而不同专业的学生由不同的学院来完成,所以在培养学生之前要创建相应的专业学院。根据系统功能分析画出的用例图见图 6-1,"培养专业学生"用例包含"创建专业学院"用例。

图 6-1　模拟高等学校培养专业学生的用例图

3. 基于工厂方法模式的软件设计

在系统的需求分析基础之上,提炼出满足工厂方法模式四个核心要素的成分。分析计算机工程学院、海洋技术与测绘学院等二级学院的共同特征,定义作为"抽象工厂"的"抽象学院"接口 School。类 ComputerSchool 描述计算机工程学院,类 SurveySchool 描述海洋技术与测绘学院,那么这些代表各个特定二级学院的类 ComputerSchool、SurveySchool 就是"具体工厂",它们实现接口 School。学生是工厂(二级学院)培养的产品,分析各二级学院的学生的共同特征,定义作为"抽象产品"的"抽象学生"接口 Student。类 ComputerStudent 描述计算机科学与技术专业的学生,类 SurveyStudent 描述测绘工程专业的学生,那么这些代表各个特定专业学生的类 ComputerStudent、SurveyStudent 就是"具体产品",它们实现接口 Student。此外,还定义了一个测试类 SchoolTest,其主要功能是通过调用类 ReadXML 的成员方法获取对象,并显示结果。系统中,类与类之间的关系结构如图 6-2 所示。

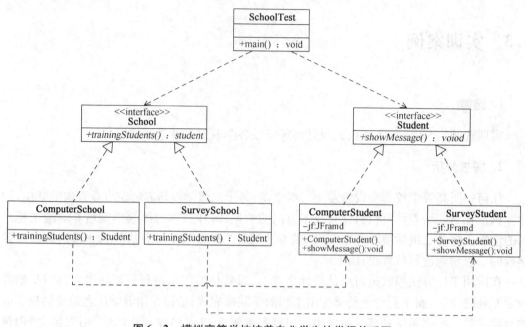

图 6-2　模拟高等学校培养专业学生的类间关系图

4. 类的设计与实现

（1）创建抽象工厂——接口 School

工厂方法模式中，抽象工厂定义创建产品的规范，但是具体产品对象的创建由具体工厂实现。本实训项目中，事先并不清楚是对哪个专业学生的培养，即无法知道产品对象的具体类型，故定义接口 School 作为"抽象工厂"。在接口 School 中定义了抽象方法 trainingStudents()，交由实现 School 接口的实现类去实现。该接口的类图如图 6-3 所示。

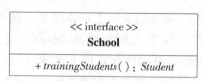

图 6-3　抽象工厂（接口 School）的类图

其代码如下：

```
interface School{
    public Student trainingStudents();
}
```

（2）创建抽象产品——接口 Student

抽象工厂 School 中的抽象方法 trainingStudents()并不生产具体类型的产品，而是交由具体工厂类来实现，不同具体工厂类将生产不同类型的产品。因此，定义接口 Student 作为抽象产品，定义为抽象方法 trainingStudents()的返回值类型；通过接口回调机制实现多态。在接口 Student 中定义了抽象方法 showMessage()，交由实现 Student 接口的实现类去实现。

该接口的类图如图 6-4 所示。

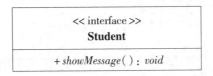

图 6-4   抽象产品(接口 Student)的类图

其代码如下:

```
interface Student {
    public void showMessage();
}
```

(3)创建具体产品类——类 ComputerStudent、类 SurveyStudent

抽象产品 Student 定义的抽象方法 showMessage(),需要实现类进行实现。实习项目中定义了两个相应的实现类 ComputerStudent 和 SurveyStudent,分别模拟计算机工程学院的学生和海洋技术与测绘学院的学生。这两个实现类的结构近似,都实现了接口 Student 的抽象方法。此外,由于要显示两类具体产品的图像,所以它们的构造方法中用到了 JPanel、JLabel 和 ImageIcon 等组件类。它们的类图如图 6-5 所示。

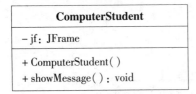

图 6-5   具体产品类(类 ComputerStudent、类 SurveyStudent)的类图

类 ComputerStudent 代码如下:

```
class ComputerStudent implements Student {
    JFrame jf = new JFrame("工厂方法模式的演示");
    public ComputerStudent() {
        JPanel panel = new JPanel();
        panel.setLayout(new GridLayout(1,1));
        panel.setBorder(BorderFactory.createTitledBorder("专业:计算机科学与技术"));
        JScrollPane sp = new JScrollPane(panel);
        jf.add(sp, BorderLayout.CENTER);
        JLabel label = new JLabel(new ImageIcon("computer_student.jpg"));
        panel.add(label);
        jf.setSize(400,400);
        jf.setVisible(false);
    }
```

```
    public void showMessage() {
        jf. setVisible(true);
    }
}
```

类 SurveyStudent 代码如下:

```
class SurveyStudent implements Student {
    JFrame jf = new JFrame("工厂方法模式的演示");
    public SurveyStudent() {
        JPanel panel = new JPanel();
        panel. setLayout(new GridLayout(1,1));
        panel. setBorder(BorderFactory. createTitledBorder("专业:测绘工程"));
        JScrollPane sp = new JScrollPane(panel);
        jf. add(sp, BorderLayout. CENTER);
        JLabel label = new JLabel(new ImageIcon("survey_student. jpg"));
        panel. add(label);
        jf. setSize(400,400);
        jf. setVisible(false);
    }
    public void showMessage() {
        jf. setVisible(true);
    }
}
```

（4）创建具体工厂类——类 ComputerSchool、类 SurveySchool

抽象工厂 School 定义的抽象方法 trainingStudents()，需要实现类进行实现。实训项目中定义了两个相应的实现类 ComputerSchool 和 SurveySchool，分别模拟计算机工程学院和海洋技术与测绘学院。这两个实现类的结构近似，都实现了接口 School 的抽象方法。它们的类图如图 6-6 所示。

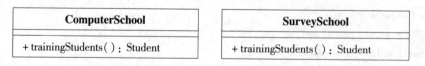

图 6-6　具体工厂类（类 ComputerSchool、类 SurveySchool）的类图

类 ComputerSchool 代码如下:

```
class ComputerSchool implements School {
    public Student trainingStudents() {
        System. out. println("培养计算机科学与技术专业学生");
        return new ComputerStudent();
    }
}
```

类 SurveySchool 代码如下：

```
class SurveySchool implements School{
        public Student trainingStudents( ){
                System. out. println("培养测绘工程专业学生");
                return new SurveyStudent( );
    }
}
```

（5）外界调用具体工厂类的方法

实训项目定义了测试类 SchoolTest,在该类中调用具体工厂类创建产品对象。为了充分展示使用工厂方法模式的效果,调用何种具体工厂的信息由 XML 文档给出,而不是从测试类中获取。因此,当需要更改具体工厂时,则根据 XML 文档给出的变化信息。从 XML 文档中读取信息,是调用类 ReadXML 的成员方法完成。测试类 SchoolTest 与类 ReadXML 的关系如图 6 - 7 所示。

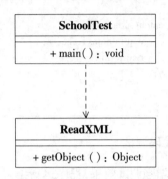

图 6 - 7 测试类 SchoolTest 与类 ReadXML 的关系

类 SchoolTest 代码如下：

```
public class SchoolTest {
    public static void main(String[ ] args) {
        try{
                Student stu;
                School sch;
                sch = (School) ReadXML. getObject( );
                stu = sch. trainingStudents( );
                stu. showMessage( );
        }
        catch( Exception e){
                System. out. println( e. getMessage( ));
        }
    }
}
                DocumentBuilderFactory dFactory = DocumentBuilderFactory. newInstance( );
                DocumentBuilder builder = dFactory. newDocumentBuilder( );
```

类 ReadXML 代码如下：

```
import javax. xml. parsers. * ;
import org. w3c. dom. * ;
import java. io. * ;
class ReadXML{
    public static Object getObject( ){
            try{
```

```
            Document doc;
            doc = builder. parse( new File(" config. xml" ) );
            NodeList nl = doc. getElementsByTagName(" className" );
            Node classNode = nl. item(0). getFirstChild( );
            String cName = classNode. getNodeValue( );
            System. out. println(" 新类名:" + cName);
            Class < ? > c = Class. forName( cName );
            Object obj = c. newInstance( );
            return obj;
        }
    catch( Exception e) {
        e. printStackTrace( );
        return null;
    }
}
```

5. 代码调试

为了增强调试效果,程序运行结果以显示不同具体产品类的图像给出,因此提供了多张 JPEG 图像文件作为素材文件。将前面对各个类或者接口所定义的 Java 源文件和素材文件保存到同一文件夹中,编译源文件。编写提供具体工厂信息的 XML 文件 config. xml,文件内容如下:

```
< ? xml version = "1. 0" encoding = "UTF - 8"? >
< config >
    < className > ComputerSchool </className >
</config >
```

当前 config. xml 中代码 < className > ComputerSchool </className > 给出的具体工厂类型是 ComputerSchool。运行主类 SchoolTest 后的结果如图 6 - 7 所示。

图 6 - 8 具体工厂为 ComputerSchool 生产的产品结果

将 config. xml 中代码 < className > ComputerSchool </ className > 更改为 < className > SurveySchool </ className > 表明给出的具体工厂类型,已经更改为 SurveySchool。运行主类 SchoolTest 后的结果如图 6 - 9 所示。

图 6 - 9　具体工厂为 SurveySchool 生产的产品结果

6. 总结

本实训项目运用"工厂方法模式",练习了使用软件设计模式的方法,展示软件设计模式在软件开发中的功能。目的在于推介对软件设计模式的认识、学习和应用。1995 年,Erich Gamma、Richard Helm、Ralph Johnson 和 John Vlissides 等 4 位作者合作出版《Design Patterns:Elements of Reusable Object-Oriented Software》(《设计模式:可利用面向对象软件的基础》)一书中介绍了 23 个软件设计模式,工厂方法模式只是其中之一。通过对工厂方法模式的理解,激发学习其他 22 个软件设计模式的兴趣和动力,为后续《Java EE 环境与程序设计》《Android 应用开发》等课程的学习打好面向对象编程的基础以及提高程序员的计算思维能力、编程能力和设计能力。

第三部分 Java语言课程设计指导

第7章 栈与串的应用案例——计算器的设计与实现

7.1 设计要求

设计一个能实现计算器功能的Java程序,可以进行加、减、乘、除算术运算。要求提供图形化操作界面,支持带小数点的多位操作数的混合运算及带括号优先级运算。该系统的初始运行界面如图7-1所示。

本案例的重点在GUI界面的布局设计上,而难点则在于算术表达式的解析计算上,对于其解析算法、采用的表达式求值方法,读者可参照数据结构有关文献。

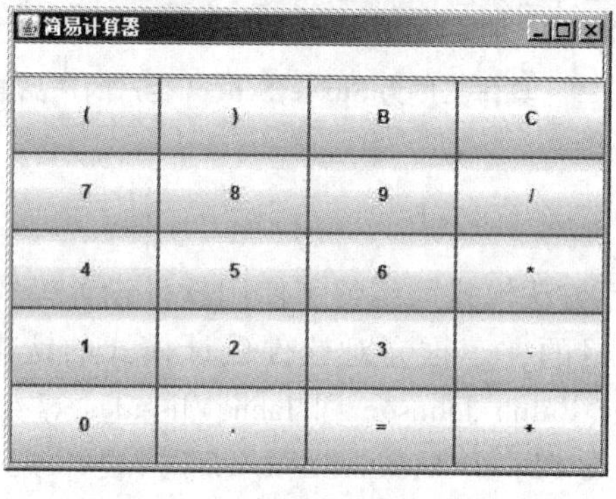

图7-1 计算器的初始运行界面

7.2 总体设计

在设计计算器时,定义了2个类:Calculator和Operator类。Calculator类是系统的主类,包含main()方法,程序从此方法开始执行。在该方法中,创建Calculator对象,生成计算器的运行界面,并对按钮点击的ActionEvent进行事件处理。Operator类是运算符处理工具类,定义了"+、-、*、/、()、#"运算符的优先级、判断运算符优先级的方法和对操作数进行算术运算的方法。Calculator类和Operator类之间的关联关系如图7-2所示。

除了这2个类以外,为了构造图形界面,还需要Java系统所提供的一些重要类,如JFrame、JPanel、JTextField、JButton以及用于事件处理的ActionEvent类和ActionListener接口等。此外,为了保存运算符和运算数,需要使用堆栈(Stack)类,并用字符串表示算术运算表达式。

　　Stack 类的 push( )方法用于把操作数和操作符入栈,pop( )方法用于弹出栈顶元素,peek( )方法取出栈顶元素。String 类的 indexOf( )方法查找特定字符的位置,length( )方法获得字符串的长度,charAt( )方法取出特定位置的字符,substring( )方法获取子字符串。

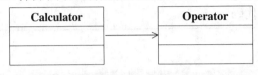

图 7-2　类间的关系

7.3　详细设计

7.3.1　Calculator 类

　　该类是系统的主控类,实现了图形界面的构造及事件处理,其中包含 main( )方法,其类图如图 7-3 所示。

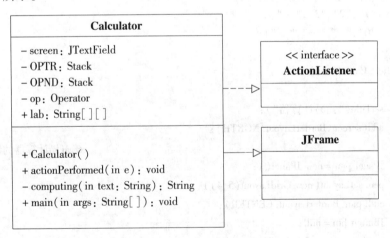

图 7-3　Calculator 的类图

　　(1) Calculator 的主要成员变量
- screen 是 JTextField 类型的对象,用来显示表达式及运算结果。
- OPTR 是 Stack 类型的对象,用来保存运算符。
- OPND 是 Stack 类型的对象,用来保存运算数。
- op 是 Operator 类的对象,用来比较运算符的优先级并对运算数进行算术运算。
- lab 是二维 String 数组,作为按钮标签来构造计算器的图形界面。

　　(2) Calculator 类的方法
- Calculator( )是构造方法,用于创建计算器图形界面的各个按钮,并为各个按钮注册动作监听器对象。

- actionPerformed( )方法是各个按钮的事件处理方法。
- computing( )方法对算术表达式进行计算,并把计算结果用字符串返回。
- main( )方法是程序执行入口,在其中创建 Calculator 对象,用于启动计算器的功能。

（3）Calculator 类的代码

```java
import javax. swing. * ;
import java. awt. event. * ;
import java. awt. * ;
import java. util. * ;
public class Calculator extends JFrame implements ActionListener
{
        private JTextField screen = new JTextField( );
        private Stack < Character > OPTR = new Stack < Character > ( );      //运算符栈
        private Stack < Double > OPND = new Stack < Double > ( );      //运算数栈
        private Operator op = new Operator( );      //运算符处理工具类
        public static String[ ][ ] lab = {
            {"(",")","B","C"},      //B 是退格,C 是清除
            {"7","8","9","/"},
            {"4","5","6"," * "},
            {"1","2","3"," - "},
            {"0","."," = "," + "}
        };
        public   Calculator( )
        {
            setTitle("简易计算器");
            add( screen, BorderLayout. NORTH);
                                    //布局计算器的键盘
            JPanel pan = new JPanel( );
            pan. setLayout( new GridLayout(5,4) );
            add( pan, BorderLayout. CENTER);
            JButton btn = null;
            for( int i =0 ;i < lab. length;i ++ )
            {
                for( int j =0;j < lab[i]. length;j ++ )
                {
                    btn = new JButton( lab[i][j]);      //创建计算器的按钮
                    btn. addActionListener( this);      //注册动作监听对象
                    pan. add( btn);
                }
            }
            pack( );
```

```java
            setSize(400,300);
            setVisible(true);
    }
    public    void actionPerformed(ActionEvent e)
    {
            String label = ((JButton)e. getSource()). getLabel();
            if(label. equals(" = "))
            {
                    String origin = screen. getText();
                    String text = origin + "#";
                    String value = computing(text);
                    screen. setText(origin + " = " + value);
            }
            else if(label. equals("B"))                              //退格键
            {
                    if(screen. getText(). length() > = 1)
                            screen. setText(screen. getText(). substring(0, screen. getText(). length() - 1));
            }
            else if(label. equals("C"))
            {
                    screen. setText("");
            }
            else{
                    String text = screen. getText();
                    screen. setText(text + label);
            }
    }

    private String computing(String text)
    {
            OPTR. push('#');
            int i = 0;
            char c = text. charAt(i);                                //获取当前字符
            while(c! = '#'||OPTR. peek()! = '#') {
                    if(c = = ' ')    { return    "Error:数学表达式有空格"; }
                    if(! op. isOP(c))                                //不是运算符
                    {
                            double temp = 0;
                            boolean isDot = false;
                            double dotCount = 1;                     //小数位数
                                                                     //构造完整的多位操作数
                            while((! op. isOP(c))&&c! = '#')
```

```
                {
                    if( c = = '.')
                    {
                        if( isDot)                    //小数点已经存在,即一个数字出现了多个小数点
                        {
                            return    "Error:小数点多个";
                        }
                        else
                        {
                            isDot = true;
                        }
                    }
                    else if( isDot)              //是小数部分
                    {
                        dotCount = dotCount/10;
                        temp = temp + Double. parseDouble( Character. toString( c) ) * dotCount;
                    }
                    else                        //是整数部分
                    {
                        temp = temp * 10 + Double. parseDouble( Character. toString( c) ) ;
                    }
                    c = text. charAt( ++i) ;
                    if( c = = ' ')    {return    "Error:数学表达式有空格";}
                }
                OPND. push( temp) ;
            }
            else                                //是运算符
            {
                switch( op. precede( OPTR. peek( ) ,c) )
                {
                    case '<':                //栈顶元素优先级低
                        OPTR. push( c) ;
                        c = text. charAt( ++i) ;
                        break;
                    case '>':                //退栈并把运算结果入栈
                        char theta = OPTR. pop( ) ;
                        double b = OPND. pop( ) ;
                        double a = OPND. pop( ) ;
                        OPND. push( op. operate( a,theta,b) ) ;
                        break;
                    case '=':                //脱括号并接收下一个字符
                        OPTR. pop( ) ;
```

```
                        c = text. charAt( ++ i) ;
                        break ;
                case ' – ' :
                        return "Error" ;
            }                                //switch
        }                                    //else
    }                                        //while
    OPTR. pop( ) ;                           //弹出栈底字符 #
    return "" + OPND. pop( ) ;
}


public    static void main( String args[ ] )
{
        Calculator c = new Calculator( ) ;
    }
}
```

7.3.2　Operator 类

该类是运算符处理工具类,实现对运算符优先级的比较、判断字符是否是运算符,并且能基于运算符实现操作数的算术运算。图 7 - 4 标明了 Operator 类的主要成员变量和方法。

Operator
– operators：String – priority：char[ ][ ]
+ precede(in c1：char, in c2：char)：char + isOP(in c：char)：boolean + operate(in a：double, in theta：char, in b：double)：double

图 7 - 4　Operator 类的主要成员变量和方法

（1）Operator 类的主要成员变量
- operators 是 String 类型的对象,表示" + 、–、* 、√、( )、#"运算符,其中"#"用于分隔操作数。
- priority 是字符数组,存储各个运算符之间的优先级关系,其中" – "表示算符的顺序非法。
（2）Operator 类的方法
- precede( )方法,用于比较两个运算符 c1 和 c2 的优先级。
- isOP( )方法,用于判断字符 c 是否是运算符。
- operate( )方法,根据运算符对两个操作数进行算术运算。
（3）Operator 类的代码

```java
class   Operator                              // 运算符处理工具类
{
    private String operators = " + - * / ( ) #";
    private char[ ][ ] priority =
    {
        {'>','>','<','<','<','>','>'},
        {'>','>','<','<','<','>','>'},
        {'>','>','>','>','<','>','>'},
        {'>','>','>','>','<','>','>'},
        {'<','<','<','<','<','=','-'},        //'-'表示算符顺序非法
        {'>','>','>','>','-','>','>'},
        {'<','<','<','<','<','-','='}
    };

                                              //比较运算符 c1 和 c2 的优先级
    public char precede( char c1 ,char c2)
    {
        int i = operators. indexOf( c1 ) ;
        int j = operators. indexOf( c2 ) ;
        return priority[ i ][ j ] ;
    }

                                              //判断字符 c 是否是运算符
    public boolean isOP( char c)
    {
        return ( operators. indexOf( c) !  = - 1 ) ;
    }
    public double operate( double a ,char theta ,double b)
    {
        double d = 0 ;
        switch( theta)
        {
            case ' + ':
                d = a + b;
                break;
            case ' - ':
                d = a - b;
                break;
            case ' * ':
                d = a * b;
                break;
            case '/':
                d = a/b;
```

```
        }
        return d;
    }
}
```

7.4 代码调试

  将 Calculator 类和 Operator 类的定义保存到名为 Calculator. java 文件中,编译 Java 源文件,然后运行主类,即 Calculator 类,则出现图 7－1 的初始运行界面。

  在图形界面中,通过鼠标点击运算符和运算数,构成算术运算表达式,点击"＝",算术表达式及其运算结果显示在图形界面上方名为 screen 的文本框中,如图 7－5 所示。

图 7－5　算术表达式的运算结果

7.5 程序发布

  可以使用 jar. exe 命令制作 JAR 文件来发布程序。

  (1) 用文本编辑器,如 Windows 自带的记事本,编写一个 ManiFest 文件
MyMf. mf

    Manifest-Version：1.0

    Main-Class：Calculator

    Created-By：JZH

  将以上 MyMf. mf 文件保存到和应用程序所用的字节码文件相同的目录中。

  (2) 生成 JAR 文件

jar cfm　Calculator. jar MyMf. mf　＊. class

  其中参数 c 表示要生成一个新的 JAR 文件,f 表示要生成的 JAR 文件的名字,m 表示清单文件的名字。现在就可以将 Calculator. jar 文件复制到任何一个安装了 Java 运行环境(版本需高于 1.6)的计算机上,双击该文件的图标就可以运行该程序。

第8章　查找与排序的应用案例
——日历记事本的设计与实现

8.1　设计要求

设计 GUI 界面的日历记事本,系统将日历和记事本结合在一起,可以方便地保存、查看日志,即可以记录与任何日期有关的内容并可以随时查看与某个日期相对应的日志内容。该系统的运行界面如图 8-1 所示。

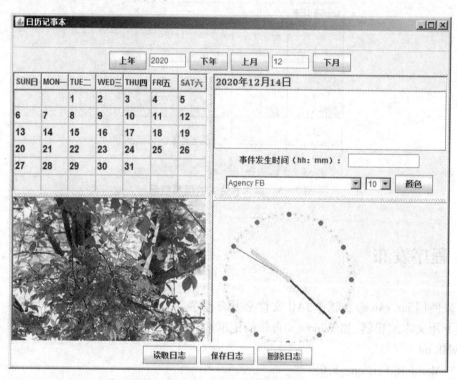

图 8-1　日历记事本的初始运行界面

对于该系统的设计要求如下:

(1) 系统界面的左侧是日历和一幅图像。该日历可以按年前后翻动,用鼠标左键单击"上年"按钮,可将当前日历的年份减一;用鼠标左键单击"下年"按钮,可将当前日历的年份加一。该日历还可以在某年内按月前后翻动,用鼠标左键单击"上月"按钮,可将当前日历的月份减一;用鼠标左键单击"下月"按钮,可将当前日历的月份加一。

(2) 系统界面的右侧是记事本和一个时钟。用鼠标单击日历上的某个日期,就可以通过该记事本编辑有关日志,并将日志保存到一个文件中。用户可以读取、删除某个日期的日志,也可以继续向日志中增添新的内容。所读取的日志还可以在窗口上方滚动显示。

(3)当某个日期有日志时,该日期对应的单元格内就会出现一个小图标作为标记,表明这个日期有日志;当用户删除某个日期的日志后,该日期相对应的单元格内的标记就会消失。

描述系统功能的用例图如图 8-2 所示。

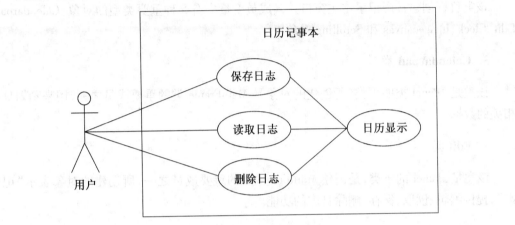

图 8-2　系统用例图

8.2　总体设计

在设计日历记事本时,定义了 7 个类:CalendarNotePad、MainFrame、Calendarpad、Clock、Edit、Imagecanvas、Scrolling。除了这 7 个类以外,还需要 Java 系统所提供的一些重要类,如 JTextField、JTextArea、File 等。7 个类之间的关系如图 8-3 所示。

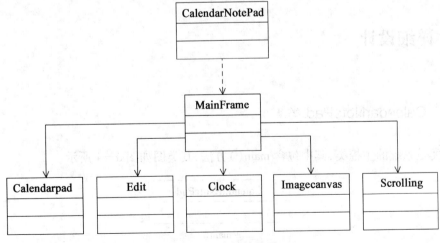

图 8-3　类间的关系

1. CalendarNotePad 类

该类是系统的主类,包含 main()方法,程序从此方法开始执行。在该方法中,创建 MainFrame 对象,从而生成日历记事本的运行界面。

2. MainFrame 类

该类负责创建日历记事本主窗口。其成员变量中有 5 种重要类型的对象:Calendarpad、Edit、Clock、Imagecanvas 和 Scrolling 对象。

3. Calendarpad 类

该类是 JPanel 类的子类,所创建的对象是 MainFrame 类的重要成员之一,用来刻划日历相关的数据。

4. Edit 类

该类是 JPanel 的子类,是创建 MainFrame 类的重要成员之一,所创建的对象表示"记事本",提供编辑、读取、保存、删除日志的功能。

5. Clock 类

该类是 Canvas 的子类,是创建 MainFrame 类的重要成员之一,负责时钟以及闹铃。

6. Imagecanvas 类

该类是 Canvas 的子类,是创建 MainFrame 类的重要成员之一,用来绘制图像。

7. Scrolling 类

该类是 Canvas 的子类,是创建 MainFrame 类的重要成员之一,用来滚动字幕。

8.3   详细设计

8.3.1   CalendarNotePad 类

该类是系统的主控类,其中包含 main()方法,其类图如图 8-4 所示。

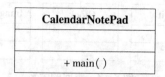

图 8-4   CalendarNotePad 的类图

其代码如下：

```
import javax. swing. * ;
import java. awt. event. * ;
import java. awt. * ;
import java. util. * ;
import java. io. * ;
import javax. swing. Timer;
import java. awt. geom. * ;
import java. net. * ;
import java. applet. * ;
public class CalendarNotePad
{
    public static void main(String[ ] args)
    {
        new MainFrame ( );
    }
}
```

8.3.2　MainFrame 类

该类是 javax. swing 包中 JFrame 的子类,并实现了 ActionListener 和 MouseListener 接口,图 8 - 5 标明了 MainFrame 类的主要成员变量和方法。

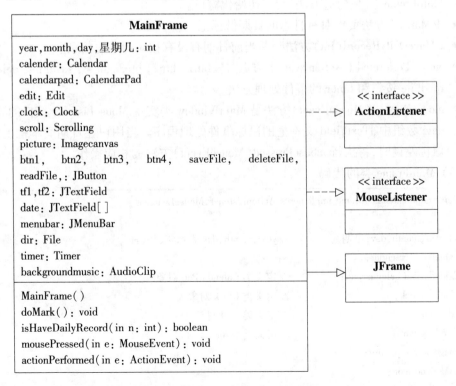

图 8 - 5　MainFrame 类的主要成员变量和方法

（1）MainFrame 类的主要成员变量

- year，month，day 和星期几是 int 型数据，它们的值分别确定年、月、日和月的第一天是星期几。
- calendar 是 Calendar 类型的对象，创建日历时间。
- calendarpad 是 CalendarPad 类型的对象，可以处理和日期有关的数据。
- edit 是 Edit 类型的对象，具有编辑、保存、读取和删除日志的功能。
- clock 是 Clock 类型的对象，用来显示时钟。
- scroll 是 Scrolling 类型的对象，负责创建滚动字幕。
- picture 是 Imagecanvas 类型的对象，负责绘制图像。
- btn1，btn2，btn3，btn4，saveFile，deleteFile，readFile 都是 JButton 创建的按钮对象，名字依次为"上年""下年""上月""下月""保存日志""删除日志""读取日志"。这些按钮都将当前窗口注册为自己的 ActionEvent 事件监听器。
- tf1，tf2 是 JTextField 类型的对象，用来显示年份和月份。
- date 数组的每个元素是 JTextField 类型的对象，用来显示日期的文本框。
- menubar 是 JMenuBar 创建的对象，用来显示滚动字幕。
- dir 是 File 类型的对象，用于存放日志信息。
- timer 是 Timer 类型的对象，用于计时。
- backgroundmusic 是 java. applet 包中 AudioClip 类的对象，存放背景音乐。

（2）MainFrame 类的方法

- MainFrame（）是构造方法，用于初始化窗口。
- doMark（）方法负责对有日志的日期做标记。
- isHaveDailyRecord(int)方法判断当前日期有没有相应的日志信息。
- actionPerformed（ActionEvent）方法是 btn1，btn2，btn3，btn4，saveFile，deleteFile，readFile 按钮和 timer 的事件处理方法
- mousePressed(MouseEvent)方法是 MainWindow 类实现 MouseListener 接口的方法，是 date 数组中 JTextField 文本框的鼠标事件处理程序。当用户在日期文本框上面按下鼠标左键时，将执行 mousePressed(MouseEvent)方法的相应操作。

（3）MainFrame 类的代码

```
classMainFrame extends JFrame implements ActionListener,MouseListener
{
    int year,month,day,星期几;         //year,month,day 表示年,月,日
    Calendar    calendar;
    CalendarPad calendarpad;          //定义类 CalendarPad 对象
    Clock    clock;                   //定义类 Clock 对象
    Edit edit;                        //定义类 Edit 对象
    Scrollingscroll;                  //定义类 Scrolling 对象
    Imagecanvas picture;
    ImageIcon icon;
    JPanel   p1,p2;
```

```
JButton btn1,btn2,btn3,btn4;
JButton saveFile,deleteFile,readFile;
JTextField tf1,tf2;
JTextField[] date;
JMenuBar menubar;
File dir;
String sstring;
int slength;
String[] s;
String[] str;
URL url1;
AudioClip backgroundmusic;
Timer timer;
Date datem;
String occourTime;
MainFrame()
{
    super("日历记事本");
    str = new String[10];
    occourTime = new String();
    scroll = new Scrolling(this);
    dir = new File("./dailyRecord");
    dir.mkdir();                            //创建一个文件夹用于存放日志
    calendarpad = new CalendarPad();
    clock = new Clock();
    edit = new Edit();
    picture = new Imagecanvas();
    timer = new Timer(60000,this);
    icon = new ImageIcon("11.jpg");        //创建一个小图标
    menubar = new JMenuBar();
    btn1 = new JButton("上年");
    btn2 = new JButton("下年");
    btn3 = new JButton("上月");
    btn4 = new JButton("下月");
    tf1 = new JTextField(5);
    tf2 = new JTextField(5);
    saveFile = new JButton("保存日志");
    deleteFile = new JButton("删除日志");
    readFile = new JButton("读取日志");
    date = new JTextField[42];
    for(int i = 0;i < date.length;i ++)
    {
```

```
                date[i] = new JTextField();
                date[i].setLayout(new GridLayout(3,3));
                date[i].addMouseListener(this);
            }
        calendar = Calendar.getInstance();                    //初始化日历对象
        year = calendar.get(Calendar.YEAR);                   //获得现在时间:年
        month = calendar.get(Calendar.MONTH) + 1;             //获得现在时间:月
        day = calendar.get(Calendar.DAY_OF_MONTH);            //获得现在时间:日
        tf1.setText("" + year);
        tf2.setText("" + month);
        calendar.set(year,month - 1,1);                       //将日历翻到 year,month,day 这天
        星期几 = calendar.get(Calendar.DAY_OF_WEEK) - 1;
        calendarpad.setShowDay(date);                         //CalendarPadl 类里的方法
        calendarpad.getTime(year,month,星期几);
        edit.setMessage(year,month,day);                      //Edit 类中的方法
        p1 = new JPanel();
        p2 = new JPanel();
        p1.add(btn1);
        p1.add(tf1);
        p1.add(btn2);
        p1.add(btn3);
        p1.add(tf2);
        p1.add(btn4);
        add(p1,BorderLayout.NORTH);
        p2.add(readFile);
        p2.add(saveFile);
        p2.add(deleteFile);
        add(p2,BorderLayout.SOUTH);
        menubar.add(scroll);
        setJMenuBar(menubar);
                                    //将窗口先划分为上下两部分:calendarpad 和 picture
        JSplitPane split1 = new JSplitPane(JSplitPane.VERTICAL_SPLIT,calendarpad,picture);
                                    //将窗口划分为上下两部分:edit 和 clock
        JSplitPane split2 = new SplitPane(JSplitPane.VERTICAL_SPLIT,edit,clock);
                                    //将 split1 和 split2 划分为窗口左右部分
        JSplitPane splitm = new SplitPane(JSplitPane.HORIZONTAL_SPLIT,split1,split2);
        add(splitm,BorderLayout.CENTER);
        btn1.addActionListener(this);
        btn2.addActionListener(this);
        btn3.addActionListener(this);
```

```
        btn4. addActionListener(this);
        saveFile. addActionListener(this);
        deleteFile. addActionListener(this);
        readFile. addActionListener(this);
        tf1. addActionListener(this);
        tf2. addActionListener(this);
        timer. start();
        doMark();                               //用于在日历上做标记的函数
        setVisible(true);
        setBounds(60,60,700,550);
        validate();
    }
public void actionPerformed(ActionEvent e)
    {
        if(e. getSource() = = btn1)              //按钮事件,年数减少 1
        {
            year = year - 1;
            tf1. setText(" " + year);
            calendar. set(year,month - 1,1);
            星期几 = calendar. get(Calendar. DAY_OF_WEEK) - 1;
            edit. setMessage(year,month,1);
            calendarpad. getTime(year,month,星期几);
            doMark();
        }
        if(e. getSource() = = btn2)              //按钮事件,年数增加 1
        {
            year = year + 1;
            tf1. setText(" " + year);
            calendar. set(year,month - 1,1);
            星期几 = calendar. get(Calendar. DAY_OF_WEEK) - 1;
            edit. setMessage(year,month,1);
            calendarpad. getTime(year,month,星期几);
            doMark();
        }
        if(e. getSource() = = btn3)              //按钮事件,月数减少 1
        {
            month = month - 1;
            if(month < = 0)
            {
                month = 12;
            }
            tf2. setText(" " + month);
```

```
        calendar. set( year,month − 1,1);
        星期几 = calendar. get( Calendar. DAY_OF_WEEK) − 1;
        edit. setMessage( year,month,1);
        calendarpad. getTime( year,month,星期几);
        doMark( );
    }
    if( e. getSource( ) = = btn4)                    //按钮事件,月数增加 1
    {
        month = month + 1;
        if( month > 12)
        {
            month = 1;
        }
        tf2. setText( " " + month);
        calendar. set( year,month − 1,1);
        星期几 = calendar. get( Calendar. DAY_OF_WEEK) − 1;
        edit. setMessage( year,month,1);
        calendarpad. getTime( year,month,星期几);
        doMark( );
    }
    if( e. getSource( ) = = tf1)                      //文本框事件,更换年份
    {
        year = Integer. parseInt( tf1. getText( ));
        month = Integer. parseInt( tf2. getText( ));
        calendar. set( year,month − 1,1);
        星期几 = calendar. get( Calendar. DAY_OF_WEEK) − 1;
        edit. setMessage( year,month,1);
        calendarpad. getTime( year,month,星期几);
        doMark( );
    }
    if( e. getSource( ) = = tf2)                      //文本框事件,更换月份
    {
        year = Integer. parseInt( tf1. getText( ));
        month = Integer. parseInt( tf2. getText( ));
        calendar. set( year,month − 1,1);
        星期几 = calendar. get( Calendar. DAY_OF_WEEK) − 1;
        edit. setMessage( year,month,1);
        calendarpad. getTime( year,month,星期几);
        doMark( );
    }
    if( e. getSource( ) = = saveFile)                 //按钮事件,保存日志
    {
```

```
            edit. savefile( dir,year,month,day) ;
            doMark( ) ;
    }
    if( e. getSource( ) = = readFile)                        //按钮事件,读取日志
    {
            edit. readfile( dir,year,month,day) ;
            sstring = edit. ta. getText( ). trim( ) ;
            slength = sstring. length( ) +2 ;
            s = scroll. getStr( sstring,slength) ;
            scroll. repaint( ) ;
    }
    if( e. getSource( ) = = deleteFile)                       //按钮事件,删除日志
    {
            edit. deletefile( dir,year,month,day) ;
            doMark( ) ;
    }
    if( e. getSource( ) = = timer)
    {
        int i =0 ;
        String fileName = " " + year + " " + month + " " + day + ". txt" ;
        if( isHaveDailyRecord( day) )
        {
            try
            {
                    File file = new File( dir,fileName) ;
                    FileReader inOne = new FileReader( file) ;
                    BufferedReader inTwo = new BufferedReader( inOne) ;
                    String s ;
                    while( ( s = inTwo. readLine( ) )! = null)
                    {
                        StringTokenizer tokenizer = new    StringTokenizer( s," #") ;
                        while( tokenizer. hasMoreTokens( ) )
                        {
                            try
                            {
                                str[ i] = tokenizer. nextToken( ) ;
                                i ++ ;
                            }
                            catch( Exception eex) { }
                        }
                    }
                    inOne. close( ) ;
```

```
                    inTwo. close( ) ;
                }
                catch( IOException ex) { }
                datem = new Date( ) ;                    //获取系统时间
                String string = datem. toString( ) ;
                occourTime = string. substring( 11 ,16) ;
                try {
                    File musicFile = new File( "LoopyMusic. mid" ) ;
                    url1 = musicFile. toURL( ) ;
                    backgroundmusic = Applet. newAudioClip( url1) ;
                }
                catch( Exception ex)  { }
                for( i = 0 ;i < str. length ;i +  = 2)
                {
                    try
                    {
                        if( str[ i] . equals( occourTime) )    //日志时间到,播放音乐文件
                        {
                            backgroundmusic. play( ) ;
                        }
                    }
                    catch( Exception ee) { }
                }
            }
        }
    }
    public void mousePressed( MouseEvent e)              //点击鼠标事件
    {
        JTextField jtf = ( JTextField) e. getSource( ) ;
        String s = jtf. getText( ). trim( ) ;            //获取文本框上的内容
        day = Integer. parseInt( s) ;
        edit. setMessage( year ,month ,day) ;
        edit. ta. setText( " " ) ;
    }
    public void mouseReleased( MouseEvent e) { }
    public void mouseEntered( MouseEvent e) { }
    public void mouseExited( MouseEvent e) { }
    public void mouseClicked( MouseEvent e) { }

/ *
* doMark( )函数,如果当天有日志,就在当天日历上创建图标
* /
```

```
    public void doMark( )
    {
        for( int i = 0;i < date. length;i ++ )
        {
            date[ i]. removeAll( );
            String s = date[ i]. getText( ). trim( );
            try
            {
                int n = Integer. parseInt( s);
                if( isHaveDailyRecord( n) = = true)          //若当天有日志
                {
                    JLabel mess = new JLabel( icon);
                    mess. setFont( new Font( "TimesRoman",Font. PLAIN,12));
                    mess. setForeground( Color. red);
                    date[ i]. add( mess);
                }
            }
            catch( Exception e) { }
        }
        calendarpad. repaint( );
        calendarpad. validate( );
    }
/ *
* isHaveDailyRecord( int) 函数,判断当天是否有日志( 日志名都是 year + month + day)
*/
    public boolean isHaveDailyRecord( int n)
    {
        String key = " " + year + " " + month + " " + n;
        String dailyFile[ ] = dir. list( );                   //用字符串形式返回目录下全部文件
        boolean b = false;
        for( int k = 0;k < dailyFile. length;k ++ )
        {
            if( dailyFile[ k]. equals( key + ". txt"))          //判断文件中是否有当天的日志
            {
                b = true;
                break;
            }
        }
        return b;
    }
}
```

8.3.3　CalendarPad 类

CalendarPad 类是 JPanel 的子类,图 8−6 标明了该类的成员变量和方法。

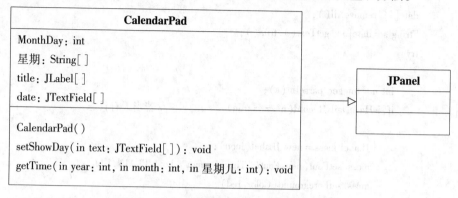

图 8−6　CalendarPad 类的成员变量和方法

(1) CalendarPad 类的成员变量
- MonthDay 是 int 型的,用来获取每个月的天数。
- 星期是字符串数组,用来表示星期几。
- title 是 JLabel 数组,用来显示星期几。
- date 是 JTextField 数组,用来显示当月的每一天。

(2) CalendarPad 类的方法
- CalendarPad( )是构造方法,用来初始化 title、date 等成员变量。
- setShowDay(JTextField[ ])方法用来设置 date 数组。
- getTime(int,int,int)方法用于获取每个月的天数并在日历上显示出该月的每一天。

(3) CalendarPad 类的代码

```
class CalendarPad extends JPanel
{
    int MonthDay;
    String[ ]星期 = {"SUN 日","MON 一","TUE 二","WED 三","THU 四","FRI 五","SAT 六"};
    JLabel title[ ];
    JTextField date[ ];
    CalendarPad( )
    {
        setLayout(new GridLayout(7,7));
        title = new JLabel[7];
        date = new JTextField[42];
        for(int i = 0;i < 7;i ++)
        {
            title[i] = new JLabel();
            title[i].setText(星期[i]);
```

```java
            title[i].setBorder(BorderFactory.createRaisedBevelBorder());
            add(title[i]);
        }
        title[0].setForeground(Color.red);
        title[6].setForeground(Color.red);
        setBounds(0,0,200,200);
        setVisible(true);
        validate();
    }

    //添加日历的文本框
    public void setShowDay(JTextField[] text)
    {
        date = text;
        for(int i = 0;i < 42;i ++)
        {
            add(date[i]);
            date[i].setFont(new Font("TimesRoman",Font.BOLD,15));
            date[i].setEditable(false);
        }
    }
    //getTime(int,int,int)函数用于获取每个月的天数,并在日历上显示出每一天
    public void getTime(int year,int month,int 星期几)
    {
        if(month = = 1||month = = 3||month = = 5||month = = 7||month = = 8||month = = 10||month
            = = 12)
        {
            MonthDay = 31;
        }
        if(month = = 4||month = = 6||month = = 9||month = = 11)
        {
            MonthDay = 30;
        }
        if(month = = 2)
        {
            if((year%4 = = 0&&year%100! = 0)||(year%400 = = 0))
            {
                MonthDay = 29;
            }
            else
            {
                MonthDay = 28;
            }
```

```
    }
    for( int i = 星期几,n = 1;i < 星期几 + MonthDay;i ++ )
    {
        date[i]. setText( "" + n) ;
        n ++ ;
    }
    for( int i = 0;i < 星期几;i ++ )
    {
        date[i]. setText( "" ) ;
    }
    for( int i = 星期几 + MonthDay;i < 42;i ++ )
    {
        date[i]. setText( "" ) ;
    }
    }
}
```

8.3.4 Edit 类

Edit 类是 JPanel 的子类,并实现了 ActionListener、MouseListener、ItemListener 接口,该类用于日志的编写、保存、读取、删除和显示。图 8 - 7 标明该类的主要成员变量和方法。

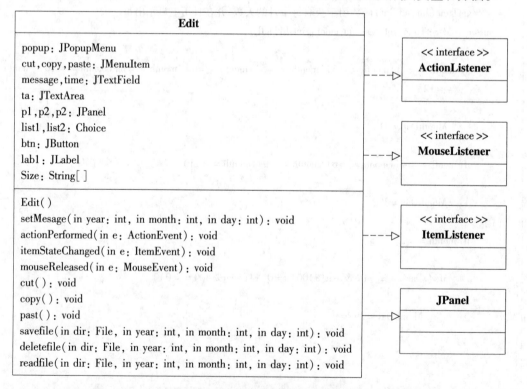

图 8 - 7 Edit 类的成员变量和方法

（1）Edit 类的成员变量

- popup 是 JPopupMenu 类型的对象,用于创建弹出菜单项。
- cut,copy,paste 是 JMenuItem 类型的对象,用来对文本框内容进行剪切、复制、粘贴操作。
- message,time 是 JTextField 类型的对象,message 用来显示年、月、日,time 用来操作显示日志发生的时间。
- ta 是 JTextArea 类型的对象,是日志内容的编辑区域。
- p1,p2,p3 是 JPanel 类型的对象,用于添加按钮、标签和文本框等组件。
- list1,list2 是 Choice 对象,用于显示字体名称和字体大小。
- btn 是 JButton 类型的对象,点击后弹出选择颜色对话框。
- lab1 是 JLabel 类型的对象,用来存放事件发生的时间。
- Size 是 String 类型的数组,用来存放字体大小。

（2）Edit 类的方法

- Edit( )是构造方法,用于初始化成员变量。
- setMessage(int,int,int)方法用于设置 message 对象上的显示内容。
- cut( )方法用于对 ta 上的日志内容的剪切。
- copy( )方法用于对 ta 上的日志内容的复制。
- paste( )方法用于对 ta 上的日志内容的粘贴。
- savefile(File,int,int,int)方法用于保存日志内容。
- readfile(File,int,int,int)方法用于读取日志内容。
- deletefile(File,int,int,int)方法用于删除日志内容。
- actionPerformed(ActionEvent)方法是 Edit 类实现 ActionListener 接口的方法,是 cut、copy、paste 和 btn 对象的动作事件处理方法。
- mouseReleased(MouseEvent)方法是 Edit 类实现 MouseListener 接口的方法,当用户在 ta 组件中释放鼠标右键时,在鼠标点击处弹出 pop 菜单。
- itemStateChanged(ItemEvent)方法是 Edit 类实现 ItemListener 接口的方法,是 list1、list2 组件的事件处理方法,用于对 ta 组件中的日志内容设置字体名称及大小。

（3）Edit 类的代码

```
class Edit extends JPanel implements ActionListener, MouseListener, ItemListener
{
    JPopupMenu popup;
    JMenuItem cut,copy,paste;
    JTextField message,time;
    JTextArea ta;
    JPanel p1,p2,p3;
    Choice list1,list2;
    JButton btn;
    JLabel lab1;
    String Size[ ] = {"10","12","14","16","18","20","22","24","26","28","30","32","34","
36"};                         //存放字体大小的一维数组
```

```
Edit( )
{
    popup = new JPopupMenu( );                              //创建弹出菜单
    message = new JTextField( );
    message. setEditable( false) ;
    ta = new JTextArea(5,20) ;
    p1 = new JPanel( ) ;
    p2 = new JPanel( ) ;
    p3 = new JPanel( ) ;
    btn = new JButton("颜色") ;
    lab1 = new JLabel("事件发生时间(hh:mm):") ;
    time = new JTextField(10) ;
    list1 = new Choice( ) ;
    list2 = new Choice( ) ;
    GraphicsEnvironment ge = GraphicsEnvironment. getLocalGraphicsEnvironment( ) ;
    String fontname[ ] = ge. getAvailableFontFamilyNames( ) ;   //存放字体名的一维数组
    for( int i =0 ;i < fontname. length;i ++ )                 //将字体名添加到 list1 中
    {
        list1. add( fontname[ i] ) ;
    }
    for( int i =0 ;i < Size. length;i ++ )                     //将字体大小添加到 list2
    {
        list2. add( Size[ i] ) ;
    }
                                                               //创建快捷方式
    cut = new JMenuItem("剪切") ;
    cut. setAccelerator( KeyStroke. getKeyStroke( KeyEvent. VK_X,InputEvent. CTRL_MASK) ) ;
    copy = new JMenuItem("复制") ;
    copy. setAccelerator( KeyStroke. getKeyStroke( KeyEvent. VK_C,InputEvent. CTRL_MASK) ) ;
    paste = new JMenuItem("粘贴") ;
    paste. setAccelerator( KeyStroke. getKeyStroke( KeyEvent. VK_V,InputEvent. CTRL_MASK) ) ;
    popup. add( cut) ;
    popup. add( copy) ;
    popup. add( paste) ;
    p1. add( list1) ;
    p1. add( list2) ;
    p1. add( btn) ;
    p3. add( lab1) ;
    p3. add( time) ;
    setLayout( new BorderLayout( ) ) ;
    add( message,BorderLayout. NORTH) ;
    p2. setLayout( new BorderLayout( ) ) ;
```

```
        p2. add( new JScrollPane( ta) ,BorderLayout. CENTER) ;
        p2. add( p3 ,BorderLayout. SOUTH) ;
        add( p2 ,BorderLayout. CENTER) ;
        add( p1 ,BorderLayout. SOUTH) ;
        setBounds( 0 ,0 ,600 ,600) ;
        setVisible( true) ;
        btn. addActionListener( this) ;
        list1. addItemListener( this) ;
        list2. addItemListener( this) ;
        cut. addActionListener( this) ;
        copy. addActionListener( this) ;
        paste. addActionListener( this) ;
        ta. addMouseListener( this) ;
    }
//对文本框 message 的内容进行设置
    public void setMessage( int year ,int month ,int day)
    {
        message. setText( year + "年" + month + "月" + day + "日") ;
        message. setForeground( Color. blue) ;
        message. setFont( new Font( "宋体" ,Font. BOLD ,15) ) ;
    }
    public void actionPerformed( ActionEvent e)
    {
        if( e. getSource( ) = = cut)
        {
            cut( ) ;
        }
        if( e. getSource( ) = = copy)
        {
            copy( ) ;
        }
        if( e. getSource( ) = = paste)
        {
            paste( ) ;
        }
        if( e. getSource( ) = = btn)
        {
            Color newColor = JColorChooser. showDialog( this ,"选择颜色" ,ta. getForeground( ) ) ;
            if( newColor! = null)
            {
                ta. setForeground( newColor) ;
```

```
            }
        }
    }
    public void itemStateChanged( ItemEvent e)
    {
        String n1 = list2. getSelectedItem( );
        String name = list1. getSelectedItem( );
        int n2 = Integer. parseInt( n1 );
        Font f = new Font( name, Font. PLAIN, n2);
        ta. setFont( f);
    }
    public void mouseReleased( MouseEvent e)                    //鼠标释放事件
    {
        if( e. getButton( ) = = MouseEvent. BUTTON3)            //释放鼠标右键
        {
            popup. show( ta, e. getX( ), e. getY( ));
        }
    if( e. getButton( ) = = MouseEvent. BUTTON1)                //释放鼠标左键
    {
        popup. setVisible( false);
    }
    }
    public void mousePressed( MouseEvent e) { }
    public void mouseEntered( MouseEvent e) { }
    public void mouseExited( MouseEvent e) { }
    public void mouseClicked( MouseEvent e) { }
    public void cut( )                                          //剪切函数
    {
        ta. cut( );
        popup. setVisible( false);
    }
    public void copy( )                                         //复制函数
    {
        ta. copy( );
        popup. setVisible( false);
    }
    public void paste( )                                        //粘贴函数
    {
        ta. paste( );
        popup. setVisible( false);
    }
    /*
```

```
 * 日志保存函数 savefile(File,int,int,int),用于保存日志
 */
public void savefile(File dir,int year,int month,int day)
{
    String dailyRecord = time. getText( ) + "#" + ta. getText( ) + "#" ;
    String fileName = "" + year + "" + month + "" + day + ". txt" ;
    String key = "" + year + "" + month + "" + day;
    String dialyFile[ ] = dir. list( ) ;
    boolean b = false;
    for( int i = 0;i < dialyFile. length;i ++ )          //判断文件夹中的是否已有当天日志
    {
        if( dialyFile[ i]. startsWith( key) )
        {
            b = true;
            break;
        }
    }
    if( b)                                              //若存在日志
    {
        int n = JOptionPane. showConfirmDialog( this,"" + year + "年" + month + "月" + day + "日"
 + "已经有日志存在,是否添加日志?","确认对话框",JOptionPane. YES_NO_OPTION);
        if( n = = JOptionPane. YES_OPTION)
        {
            try
            {
                File file = new File( dir,fileName) ;
                RandomAccessFile out = new RandomAccessFile( file,"rw") ;
                long end = out. length( ) ;              //文本文档的内容的末尾位置
                byte [ ]bb = dailyRecord. getBytes( ) ;
                out. seek( end) ;                        //将光标放到末尾位置
                out. write( bb) ;
                out. close( ) ;
            }
            catch( IOException e) { }
            ta. setText( "" ) ;
        }
        else
        {
            ta. setText( "" ) ;
        }
    }
    else
```

```
        {
            try
            {
                File file = new File(dir,fileName);
                FileWriter fw = new FileWriter(file);
                BufferedWriter bw = new BufferedWriter(fw);
                bw.write(dailyRecord);
                bw.close();
                fw.close();
            }
            catch(IOException e){}
            JOptionPane.showMessageDialog(this,"添加日志成功","消息对话框",JOptionPane.
INFORMATION_MESSAGE);
            ta.setText("");
            time.setText("");
        }
    }
    /*
     * deletefile(File, int, int, int)函数,用于删除日志
     */
    public void deletefile(File dir,int year,int month,int day)
    {
        String key = "" + year + "" + month + "" + day;
        String dialyFile[] = dir.list();
        boolean b = false;
        for(int i = 0;i < dialyFile.length;i ++)
        {
            if(dialyFile[i].startsWith(key))
            {
                b = true;
                break;
            }
        }
        if(b)
        {
            int n = JOptionPane.showConfirmDialog(this,"是否删除" + year + "年" + month + "月" + day
                + "日的日志?","确认对话框",JOptionPane.YES_NO_OPTION);
            if(n == JOptionPane.YES_OPTION)
            {
                try
                {
                    String fileName = "" + year + "" + month + "" + day + ".txt";
```

```
                        File file = new File( dir,fileName) ;
                        file. delete( ) ;
                }
            catch( Exception e) { }
            ta. setText( " " ) ;
        }
    }
    else
    {
    JOptionPane. showMessageDialog( this," " + year + "年" + month + "月" + day + "日无日志!","消息
对话框" ,JOptionPane. INFORMATION_MESSAGE) ;
    }
    }
    / *
    * readfile( File, int, int, int),用于读取日志
    */
    public void readfile( File dir,int year,int month,int day)
    {
        String fileName = " " + year + " " + month + " " + day + ". txt" ;
        String key = " " + year + " " + month + " " + day;
        String dialyFile[ ] = dir. list( ) ;
        boolean b = false;
        for( int i = 0;i < dialyFile. length;i  ++ )
        {
            if( dialyFile[ i]. startsWith( key) )
            {
                b = true;
                break;
            }
        }
        if( b)
        {
            ta. setText( " " ) ;
            time. setText( " " ) ;
            try
            {
                File file = new File( dir,fileName) ;
                FileReader inOne = new FileReader( file) ;
                BufferedReader inTwo = new BufferedReader( inOne) ;
                String s;
                while( ( s = inTwo. readLine( ) )!  = null)
                {
```

```
            ta. append( s + " \n" );
         }
      inOne. close( );
      inTwo. close( );
   }
   catch( IOException e) { }
}
else
{

   JOptionPane. showMessageDialog( this, " " + year + "年" + month + "月" + day + "日无日志!" ,"
消息对话框" , JOptionPane. INFORMATION_MESSAGE) ;
   }
 }
}
```

8.3.5　Clock 类

Clock 类是 Canvas 的子类,并实现 ActionListener 接口,用来产生时钟和闹铃。图 8 - 8
标明该类的主要成员变量和方法。

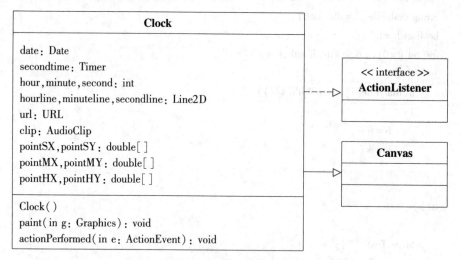

图 8 - 8　Clock 类的主要成员变量和方法

(1) Clock 类的主要成员变量
- date 是 Date 类型的对象,代表系统时间。
- secondtime 是 Timer 类型的对象,起到计时的作用。
- hour,minute,second 是 int 型数据,分别代表"小时""分钟"和"秒"。
- pointSX,pointSY 是 double 型数组,其单元值代表秒针的端点坐标。
- hourline,minuteline,secondline 是 Line2D 对象,用来绘制"时针""分针"和"秒针"。
- pointMX,pointMY 是 double 型数组,其单元值代表分针的端点坐标。

- pointHX,pointHY 是 double 型数组,其单元值代表时针的端点坐标。
- url 和 clip 对象用于整点时播放音乐。

（2）Clock 类的方法
- Clock( )是构造方法,用来创建 Clock 对象。
- paint(Graphics)方法在画布上绘制时钟。
- actionPerformed(ActionEvent)方法结合计时器,刷新时钟的刻度值,并在整点时播放音乐。

（3）Clock 类的代码

```
class Clock extends Canvas implements ActionListener          //刻画时钟
{
    Date date;
    Timer secondtime;
    int hour,minute,second;
    int a,b,c;
    Line2D hourline,minuteline,secondline;
    URL url;
    AudioClip clip;
    double piontSX[ ] = new double[60];          //用来表示秒钟端点的坐标
    double piontSY[ ] = new double[60];
    double piontMX[ ] = new double[60];          //用来表示分钟端点的坐标
    double piontMY[ ] = new double[60];
    double piontHX[ ] = new double[60];          //用来表示时钟端点的坐标
    double piontHY[ ] = new double[60];
    Clock( )
    {
        secondtime = new Timer(1000,this);
        piontSX[0] = 0;                           //12 点秒钟坐标
        piontSY[0] = -100;
        piontMX[0] = 0;                           //12 点分钟坐标
        piontMY[0] = -90;
        piontHX[0] = 0;                           //12 点时钟坐标
        piontHY[0] = -70;
        double angle = 6 * Math. PI/180;
        for( int i = 0;i < 59;i ++ )              //计算出各数组中的坐标
        {
            piontSX[i + 1] = piontSX[i] * Math. cos( angle) - Math. sin( angle) * piontSY[i];
            piontSY[i + 1] = piontSY[i] * Math. cos( angle) + piontSX[i] * Math. sin( angle);
            piontMX[i + 1] = piontMX[i] * Math. cos( angle) - Math. sin( angle) * piontMY[i];
            piontMY[i + 1] = piontMY[i] * Math. cos( angle) + piontMX[i] * Math. sin( angle);
            piontHX[i + 1] = piontHX[i] * Math. cos( angle) - Math. sin( angle) * piontHY[i];
            piontHY[i + 1] = piontHY[i] * Math. cos( angle) + piontHX[i] * Math. sin( angle);
```

```
                }
        for( int i = 0 ; i < 60 ; i ++ )                              //坐标平移
        {
            piontSX[ i ] = piontSX[ i ] + 120 ;
            piontSY[ i ] = piontSY[ i ] + 120 ;
            piontMX[ i ] = piontMX[ i ] + 120 ;
            piontMY[ i ] = piontMY[ i ] + 120 ;
            piontHX[ i ] = piontHX[ i ] + 120 ;
            piontHY[ i ] = piontHY[ i ] + 120 ;
        }
        secondline = new Line2D. Double( 0 , 0 , 0 , 0 ) ;
        minuteline = new Line2D. Double( 0 , 0 , 0 , 0 ) ;
        hourline = new Line2D. Double( 0 , 0 , 0 , 0 ) ;
        secondtime. start( ) ;
    }
    public void paint( Graphics g)
    {
        for( int i = 0 ; i < 60 ; i ++ )
        {
            int m = ( int) piontSX[ i ] ;
            int n = ( int) piontSY[ i ] ;
            if( i % 5 = = 0)
            {
                g. setColor( Color. red) ;
                g. fillOval( m - 4 , n - 4 , 8 , 8 ) ;
            }
            else
            {
                g. setColor( Color. cyan) ;
                g. fillOval( m - 2 , n - 2 , 4 , 4 ) ;
            }
        }
        g. fillOval( 115 , 115 , 10 , 10 ) ;
        Graphics2D g_2d = ( Graphics2D) g ;
        g_2d. setColor( Color. red) ;
        g_2d. draw( secondline) ;                                    //刻画秒针
        BasicStroke bs = new
            BasicStroke( 3f, BasicStroke. CAP_ROUND, BasicStroke. JOIN_MITER) ;
        g_2d. setStroke( bs) ;
        g_2d. setColor( Color. blue) ;
        g_2d. draw( minuteline) ;                                    //刻画分针
        bs = new BasicStroke( 6f, BasicStroke. CAP_ROUND, BasicStroke. JOIN_MITER) ;
```

```
        g_2d. setStroke( bs) ;
        g_2d. setColor( Color. green) ;
        g_2d. draw( hourline) ;                              //刻画时针
    }
public void actionPerformed( ActionEvent e)
{
    if( e. getSource( ) = = secondtime)
    {
        date = new Date( ) ;
        String s = date. toString( ) ;
        hour = Integer. parseInt( s. substring( 11 ,13) ) ;    //获取时间中的小时
        minute = Integer. parseInt( s. substring( 14 ,16) ) ;   //获取时间中的分
        second = Integer. parseInt( s. substring( 17 ,19) ) ;   //获取时间中的秒
        int h = hour% 12 ;
        a = second ;
        b = minute ;
        c = h * 5 + minute/12 ;
        secondline. setLine( 120 ,120 ,( int) piontSX[ a] ,( int) piontSY[ a] ) ;
        minuteline. setLine( 120 ,120 ,( int) piontMX[ b] ,( int) piontMY[ b] ) ;
        hourline. setLine( 120 ,120 ,( int) piontHX[ c] ,( int) piontHY[ c] ) ;
        repaint( ) ;
        if( minute = = 0&&second = = 0)                        //在整点报时,播放音乐文件
        {
            try{
                    File musicFile = new File( "tada. mid") ;
                    url = musicFile. toURL( ) ;
                    clip = Applet. newAudioClip( url) ;
                    clip. play( ) ;
                }
            catch( Exception ex)  { }
        }
    }
}
}
```

8.3.6 Imagecanvas 类

Imagecanvas 类是 Canvas 的子类,用来绘制图像。图 8 - 9 标明了该类的主要成员变量和方法。

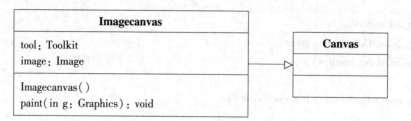

图 8 - 9   Imagecanvas 的成员变量和方法

（1）Imagecanvas 类的成员变量

● tool 是 Toolkit 类型的对象，用于获取 image 对象。

● image 表示要显示的图像。

（2）Imagecanvas 类的方法

● Imagecanvas（）是构造方法，用于创建 Imagecanvas 对象，初始化成员变量。

● paint（Graphics）方法用于在画布上绘制图像。

（3）Imagecanvas 类的代码

```
class    Imagecanvas extends Canvas
{
    Toolkit tool;
    Image image;
    Imagecanvas( )
    {
        setSize(200,200);
        tool = getToolkit( );
        image = tool. getImage("夏天. jpg");
    }
    public void paint(Graphics g)
    {
        g. drawImage(image,0,0,image. getWidth(this),image. getHeight(this),this);
    }
}
```

8.3.7   Scrolling 类

该类是 Canvas 的子类并实现 Runnable 接口，用于把日志内容在窗口上方滚动显示。图 8 - 10 标明了该类的主要成员变量和方法。

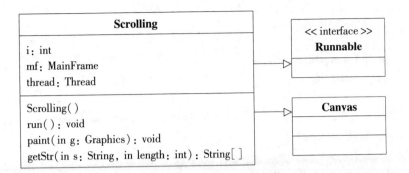

图 8 – 10　Scrolling 类的主要成员变量和方法

（1）Scrolling 类的成员变量

- i 是 int 型变量,用于计数。
- mf 是 MainFrame 类型的对象,用于将当前的 Scrolling 对象与 MainFrame 对象进行关联。
- thread 是 Thread 类型的对象,用于实现线程操作。

（2）Scrolling 类的方法

- Scrolling（）是构造方法,用于创建 Scrolling 对象,初始化成员变量。
- run()方法提供线程体,用于调用 paint()方法,实现日志内容的滚动显示。
- paint(Graphics)方法用于绘制滚动字幕。
- getStr(String,int)方法用于创建字符串数组。

（3）Scrolling 类的代码

```
classScrolling extends Canvas implements Runnable
{
    int i = 0;
    MainFrame mf;
    Thread thread;
    Scrolling (MainFrame mf)
    {
        this. mf = mf;
        setSize(30,28);
        thread = new Thread(this);
        thread. start();
    }
    public void run()
    {
        while(true)
        {
            try
            {
```

```
                    thread. sleep(500);
              }
         catch(InterruptedException e){}
         this. repaint(100);
       }
    }
  public void paint(Graphics g)
  {
       Font f = new Font("",Font. BOLD,16);
       g. setFont(f);
       g. setColor(Color. RED);
       if(mf. s = = null) return;
       g. drawString(mf. s[i ++],10,20);
       i% = mf. slength;
  }
  public static String[ ] getStr(String s,int length)
  {
       String newstr = s;
       String[ ] slist = new String[length];
       if(length > s. length())
       {
              for(int i = 0;i < length − s. length();i ++)
              {
                  newstr + = " ";
              }
         slist[0] = newstr;
         for(int i = 1;i < length;i ++)          //将字符串依次取头一位放到末尾,存到数组中
         {
              slist[i] = slist[i − 1]. substring(1) + slist[i − 1]. charAt(0);
         }
       }
         return slist;
    }
}
```

8.3.8   所需素材文件

（1）图像文件

准备名字为"11. jpg"和"夏天. jpg"的图像文件,分别作为出现在日历单元格内的小图标和主窗口左下方的图像。

（2）声音文件

准备名字为"tada. mid"和"LoopyMusic. mid"的声音文件,分别作为整点和到达日志中指定时间时所播放的音乐。

8.4 代码调试

将前面对各个类所定义的 Java 源文件和各种素材文件保存到同一文件夹中,编译 Java 源文件,然后运行主类,即运行 CalendarNotePad 类,首先显示的是当月的日历,基于该日历,可以进行日志的保存、读取、删除等操作。

若想保存日志,首先在日历中选定日期,然后在窗口右上方的文本区编写日志内容,还可以进一步指定事件发生的时间为几时几分。在编写日志的过程中,还可以对文本区中的内容设置字形、字号和颜色。通过鼠标右键还可以对其中的内容进行剪切、复制、粘贴操作。日志保存成功后,日历相应的单元格中就会出现小图标作为标记。可以对同一天的多个时间编写日志,均保存到同一个日志文件中,日志保存后,其内容会在窗口上方滚动显示。程序在运行时如果当前时间与日志事件中的某个时间吻合,则播放音乐进行提醒。编写日志的界面如图 8-11 所示,日志保存成功并读取后的界面如图 8-12 所示。

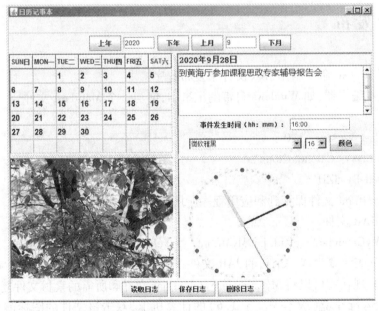

图 8-11 编写日志

当删除某一天的日志时,将删除磁盘中对应的日志文件,并且相应日历单元格中的小图标消失。

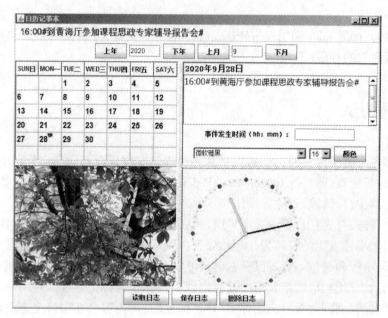

图 8－12　日志保存成功

8.5　程序发布

可以使用 jar. exe 命令制作 JAR 文件来发布程序。

（1）用文本编辑器，如 Windows 自带的记事本，编写一个 ManiFest 文件 MyMf. mf

> Manifest-Version：1.0
>
> Main-Class：CalendarNotePad
>
> Created-By：JZH

将以上 MyMf. mf 文件保存到和应用程序所用的字节码文件相同的目录中。

（2）生成 JAR 文件

jar cfm　MyCalendarNotePad. jar MyMf. mf　*. class

其中参数 c 表示要生成一个新的 JAR 文件，f 表示要生成的 JAR 文件的名字，m 表示清单文件的名字。现在就可以将 MyCalendarNotePad. jar 文件和所需的素材文件复制到任何一个安装了 Java 运行环境（版本需高于 1.6）的计算机上，双击该文件的图标就可以运行该程序。

第9章 树的应用案例——文件编码解码器的设计与实现

9.1 设计要求

在当今信息时代,计算机应用过程中产生的数据文件体量庞大,经常需要通过计算机网络进行信息传输,安全保密要求越来越高。如何有效地对数据进行加密,采用压缩技术来减小数据体量,对提高数据安全性,节省数据文件的存储空间和网络传送时间越来越重要。哈夫曼编码解码正是一种应用广泛且非常有效的数据压缩技术和加密技术。

哈夫曼树是一种带权路径长度之和最小的二叉树,又称最优二叉树。利用哈夫曼树求得的用于通信的二进制编码称为哈夫曼编码。树中从根到每个叶子都有一条路径,对路径上的各分支约定:指向左子树的分支表示"0"码,指向右子树的分支表示"1"码,取每条路径上的"0"或"1"的序列作为各个对应字符的编码,这就是哈夫曼编码。哈夫曼编码为不等长的前缀编码,出现频率高的字符编码较短,出现频率低的字符编码较长,没有一个字符编码是另一个字符编码的前缀。

把数据文件中出现的字节用哈夫曼编码表示形成文件的过程称为编码,把编码文件还原成原数据文件的过程称为解码。编码可以用于数据压缩,也可以用于文件加密,解码是恢复源文件,可用于解密或者解压。由于哈夫曼编码平均码长较等长编码短,如果采用适当的存储结构,编码文件一般比源文件小。本设计对数据文件进行哈夫曼编码,以达到数据容量压缩和文件加密的效果。设计要求如下:

(1) 能够根据数据文件中不同字节出现的频率创建哈夫曼树,设计哈夫曼编码;

(2) 能够对数据文件按字节进行哈夫曼编码,形成编码文件;

(3) 能够对编码文件进行解码,解码结果形成的文件与源文件完全相同。

9.2 总体设计

9.2.1 系统主要功能和处理流程

对系统进行分析,系统主要功能包括:

(1) 数据文件编码:读取数据文件,对数据文件按字节进行频率统计,以不同字节出现频率为权值建立哈夫曼树,对数据文件进行哈夫曼编码并输出编码,保存编码文件;

(2) 编码文件解码:读入要解码的文件,重建哈夫曼树,利用重建的哈夫曼树进行解码,将解码文件输出。系统功能结构图如图 9-1 所示。

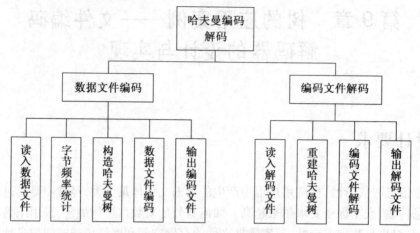

图 9-1 系统功能结构图

编码文件保存为 encoded.txt。为了能够重构哈夫曼树,系统设计了两个辅助文件 tree. txt 和 code.txt。对哈夫曼树进行先序遍历,用 0/1 二进制位分别表示叶子结点/非叶子结点,形成二进制位串保存到 tree.txt,得到的叶子结点对应的字符序列保存到 code.txt。系统流程图如图 9-2 所示。

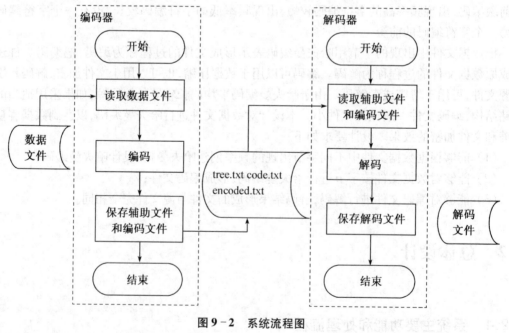

图 9-2 系统流程图

9.2.2　创建和重建哈夫曼树

　　为简化起见,假设被编码的数据文件由字符集{a,b,c,d,e,f,g,h}中的字母构成(实际数据文件由字节组成),这 8 个字母在文件中出现的频次分别为 19,21,2,3,6,7,10,32。按照哈夫曼树构造算法,构造哈夫曼树。按照左分支"0"右分支"1"的编码规则,得到哈夫曼树以及各个字符的哈夫曼编码如图 9－3 所示。

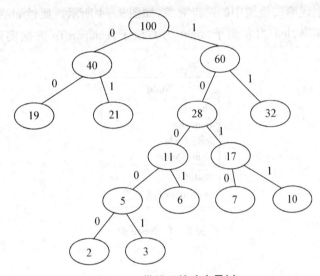

图 9－3　带编码的哈夫曼树

　　先序遍历上面哈夫曼树得到的叶子结点对应的字符顺序为 a,b,c,d,e,f,g,h,保存在 code. txt 文件;同时,将哈夫曼树以 BitSet 的形式存储在"tree. txt"中并进行序列化。用位集合记录先序遍历访问的结点类型,叶子结点记 0,分支结点记 1,得到位集合 110011110001000,保存到 tree. txt。这两个文件用于解码时重建哈夫曼树。

　　解码时,按照先根(根,左,右)顺序递归重建哈夫曼树,结点类型由 tree. txt 中的 0/1 值确定。首先读取 tree. txt 文件到位集合 bitset,当创建一个结点时,如果结点的编号对应的值为 1,表明该结点为分支结点,反之,表明该结点为叶子结点。叶子结点对应的字符从 char. txt 文件读取。

9.2.3　编码和解码

　　编码:首先创建哈夫曼树,建立字符到编码的映射;然后,打开数据文件,依次取得数据文件中的每个字符,通过字符编码映射,得到字符的哈夫曼编码;再将所有字符的哈夫曼编码连接成一个字符串 s,将字符串 s 按照"0"或"1"取值,设置到一个 bitset 集合;最后将 bitset 集合存入编码文件 encoded. txt。

　　解码:从 encoded. txt 读出编码到位集合 bitset;依次取出 bitset 的每一位,通过重建的哈夫曼树进行解码。从根结点开始,0 对应左孩子,1 对应右孩子,直到遇到叶子结点为止,完成一个字符的解码,将字符保存到解码文件。再从根结点开始继续解码,重复上述步骤,直至所有编码被解码完成。解码文件与原数据文件相同。

9.2.4 类图设计

1. Node 类

Node 类用于创建哈夫曼树中的结点对象,如图 9-4 所示。属性 ch 存放字节数据,freq 为字节数据出现频率,left 为左孩子,right 为右孩子,compareTo 方法实现两个结点按 freq 比较。

Node
ch: char
freq: int
left: Node
right: Node
Node( )
+ compareTo( )

图 9-4 Node 类

2. HuffmanEncoder 类

哈夫曼编码器,如图 9-5 所示。属性 charFreq 存储字符频率,以便以后在 GUI 的 JTextArea 中显示;finalMap 存储字符到编码的映射,以便以后在 JTextArea 中显示。各个方法的功能及实现细节在下一节详细介绍。

HuffmanEncoder
+ charFreq: String
+ finalMap: String
+ encode(in s: String, in encodeLocation: String): void
– getCharFrequencies(in fr_in: RandomAccessFile): HashMap < Character, Integer >
– buildTree(in charFrequencies: HashMap < Character, Integer >): Node
– getCodeWords(in n: Node): HashMap < Character, String >
– createCodeWords(in node: Node, out map: HashMap < Character, String > , out s: String): void
– encodeMessage(in map: HashMap < Character, String > , in fr: RandomAccessFile): String
– exportTree(in node: Node, in encodeLocation: String): void
– preOreder(in node: Node, in oosChar: ObjectOutputStream, out bitset: BitSet, inout o: Iterator): void
– exportEncodedMessage(in s: String, in codeLocation: String): void
– printCharMap(in map: HashMap < Character, Interger >): String
– printMap(in map: HashMap < Character, Interger >): String

图 9-5 HuffmanEncoder 类

3. myFinalEncoder 类

用于实现编码器图形界面以及事件处理,如图 9－6 所示。

myFinalEncoder
－ frmHuffmanEncoder：JFrame － button_Encode
＋ main(in args：String[ ])：void ＋ myFinalEncoder( ) － initialize( )：void

图 9－6　myFinalEncoder 类

4. HuffmanDecoder 类

哈夫曼解码器,如图 9－7 所示。各个方法的功能及实现细节在下一节详细介绍。

HuffmanDecoder
＋ decode(in outputString：String, in encodedFileLocation：String)：void － umpackTree(in parentDir：String)：Node － rebuildTree(in bitset：BitSet, in oisChar：ObjectInputStream, inout o：Iterator)：Node

图 9－7　HuffmanDecoder 类

5. myFinalDecoder 类

用于实现解码器图形界面以及事件处理,如图 9－8 所示。

myFinaDecoder
－ frame：JFrame － textField_enterOutputFileName：JTextField
＋ main(in args：String[ ])：void ＋ myFinalDecoder( ) － initialize( )：void

图 9－8　myFinalDecoder 类

6. 类与类之间的关系

Node 实现 Comparable 接口, HuffmanDecoder、HuffmanEncoder 类依赖 Node 类, myFinalEncoder 类依赖 HuffmanEncoder 类;myFinalDecoder 类依赖 HuffmanDecoder 类。如图 9－9 所示。

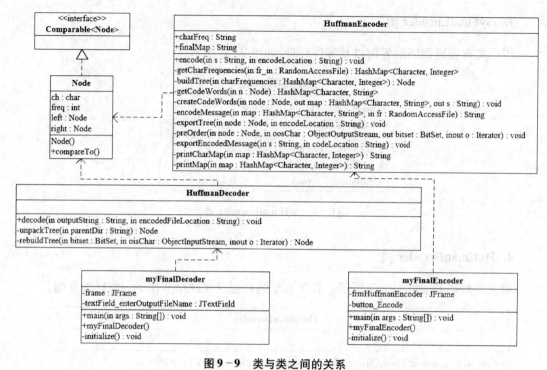

图 9-9　类与类之间的关系

9.3　详细设计

9.3.1　结点类 Node

定义结点类,用于构建哈夫曼树。compareTo( )方法用于比较两个结点的大小,比较条件是字符频率 freq。

```
private class Node implements Comparable < Node > {
        char ch;                         //用于存放一个字节对应的字符
        int freq;                        //字符频率
        Node left;                       //左孩子
        Node right;                      //右孩子
                                         //结点构造函数
        Node( char c, int f, Node l, Node r) {
            this. ch = c;
            this. freq = f;
            this. left = l;
            this. right = r;
        }                                //构造函数结束
```

```
                    //作为 Comparable 类的一部分的 compareTo 方法实现
    public int compareTo( Node next) {
        if ( this. freq > next. freq)
            return 1;
        else if ( this. freq = = next. freq)
            return 0;
        else
            return – 1;
    }                    // compareTo 方法结束
}                    //结点类结束
```

9.3.2 编码器类 HuffmanEncoder

1. getCharFrequencies( )方法

该方法求字符频率。从文件中读取数据,建立一个映射,显示某个特定字符已经出现了多少次,并返回该映射。

```
private HashMap < Character, Integer > getCharFrequencies ( RandomAccessFile fr_in) throws IOException,
FileNotFoundException {
    HashMap < Character, Integer > charFreqMap = new HashMap < Character, Integer > ( );
    int ch;
    while ( ( ch = fr_in. read( ) ) ! = – 1 ) {
        char c = ( char) ch;
        charFreqMap. put( c, charFreqMap. containsKey( c) ? charFreqMap. get( c) +1 : 1);
    }                            // end while
    fr_in. seek( 0);
    return charFreqMap;
}                            // getCharFrequency 方法结束
```

2. buildTree( )方法

该方法使用优先队列构建树。优先队列的作用是能保证每次取出的元素都是队列中权值最小的。首先创建优先队列 myQueue 对象,然后循环取得 charFrequencies 映射实体集合中的元素 kv,依据 kv 的键和值创建结点加入优先队列。再将字符频率最小的两个结点出队,创建一个新结点作为其父结点进队,父结点权值为两个出队结点的权值之和。如此循环,直到优先队列中只有一个结点为止,该结点为整个哈夫曼树的根。方法返回该根结点。

```
private Node buildTree( HashMap < Character, Integer > charFrequencies) {
        PriorityQueue < Node > myQueue = new PriorityQueue < Node > ();
        for ( Map. Entry < Character, Integer > kv : charFrequencies. entrySet( )) {
            myQueue. add( new Node( kv. getKey( ), kv. getValue( ), null, null));
        }                          // end for
        while ( myQueue. size( ) > 1 ) {
            Node n1 = myQueue. remove( );
            Node n2 = myQueue. remove( );
            Node newNode = new Node( '\0', n1. freq + n2. freq, n1, n2);
            myQueue. add( newNode);
        }                          // end while
        return myQueue. remove( );
    }                          // buildTree 方法结束
```

3. createCodeWords( )

该方法创建字符编码,即用"0"和"1"的字符串来编码原始文本中的出现的字符。参数 map 用于存放字符到编码的映射。

```
private void createCodeWords( Node node, HashMap < Character, String > map, String s) {
        if ( node. left = = null && node. right = = null) {
            map. put( node. ch, s);
            return;
        }
        createCodeWords( node. left, map, s + '0');
        createCodeWords( node. right, map, s + '1');
    }                          // createCodeWords 方法结束
```

4. getCodeWords( )

该方法调用 createCodeWords( ),求出字符和编码之间的映射。

```
private HashMap < Character, String > getCodeWords( Node n) {
        HashMap < Character, String > codeMap = new HashMap < Character, String > ();
        createCodeWords( n, codeMap, " ");
        return codeMap;
    }                          // getCodeWords 方法结束
```

5. codeMessage( ) 方法

该方法产生整个文件的编码信息。

```
private String encodeMessage ( HashMap < Character, String > map, RandomAccessFile fr ) throws
IOException {
        String s = " " ;
        int ch;
        while ( ( ch = fr. read ( ) ) !  = -1 ) {
            s = s + map. get( ( char)  ch) ;
        }                        // end while
        fr. seek( 0) ;
        return s;
}                        // encodeMessage 方法结束
```

6. exportTree( )方法

该方法的参数 node 为哈夫曼树的根结点。我们对树进行先序遍历并使用 bitset 来记录被访问结点类型,即叶子结点 0 和分支结点 1,并在文件 tree. txt 保存。创建文件 code. txt 保存每个叶子结点对应的字符。

```
private void exportTree( Node node, String encodeLocation) throws IOException, FileNotFoundException {
        BitSet bitset = new BitSet( ) ;
        ObjectOutputStream oosTree = new ObjectOutputStream( new FileOutputStream( encodeLocation + " \\
                        tree. txt" ) ) ;
        ObjectOutputStream oosChar = new ObjectOutputStream( new FileOutputStream( encodeLocation + " \
                        \char. txt" ) ) ;
        Iterator o = new Iterator( ) ;
        preOrder( node, oosChar, bitset, o) ;
        oosChar. close( ) ;
        bitset. set( o. bitPosition, true) ;
        oosTree. writeObject( bitset) ;
        oosTree. close( ) ;
}                        //exportTree 方法结束
```

7. preOrder( )方法

此方法获取树的前序遍历并将非叶子结点序号对应的 bitset 位设置为 true,叶子结点序号对应的 bitset 位设置为 false,使我们在以后尝试解码时更容易区分。这使我们更容易在以后仅使用先序遍历在解码器中重建树。Bitset 类的方法 set(int index, boolean v)的作用是将指定索引处的位设置为指定的值。

```
private void preOrder ( Node node, ObjectOutputStream oosChar, BitSet bitset, Iterator o ) throws
IOException {
        if ( node. left = = null && node. right = = null) {
            bitset. set( o. bitPosition ++ , false) ;
            oosChar. writeChar( node. ch) ;
```

```
            return;
        bitset. set( o. bitPosition ++ , true );
        preOrder( node. left, oosChar, bitset, o );
        bitset. set( o. bitPosition ++ , true );
        preOrder( node. right, oosChar, bitset, o );
    }                                    // preOrder 方法结束
```

8. 静态类 Iterator

使用此类的属性 bitPosition 作为全局变量。由于 Java 无法使用全局变量,因此可以简单地将此类创建为静态类,从而可以随时使用其 bitPosition 属性。每当创建此对象的新实例时,利用 bitPosition 初始化为 0 的优点,不必将其设置为 0 或为此类创建构造函数。

```
private static class Iterator {
    int bitPosition;
}        // Iterator 类结束
```

9. exportEncodedMessage( )方法

此方法用来导出编码文件。文件命名为"encoded. txt",存储在与输入文件相同的文件夹/目录中。注意,". txt"扩展名并非必需。我们可以将文件命名为"encoded",但是将其命名为"encoded. txt"便于操作,可以在任何操作系统上使用默认文本编辑器直接将其打开以验证内容。按照字符串 s 的"0"或"1"设置位集合对象 bitset,将 bitset 转化为字节数组 bs 并保存到文件 encoded. txt。这里根据"0"或"1"字符在位集合 bitset 中设置 false 或者 true,再将位集合转化成 byte 数组保存,使得哈夫曼编码能够按位存放,与直接存储字符串 s 相比,大大地节省了存储空间。

```
private void exportEncodedMessage ( String s, String encodeLocation ) throws FileNotFoundException,
IOException {
    FileOutputStream fr_out = new FileOutputStream( encodeLocation + " \\encoded. txt" );
    BitSet bitSet = new BitSet( );
    int i;      System. out. print( "!!!" + s. length( ) );
    for ( i = 0; i < s. length( ); i ++ ) {
        if ( s. charAt( i ) = = '0') {
            bitSet. set( i, false );
        } else {
            bitSet. set( i, true );
        }
    }                                    // end for
    bitSet. set( i, true );
    byte[ ] bs = bitSet. toByteArray( );
    ByteArrayOutputStream baos = new ByteArrayOutputStream( );
```

```
    baos. write( bs) ;
    baos. writeTo( fr_out) ;
    fr_out. close( ) ;
}                           // exportEncodedMessage 方法结束
```

10. printCharMap( )方法

打印或返回字符频率映射,用在主类的 JTextArea 中显示字符频率。

```
private String printCharMap( HashMap < Character, Integer > map) {
    StringBuilder s = new StringBuilder( ) ;
    s. append( " Character\t\tFrequency") ;
    s. append( "\n - - - - - - - - - - - - - - - - - - - - - - - - - - -
- - - - - - - - - - - - - - - - - - - - - \n") ;
    for ( Map. Entry < Character, Integer > kv : map. entrySet( )) {
        System. out. print( kv. getValue( ) +",") ;
        s. append( " " + kv. getKey( ) +"\t:\t" + kv. getValue( ) +"\n") ;
    }
    return s. toString( ) ;
}                          //printCharMap 方法结束
```

11. printMap( )方法

打印或返回代码字频率映射,用在主类的 JTextArea 中显示代码字频率。

```
private String printMap( HashMap < Character, String > map) {
    StringBuilder s = new StringBuilder( ) ;
    s. append( " Character\t\tEncoded Word") ;
    s. append( "\n - - - - - - - - - - - - - - - - - - - - - - - - - - - - - - \n") ;
    for ( Map. Entry < Character, String > kv : map. entrySet( )) {
        s. append( " " + kv. getKey( ) +"\t:\t" + kv. getValue( ) +"\n") ;
    }                          // end for
    return s. toString( ) ;
}                          // printMap 方法结束
```

12. encode( )方法

该方法第一个参数字符 s 是要进行编码的文件的绝对位置,第二个参数 encodeLocation 是编码文件的存储位置。在此目录中,我们将输出最终的"encoded. txt"(编码文件)以及支持文件"char. txt"和"tree. txt"。charFreq 存储字符频率,以便以后在 GUI 的 JTextArea 中显示,finalMap 存储代码字频率,以便以后在 JTextArea 中显示。该方法首先创建字符到出现频率的映射,然后根据映射建立哈夫曼树,接着创建字符到哈夫曼编码的映射,进而求出数据文件的编码。输出哈夫曼树、哈夫曼编码到文件,最后生成字符频率和字符编码在图形界面显示。

```
public void encode(String s, String encodeLocation) throws IOException, FileNotFoundException {
    System. out. print(s);
    RandomAccessFile fr_in = new RandomAccessFile(s, "r");
    if (fr_in. length() = =0) {
        throw new IllegalArgumentException("该字符串至少应有 1 个字符。");
    }
    HashMap < Character, Integer > charFrequencyMap = getCharFrequencies(fr_in);
    Node root = buildTree(charFrequencyMap);
    HashMap < Character, String > charCodeWordMap = getCodeWords(root);
    String encodedMessage = encodeMessage(charCodeWordMap, fr_in);
    exportTree(root, encodeLocation);
    exportEncodedMessage(encodedMessage, encodeLocation);
    fr_in. close();
    charFreq = printCharMap(charFrequencyMap);
    finalMap = printMap(charCodeWordMap);
                            // encode 方法结束
}
```

9.3.3 译码器类 class HuffmanDecoder

1. decode( )方法

解码方法。第一个参数 outputString 是用户提供的输出的绝对路径。第二个参数是 "encoded. txt" 所在的位置。

```
public void decode ( String outputString, String encodedFileLocation ) throws FileNotFoundException,
IOException, ClassNotFoundException {
    FileOutputStream fout_decode = new FileOutputStream(outputString);
    String trueencodeLocation = encodedFileLocation. concat(" \\encoded. txt");
    Node root = unpackTree(encodedFileLocation);
    Path path = Paths. get(trueencodeLocation);
    byte[ ] encodedBytes = Files. readAllBytes(path);
    BitSet bitset = BitSet. valueOf(encodedBytes);
    for (int i = 0; i < bitset. length() – 1;) {
        Node tmp = root;
        while (tmp. left ! = null) {
            if (! bitset. get(i)) {
                tmp = tmp. left;
            }
            else {
                tmp = tmp. right;
            }
            i ++;
```

```
}                                           // end while
    fout_decode. write( tmp. ch) ;
}                                           // end for
fout_decode. close( ) ;
}                                           // decode 方法结束
```

2. unpackTree( )方法

此方法从"tree. txt"解压缩树。因为我们将哈夫曼树以 BitSet 的形式存储在"tree. txt"中并进行了序列化,这里恢复 BitSet,重建哈夫曼树。

```
private Node unpackTree ( String parentDir ) throws FileNotFoundException, IOException,
ClassNotFoundException {
    ObjectInputStream oisBranch = new ObjectInputStream( new FileInputStream( parentDir + " \ \tree. txt" ) ) ;
    ObjectInputStream oisChar = new ObjectInputStream( new FileInputStream( parentDir + " \ \char. txt" ) ) ;
    BitSet bitset = ( BitSet) oisBranch. readObject( ) ;
    oisBranch. close( ) ;
    return rebuildTree( bitset, oisChar, new Iterator( ) ) ;
}                                           // unpackTree 方法结束
```

3. rebuildTree( )方法

重建哈夫曼树。按照先序(根,左,右)的顺序递归创建哈夫曼树,如果 bitset 对应的值为 false,指示该结点是叶子结点,则从文件流 oisChar(由 char. txt 创建)读取相应的字符。

```
private Node rebuildTree( BitSet bitset, ObjectInputStream oisChar, Iterator o) throws IOException {
    Node node = new Node( '\0', 0, null, null) ;
    if ( ! bitset. get( o. bitPosition) ) {
        o. bitPosition ++ ;
        node. ch = oisChar. readChar( ) ;
        return node ;
    }
    o. bitPosition = o. bitPosition + 1 ;
    node. left = rebuildTree( bitset, oisChar, o) ;
    o. bitPosition = o. bitPosition + 1 ;
    node. right = rebuildTree( bitset, oisChar, o) ;
    return node ;
}                                           // rebuildTree 方法结束
```

9.3.4 myFinalEncoder 类

界面主要包括打开文件、编码两个按钮,用于显示字符出现频率和字符编码的两个文本区域以及若干标签。主要事件相应代码如下:

```
public void mouseClicked( MouseEvent e) {
       ……
                                      //创建 HuffmanEncoder 的实例,这是压缩开始的地方
    HuffmanEncoder huff = new HuffmanEncoder( );
    try {
    huff. encode( fileDialog. getSelectedFile( ). getAbsolutePath( ) , fileDialog. getSelectedFile( ). getParent
( ));
       } catch ( FileNotFoundException e1 ) {
           …
    double a = ( double) fileDialog. getSelectedFile( ). length( );        //取得源文件大小
    File encodedFile = new File( fileDialog. getSelectedFile( ). getParent( ) + " \\encoded. txt" );
    double b = ( double) encodedFile. length( );                //取得编码文件大小
    double c = ( ( a − b ) / a ) * 100;                    //计算压缩比
    label_FinalAnswer. setText( "源文件: " + a + "字节" + "   ||   编码文件: " + b + "字节" + "   ||
                      压缩比: " + c + "%" );
    textArea_CharFreq. append( huff. charFreq);            //字符频率
    textArea_encodeMap. append( huff. finalMap);           //字符编码
       ……
```

9.3.5　myFinalDecoder 类

界面主要包括打开文件、解码两个按钮,用于输入文件名的文本区域以及若干标签。主要事件相应代码如下:

```
public void mouseClicked( MouseEvent e) {
    String outputName = textField_enterOutputFileName. getText( );
    HuffmanDecoder huff = new HuffmanDecoder( );
    try {
           StringoutputLocation = fileDialog. etSelectedFile( ). getParent( ) + " \\" +
                           textField_enterOutputFileName. getText( );
           huff. decode( outputLocation, fileDialog. getSelectedFile( ). getParent( ));
       } catch ( ClassNotFoundException | IOException e1 ) {
              e1. printStackTrace( );
       }
    File outputFile = new File( fileDialog. getSelectedFile( ). getParent( ) + " \\" + outputName);
    long a = outputFile. length( );
    lblTest. setText( "成功解码为源文件,文件容量为" + a + "字节. " );
    }

}
```

9.4　代码调试

（1）. 运行 myFinalEncoder,得到界面如图 9-10 所示。

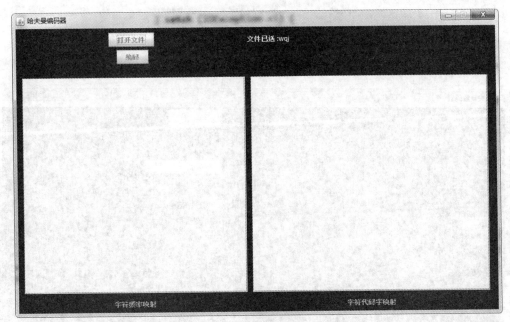

图 9-10　哈夫曼编码器运行界面

（2）打开文件 wqj,对文件进行编码,得到界面如图 9-11 所示。

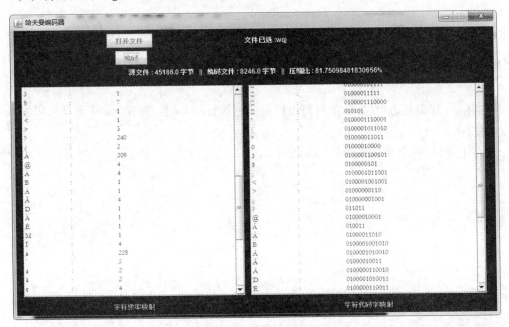

图 9-11　哈夫曼编码结果

（3）编码生成的文件如图 9–12 所示。

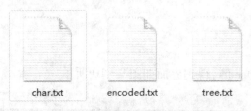

char.txt   encoded.txt   tree.txt

图 9–12 编码生成的三个文件

（4）运行 myFinalDecoder，打开编码文件，解码后得到界面如图 9–13 所示。

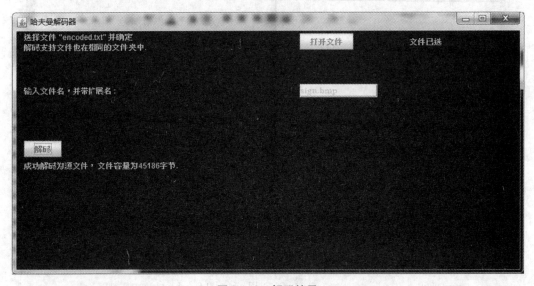

图 9–13 解码结果

9.5 程序发布

Eclipse 开发环境中，Java 项目可以打包成可执行的 jar 包，借助 exe4j 工具可以生成 exe 文件使用。

右击项目，弹出菜单如图 9–14 所示。

图 9 - 14　项目右键菜单

单击"Export"菜单项,弹出"Export"对话框,如图 9 - 15 所示。

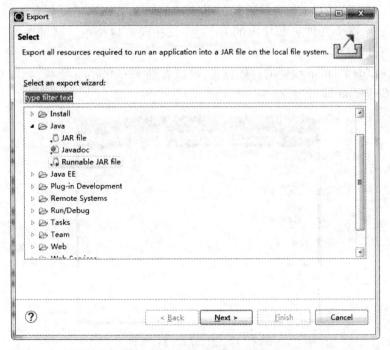

图 9 - 15　"Export"对话框

选择树形目录中 Java 项的第三个子项 Runnable JAR File（可执行的 jar 文件），单击 "Next"，弹出"Runnable JARFile Export"对话框，如图 9 - 16 所示。

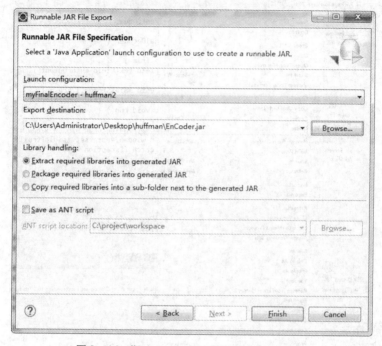

图 9 - 16　"Runnable Jar file Export"对话框

从 Launch configuration 下拉列表选择主程序，从 Export destination 下拉列表选择打包后 jar 文件的存储位置。Library handing 有三个单选钮，选择第一个引用的 jar 包会整合到项目中去；选择第二个引用的 jar 包会单独放在项目根目录下；选择第三个引用的 jar 包会单独放在一个文件夹下，这个文件夹和导出的 jar 文件放在同一目录下。这里选择第一个，单击 "Finish"按钮完成打包。

打开 Export destination 设定的存储位置，可以看到 EnCoder. jar 文件，如图 9 - 17 所示，鼠标双击 EnCoder. jar 即可运行。

图 9 - 17　打包后的 jar 文件

第10章 图的应用案例——校园导游的设计与实现

10.1 设计要求

本案例以图作为数据模型,为校园设计一个导游系统,尝试从数据结构角度出发解决实际问题。利用面向对象编程思想进行设计与实现。

(1) 功能要求

选取若干个有代表性的景点(不少于 10 个)抽象成一个无向带权图(无向网),以图中顶点表示校园各景点,以边的权值表示两景点之间的距离;每个景点包括编号、名称和简介等信息。能根据指定的景点编号查询景点信息;能根据指定的两个景点编号查询两个景点之间的一条最短路径。在完成以上功能的基础上,可考虑增加修改功能:为校园平面图增加或删除景点或边,修改边上的权值等。

(2) 存储结构要求

数据结构采用图,所有景点(顶点)信息用数组存储,其中每个数组元素是一个景点实例,景点的邻接关系用图的邻接矩阵存储。在达到以上要求的基础上,可考虑以文件或者数据库存储景点(顶点)信息。

(3) 界面要求

设计 GUI 界面的校园导游程序,方便进行功能选择,并以友好的界面显示运行结果。

描述系统功能的用例图如图 10－1 所示。

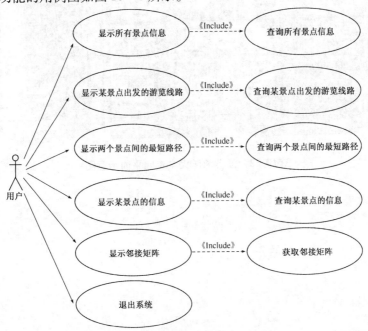

图 10－1 校园导游系统的用例图

10.2 总体设计

以江苏海洋大学主要景点为例,其校园平面示意图如图 10-2 所示,抽象完成的无向图如图 10-3 所示。全校共抽象出 31 个景点、66 条道路。各景点分别用图中的顶点表示,景点编号为 v0~v31;66 条道路分别用图中的边表示,边的权值表示景点之间的距离。

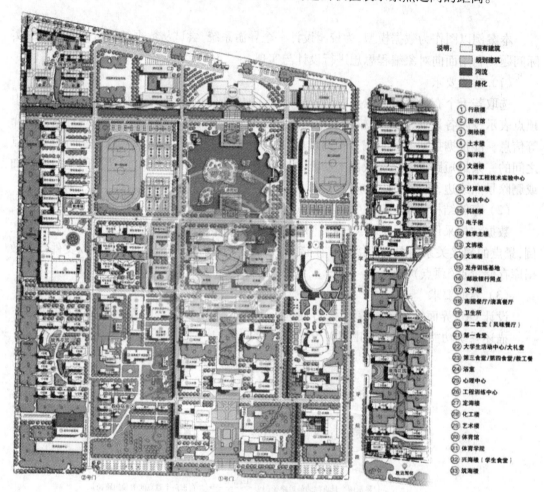

图 10-2 江苏海洋大学校园平面示意图

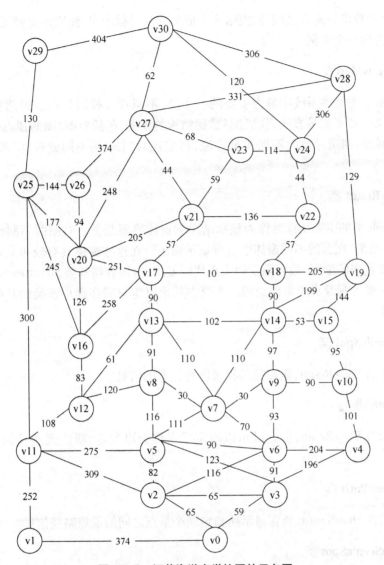

图 10-3 江苏海洋大学校园的无向图

在设计本系统时,定义了 9 个独立的类:Vexsinfo、CampusMap、ShowResult、AllScenicSpot、AllPath、ShortestPath、GivenScenicSpot、AdjacencyMatrix 以及 MainFrame。实现 GUI 外观的代码中,调用了 Java 系统所提供的图形界面类,如容器类 JFrame、JPanel,图形组件类 JTextField、JTextArea 等。实现 GUI 事件处理的代码中,定义了若干个匿名类。

10.2.1 类的职责划分

1. Vexsinfo 类

对校园所有景点的共有特征进行抽象,定义 Vexsinfo 类。该类类体中定义 4 个成员变量,存放景点的编号、名称、简介和是否被访问过等静态信息。该类类体中定义了 1 个构造方法,其 4 个参数作为输入,分别赋值给 4 个成员变量。程序中,使用该类创建景点实例,每个景点是该类的一个实例。

2. CampusMap 类

CampusMap 类是本系统中最为重要的一个类,不但存放校园景点及道路构成的"无向图",而且定义了若干成员方法完成"图"数据结构的算法,包括对图、图的顶点和边的操作。生成该类的对象,调用对象的不同成员方法,将实现对"图"的不同处理,实现不同的导游功能。

3. ShowResult 类

ShowResult 类的主要功能是作为显示结果的窗体容器基类。对图的不同操作(即不同的导游功能)结果,在新的不同窗体中进行显示输出。在这些窗体具有较多共性的情况下,为了减少重复代码的编写,最大限度地实现代码复用,窗体容器基类 ShowResult 定义了结果显示窗体的主要外观及必要事件处理。系统中其他窗体只需在继承该类的基础上,增加新的特征和功能。

4. AllScenicSpot 类

该类继承自 ShowResult,负责显示校园所有景点的信息。

5. AllPath 类

该类继承自 ShowResult,负责显示以指定景点作为出发点,所能到达其他景点的路径信息。

6. ShortestPath 类

该类继承自 ShowResult,负责显示所指定两个景点之间的最短路径信息。

7. GivenScenicSpot 类

该类继承自 ShowResult,负责显示指定景点的信息。

8. AdjacencyMatrix 类

该类继承自 ShowResult,负责显示学校地图的邻接矩阵。

9. MainFrame 类

MainFrame 类是系统的主类,该类中的主方法 main( )是系统开始执行的起始位置。

10.2.2 类间的关系

图 10-4 描述了系统中各个类之间的关系。

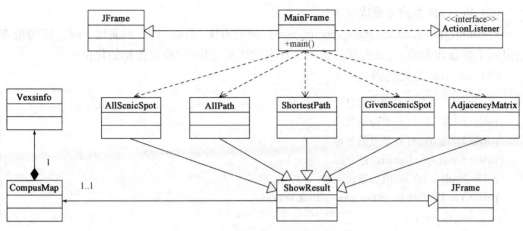

图 10 - 4　系统中各个类之间的关系

10.3　详细设计

10.3.1　各个类的设计

1. Vexsinfo 类的设计

Vexinfo 类是 Object 类的直接子类,其类图如图 10 - 5 所示。

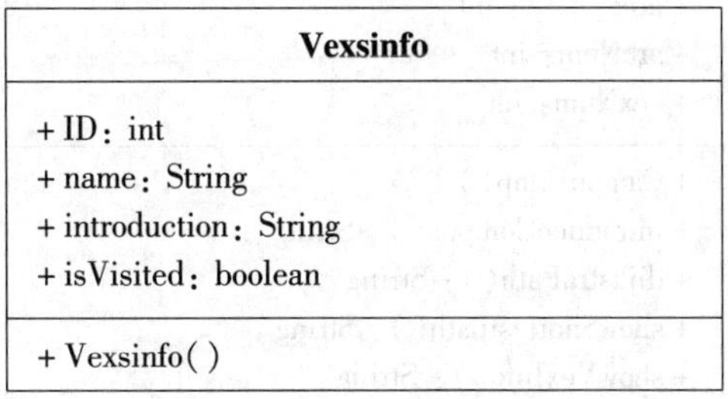

Vexsinfo
+ ID：int + name：String + introduction：String + isVisited：boolean
+ Vexsinfo( )

图 10 - 5　Vexsinfo 的类图

（1）Vexsinfo 类的主要成员变量

ID：int 型整数,在程序代码中作为景点的唯一性标志。鉴于学校景点总数目不大,确定该成员变量的数据类型为 int。

name：String 型,存储景点的名称。Java 提供了 String、StringBuffer 类实例化字符串对象,前者不可变,后者可变。鉴于系统中景点名称具有稳定性,确定该成员变量的数据类型为 String 型。

introduction：String 型,存储景点的简介信息。

isVisited：Boolean 型,存储景点对象是否被访问过的信息。

（2）Vexsinfo 类的主要成员方法

Vexsinfo(int id, String name, String intro)：构造方法，无返回值，不能加 void。该构造方法以四个参数作为输入，分别赋值给四个对应的成员变量，完成对象初始化操作。

（3）Vexsinfo 类的代码

```java
class Vexsinfo{           //顶点信息
    public int ID;        //景点的编号
    public String name;   //景点的名称
    public String introduction;//景点的介绍
    public Boolean isVisited;//是否被访问过
    public Vexsinfo(int id, String name,String intro){
        this.ID = id;
        this.name = name;
        this.introduction = intro;
        this.isVisited = false;
    }
}
```

2. CampusMap 类的设计

为了存储校园无向图信息，CompusMap 类体中声明了若干成员属性；为了完成基于校园无向图的操作，CompusMap 类体中定义了若干成员方法。其类图如图 10-6 所示。

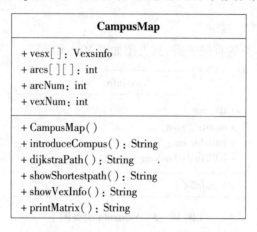

CampusMap

+ vesx[ ]: Vexsinfo
+ arcs[ ][ ]: int
+ arcNum: int
+ vexNum: int

+ CampusMap( )
+ introduceCompus( ): String
+ dijkstraPath( ): String
+ showShortestpath( ): String
+ showVexInfo( ): String
+ printMatrix( ): String

图 10-6　CompusMap 的类图

（1）CampusMap 类的主要成员变量

vexs[ ]：一维数组，用于存储无向图的顶点（景点）信息，每个数组元素为 Versinfo 类型。程序中利用 for 循环语句为该数组的数组元素赋值。

arcs[ ][ ]：二维数组，用于存储无向图的边（景点与景点之间的道路）信息，每个数组元素为 int 型。程序中利用双重 for 循环为每个数组元素赋值为 1 000，表示两个顶点之间没有边；然后，采用逐一赋值的方式为已有边赋值。

arcNum：int 型，存储无向图中的边（道路）数。

vexNum：int 型，存储无向图中的顶点(顶点)数。

（2）CampusMap 类的主要成员方法

CampusMap(int, int)：构造方法，无返回值，不能加 void。该构造方法以两个参数作为输入，一是用于指定 vexs 数组和 arcs 数组的大小；二是分别赋值给成员变量 arcNum 和 vexNum，完成对象初始化操作。此外，该构造方法设置图的各顶点信息和生成邻接矩阵。

introduceCompus()：返回值类型为 String 型，主要功能是获得无向图中所有顶点(景点)的全部信息。

dijkstraPath(int)：返回值类型为 String 型，以 int 型参数指定顶点(景点)的编号。主要功能是以 int 参数指定的无向图顶点(景点)作为起点，其他任一顶点作为终点的全部路径信息。该方法实现了迪杰斯特拉(Dijsktra)算法。

showShortestPath(int, int)：返回值类型为 String 型，以两个 int 型参数指定两个顶点(景点)的编号。主要功能是计算出两个顶点(景点)之间的最短路径。该方法实现了弗洛伊德(Floyd)算法。

showVexInfo(int)：返回值类型为 String 型，以 int 型参数指定顶点(景点)的编号。主要功能是以 int 参数指定的无向图顶点(景点)作为关键字，查询出指定顶点的全部信息。

printMatrix()：返回值类型为 String 型，主要功能是返回无向图的邻接矩阵。

（3）CampusMap 类的代码

```
public class  CampusMap{          //存储校园无向图的结构信息
    public Vexsinfo[]  vexs;        //顶点信息
    public int[][] arcs;            //邻接矩阵,用整型值表示权值
    public int arcNum;              //边数
    public int vexNum;              //顶点数
    public CampusMap(int maxVexsNum, int maxsize){
        vexs = new Vexsinfo[maxVexsNum];
        arcs = new int[maxsize][maxsize];
        arcNum = maxVexsNum; vexNum = maxsize;
        /*初始化所有景点信息*/
        String[] names = {"1 号门","2 号门","行政楼","文渊楼","定海楼","图书馆","文博
                        楼","主楼","土木楼","机械楼","化工楼","文予楼","南园餐厅","海
                        洋楼","计算机楼","艺术楼","风味餐厅", "文通楼 A 楼","文通楼 B
                        楼","体育馆","第一食堂","文思楼","文华楼","测绘楼","电子楼",
                        "第四食堂","学生公寓 B 区","海工楼","3 号门","学生公寓 A 区","静
                        思湖"};
        String[] introduces = {"江苏海洋大学正门,通过此门进入教学区","江苏海洋大学西门,通过
                        此门进入住宿区","学校行政办公大楼,楼高 6 层","学校文渊楼,楼高
                        4 层,存放教材辅导资料","定海楼,在工程训练中心北侧","学校图书
                        馆,馆藏丰富学习氛围浓厚","文博大楼,面对图书馆,楼高 5 层","江
                        苏海洋大学主楼,校园中心建筑","土木楼,土木与港海工程学院","机
                        械楼,机械工程学院","化工实验楼,学生做化工实验的理想地","文予
                        楼,外国留学生住宿楼","南园餐厅,原第二食堂,各种美食","海洋楼,
```

```
                          海洋学院所在地","计算机楼,计算机工程学院所在地","艺术楼,艺术学
                          院所在地","风味餐厅,有清真饭店","文通楼A,公共课上课地点","文通
                          B,公共课上课地点","体育馆,学校体育馆","第一食堂,紧邻A区学生宿
                          舍","文思楼,公共课,自习室","文华楼,公共课,自习室","测绘楼,海洋
                          技术与测绘学院所在地","电子楼,电子工程学院所在地","第四食堂,学
                          校最大的食堂","学生公寓B区,学校男生集中营","海工楼,海洋工程技
                          术实训中心","3号门,通往学校东区和淮海花园","学生公寓A区,学院
                          女生宿舍区","静思湖,风景优美,情侣较多单身勿入"};
        for( int i = 0;i < vexNum;i ++ ){              //依次设置图的各顶点信息
            vexs[ i ] = new Vexsinfo( i,names[ i ],introduces[ i ] );
        }
        for( int i = 0;i < vexNum ;i ++ )              //先初始化图的邻接矩阵
            for( int j = 0;j < vexNum ;j ++ )
                arcs[ i ][ j ] = 1000;                 //1000 表示无边
        arcs[ 0 ][ 1 ] = 374;arcs[ 0 ][ 2 ] = 65;arcs[ 0 ][ 3 ] = 59;
        arcs[ 1 ][ 11 ] = 252;arcs[ 2 ][ 3 ] = 65;arcs[ 2 ][ 5 ] = 85;
        arcs[ 2 ][ 6 ] = 116;arcs[ 2 ][ 3 ] = 65;arcs[ 2 ][ 11 ] = 309;
        arcs[ 3 ][ 4 ] = 196;arcs[ 3 ][ 5 ] = 123;arcs[ 3 ][ 6 ] = 91;
        arcs[ 4 ][ 6 ] = 204;arcs[ 4 ][ 10 ] = 101;arcs[ 5 ][ 6 ] = 90;
        arcs[ 5 ][ 7 ] = 111;arcs[ 5 ][ 8 ] = 116;arcs[ 5 ][ 11 ] = 275;
        arcs[ 6 ][ 7 ] = 70;arcs[ 6 ][ 9 ] = 93;arcs[ 7 ][ 8 ] = 30;
        arcs[ 7 ][ 9 ] = 30;arcs[ 7 ][ 13 ] = 110;arcs[ 7 ][ 14 ] = 110;
        arcs[ 8 ][ 12 ] = 120;arcs[ 8 ][ 13 ] = 91;arcs[ 9 ][ 10 ] = 90;
        arcs[ 9 ][ 14 ] = 97;arcs[ 10 ][ 15 ] = 95;arcs[ 11 ][ 12 ] = 108;
        arcs[ 11 ][ 25 ] = 300;arcs[ 12 ][ 13 ] = 61;arcs[ 12 ][ 16 ] = 83;
        arcs[ 13 ][ 14 ] = 102;arcs[ 13 ][ 17 ] = 90;arcs[ 14 ][ 15 ] = 53;
        arcs[ 14 ][ 18 ] = 90;arcs[ 14 ][ 19 ] = 199;arcs[ 15 ][ 19 ] = 144;
        arcs[ 16 ][ 17 ] = 258;arcs[ 16 ][ 20 ] = 126;arcs[ 16 ][ 25 ] = 245;
        arcs[ 17 ][ 18 ] = 10;arcs[ 17 ][ 20 ] = 251;arcs[ 17 ][ 21 ] = 57;
        arcs[ 18 ][ 19 ] = 205;arcs[ 18 ][ 22 ] = 57;arcs[ 19 ][ 28 ] = 129;
        arcs[ 20 ][ 21 ] = 205;arcs[ 20 ][ 25 ] = 177;arcs[ 20 ][ 26 ] = 94;
        arcs[ 20 ][ 27 ] = 248;arcs[ 21 ][ 22 ] = 136;arcs[ 21 ][ 23 ] = 59;
        arcs[ 21 ][ 27 ] = 44;arcs[ 23 ][ 24 ] = 114;arcs[ 23 ][ 27 ] = 68;
        arcs[ 24 ][ 28 ] = 306;arcs[ 24 ][ 30 ] = 120;arcs[ 25 ][ 26 ] = 144;
        arcs[ 25 ][ 29 ] = 130;arcs[ 26 ][ 27 ] = 374;arcs[ 27 ][ 28 ] = 331;
        arcs[ 27 ][ 30 ] = 62;arcs[ 28 ][ 30 ] = 306;arcs[ 29 ][ 30 ] = 404;

        for( int i = 0;i < vexNum ;i ++ )              //邻接矩阵是对称矩阵,对称赋值
            for( int j = 0;j < vexNum ;j ++ )
                arcs[ j ][ i ] = arcs[ i ][ j ];
    }
```

```
public String introduceCompus( ) {                    //对校园各景点进行集中介绍
    StringBuffer buffer = new StringBuffer( );
    buffer. append(" 编号\t 景点名称 \t 简介 \n");
    buffer. append(" – – – – – – – – – – – – – – – – – – – – – – – – – \n");
    for( int i = 0; i < vexNum; i ++ ) {
        buffer. append(" " + vexs[ i]. ID + "\t");
        buffer. append(" " + vexs[ i]. name + "\t");
        buffer. append(" " + vexs[ i]. introduction + "\n");
    }
    return buffer. toString( );
}

public String dijkstraPath( int v0) {                 //显示从给定顶点出发,到其他顶点的最短路径
/ * 使用迪杰斯特拉算法求以顶点 v0 为起点,到其余顶点的最短路经。p[ ][ ]数组存储两顶点间
    的通路标志:若 p[ v][ w] = = 1,则 w 是从 v0 到 v 的最短路经上的顶点。*/
    StringBuffer buffer = new StringBuffer( );
    int min, t = 0;                                   // v0 为起始顶点(景点)的编号
    int d[ ] = new int[ 31];
    int p[ ][ ] = new int[ 31][ 31];
    for ( int v = 0; v < vexNum; v ++ ) {
        vexs[ v]. isVisited = false;                  // 初始化各顶点访问标志
        d[ v] = arcs[ v0][ v];                        // v0 到各顶点 v 的权值赋值给 d[ v]

        / * 初始化 p[ ][ ]数组,各顶点间的路径全部设置为空路径 0 */
        for ( int w = 0; w < vexNum; w ++ )
            p[ v][ w] = 0;
        if ( d[ v] < 1000) {                          // v0 到 v 连通,修改 p[ v][ v0]的值为 1
            p[ v][ v0] = 1;
            p[ v][ v] = 1;                            // 各顶点自己连通自己
        }
    }
    d[ v0] = 0;                                       // 顶点到自己的权值设为 0
    vexs[ v0]. isVisited = true;                      // v0 的访问标志设为 true,v 属于 s 集

    / * 对其余 vexNum – 1 个顶点 w,依次求 v 到 w 的最短路径 */
    for ( int i = 1; i < vexNum; i ++ ) {
        min = 1000;
        / * 在未被访问的顶点中,查找与 v0 最近的顶点 v */
        for ( int w = 0; w < vexNum; w ++ )          //v0 到 w(有边)的权值 < min
            if ( ! vexs[ w]. isVisited && d[ w] < min) {
                t = w;
```

```
                            min = d[w];
                        }
                vexs[t].isVisited = true;                    // v 的访问标志设置为 1,v 属于 s 集
                /* 修改 v0 到其余各顶点 w 的最短路径权值 d[w] */
                for (int w = 0; w < vexNum; w ++)
                    /* 若 w 不属于 s,且 v 到 w 有边相连 */
                    if (! vexs[w].isVisited && (min + arcs[t][w] < d[w])) {
                        d[w] = min + arcs[t][w];    // 修改 v0 到 w 的权值 d[w]
                        /* 所有 v0 到 v 的最短路径上的顶点 x,都是 v0 到 w 的 */
                        for (int x = 0; x < vexNum; x ++)
                            p[w][x] = p[t][x];    // 最短路径上的顶点
                        p[w][w] = 1;
                    }
            }
        for (int v = 0; v < vexNum; v ++) {          // 输出 v0 到其他顶点 v 的最短路径
            if (v ! = v0)
                buffer.append(vexs[v0].name);    // 输出景点 v0 的景点名
            /* 对图中每个顶点 w,试探 w 是否是 v0 到 v 的最短路径上的顶点 */
            else
                continue;
            for (int w = 0; w < vexNum; w ++) {
                /* 若 w 是且 w 不等于 v0,则输出该景点 */
                if (p[v][w] = = 1 && w ! = v0 && w ! = v)
                    buffer.append(" – – – – – To – – – – – –" + vexs[w].name);
            }
            buffer.append(" – – – – – – To – – – – – –" + vexs[v].name);
            buffer.append("\t 总路线长为" + d[v] + "米\n\n");
        }
        return buffer.toString();
    }

    /* 查询两点间最短路径 */
    public String showShortestPath(int start,int end) {
        /* 用 floyd 算法,求各对顶点 v 和 w 间的最短路经 p[][][] 及其带权长度 d[v][w]。若 p[v]
           [w][u] = = 1;则 u 是 v 到 w 的当前求得的最短路上的顶点 */
        StringBuffer buffer = new StringBuffer();
        int[][] d = new int[31][31];
        int[][][] p = new int[31][31][31];
        /* 初始化各对顶点 v,w 之间的起始距离 d[v][w] 及路径 p[v][w][] 数组 */
        for(int v = 0;v < vexNum;v ++) {
            for(int w = 0; w < vexNum ;w ++) {
                d[v][w] = arcs[v][w];                    //d[v][w] 中存放 v 至 w 间初始权值
```

```
                  /*初始化最短路径 p[v][w][ ]数组,第3分量全部清0*/
                  for(int u = 0;u < vexNum ;u ++) p[v][w][u] =0;
                  if(d[v][w] < 1000){                    //如果 v 至 w 间有边相连
                      p[v][w][v] =1;                      //v 是 v 至 w 最短路径上的顶点
                      p[v][w][w] =1;                      //w 是 v 至 w 最短路径上的顶点
                  }
        }
    }

    /*求 v 至 w 的最短路径及距离。*/
    for(int u = 0; u < vexNum; u ++)
        /*对任意顶点 u,试探其是否为 v 至 w 最短路径上的顶点*/
        for(int v = 0;v < vexNum ;v ++)
            for(int w = 0;w < vexNum ;w ++)
                /*从 v 经 u 到 w 的一条路径更短*/
                if(d[v][u] +d[u][w] < d[v][w]){
                    /*修改 v 至 w 的最短路径长度*/
                    d[v][w] =d[v][u] +d[u][w];
                    /*修改 v 至 w 的最短路径数组。*/
                    for(int i = 0;i < vexNum ;i ++)
                        /*若 i 是 v 至 u 的最短路径上的顶点,或 i 是 u 至 w 的最短路径上的
                          顶点,则 i 是 v 至 w 的最短路径上的顶点*/
                        p[v][w][i] =(p[v][u][i] ==1 || p[u][w][i] ==1)? 1:0;
                }

    buffer.append(vexs[start].name);                     //输出出发景点名称
    for(int u = 0; u < vexNum ;u ++)
        if(p[start][end][u] ==1 && start! =u && end! =u)
                                                         //输出最短路径上中间景点名称
            buffer.append(" ----To----" + vexs[u].name);
    buffer.append(" ----To----" + vexs[end].name);
    buffer.append("\n 总长为" + d[start][end] + "米\n\n\n");
    return buffer.toString();
}

/*地点信息查询,显示给定地点的编号、名称和简介*/
public String showVexInfo(int vertex){
    StringBuffer buffer = new StringBuffer();
    buffer.append("\n\n 编号:" + vexs[vertex].ID);
    buffer.append("\n\n 景点名称:" + vexs[vertex].name);
    buffer.append("\n\n 介绍:" + vexs[vertex].introduction);
    return buffer.toString();
}
```

```
/* 打印学校地图的邻接矩阵 */
public String printMatrix( ) {
    StringBuffer buffer = new StringBuffer( );
    for( int i = 0 ; i < vexNum ; i ++ ) {
        buffer. append( " \n" );
        for( int j = 0 ; j < vexNum; j ++ ) {
            if ( arcs[ i ][ j ] = = 1000)
                buffer. append( " *    " );
            else
                buffer. append( arcs[ i ][ j ] );
        }
    }
    buffer. append( " \n" );
    return buffer. toString( );
}
}
```

3. ShowResult 类的设计

ShowResult 类继承自 JFrame 类,其类图如图 10 - 7 所示。

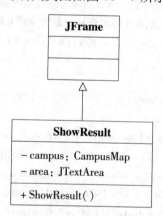

图 10 - 7　ShowResult 的类图

(1) ShowResult 类的主要成员变量

campus:CampusMap 类创建的对象,提供无向图信息。系统中有 31 个景点(顶点),因此以 31 作为 CampusMap 类构造方法的实参,从而确定无向图的邻接矩阵大小为 31X31。

area:由 Swing 组件类 JTextArea 实例化得到文本域,用于输出操作的结果信息。

(2) ShowResult 类的主要成员方法

ShowResult(String):构造方法,无返回值,不能加 void。主要功能是实现 GUI 界面,用于输出操作的结果信息。

(3) ShowResult 类的代码

```
import javax. swing. * ;
import java. awt. * ;
import java. awt. event. * ;
class ShowResult extends JFrame {                    //显示结果的基础界面
    CampusMap campus = new CampusMap(31,31);
    JTextArea area;
    public ShowResult(String str) {
        super(str);
        setLayout(null);
        setBounds(160,100,1000,600);
        JScrollPane sorcllPane = new JScrollPane();
        sorcllPane. setBounds(0,0,1000,500);
        add(sorcllPane);
        area = new JTextArea();
        area. setBounds(0,0,1000,500);
        sorcllPane. setViewportView(area);
        JButton btnReturn = new JButton("返回");
        btnReturn. setBounds(560,510,100,25);
        btnReturn. addActionListener(new ActionListener() {
                public void actionPerformed(ActionEvent e) {
                    dispose();
                    new MainFrame();
                }
        });
        add(btnReturn);
        setDefaultCloseOperation(EXIT_ON_CLOSE);
        setVisible(true);
        setResizable(false);
    }
}
```

4. AllScenicSpot 类的设计

AllScenicSpot 类继承自类 ShowResult,其类图如图 10-8 所示。

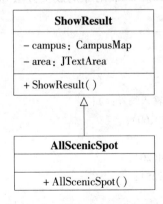

图 10 - 8　**AllScenicSpot** 的类图

（1）AllScenicSpot 类的主要成员方法

AllScenicSpot(String)：构造方法，无返回值，不能加 void。该构造方法以 String 型参数指定窗体标题栏的内容；核心是调用 CampusMap 对象的成员方法 introduceCompus()。

（2）AllScenicSpot 类的代码

```
class AllScenicSpot extends ShowResult{
    public AllScenicSpot(String str){
        super(str);
        area. setText( campus. introduceCompus());
    }
}
```

5. AllPath 类的设计

AllPath 类继承自类 ShowResult，在 ShowResult 类实现的窗体容器上新增图形元素"文本框"，接收用户输入顶点（景点）编号。其类图如图 10 - 9 所示。

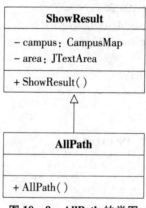

图 10 - 9　AllPath 的类图

（1）AllPath 类的主要成员方法

AllPath(String)：构造方法，无返回值，不能加 void。该构造方法以 String 型参数指定窗体标题栏的内容；核心是调用 CampusMap 对象的成员方法 dijkstraPath()。

（2）AllPath 类的代码

```
class AllPath extends ShowResult{
    public AllPath(String str){
        super(str);
        JLabel label = new JLabel("输入编号:");
        label. setBounds(320, 493,70,60);
        add(label);
        JTextField jt = new JTextField(20);
        jt. setBounds(385, 510, 80, 25);
        add(jt);
        JButton btnYes = new JButton("确认");
```

```
btnYes. setBounds(470,510,60,25);
btnYes. addActionListener( new ActionListener( ) {
    public void actionPerformed( ActionEvent arg0) {
        String s = jt. getText( );
        int vertex = Integer. parseInt( s);
        if( vertex < 0 | | vertex > 30)
            JOptionPane. showMessageDialog( null,"输入错误！ 请输入有效编号
            (0 - 30)!","江海大校园导航",JOptionPane. ERROR_MESSAGE);
        else
            area. setText( campus. dijkstraPath( vertex));
        jt. setText( "");
    }
});
add( btnYes);
}
}
```

6. ShortestPath 类的设计

ShortestPath 类继承自类 ShowResult,在 ShowResult 类实现的窗体容器上新增了两个"文本框",接收用户输入起始顶点(景点)和终止顶点(景点)编号。其类图如图 10 - 10 所示。

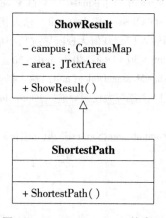

图 10 - 10　**ShortestPath** 的类图

(1) ShortestPath 类的主要成员方法

ShortestPath(String):构造方法,无返回值,不能加 void。该构造方法以 String 型参数指定窗体标题栏的内容;核心是调用 CampusMap 对象的成员方法 showShortestPath( )。

(2) ShortestPath 类的代码

```
class ShortestPath extends ShowResult {
    public ShortestPath( String str) {
        super( str);
        JLabel label = new JLabel( "分别输入起始景点和终点景点编号:");
```

```
        label. setBounds(180, 493, 120, 60);
        add(label);

        JTextField jt1 = new JTextField();
        JTextField jt2 = new JTextField();
        jt1. setColumns(20);
        jt1. setBounds(300, 510, 80, 25);
        jt2. setColumns(20);
        jt2. setBounds(385, 510, 80, 25);
        add(jt1);
        add(jt2);


        JButton btnYes = new JButton("确认");
        btnYes. setBounds(470,510,60,25);
        btnYes. addActionListener(new ActionListener() {
            public void actionPerformed(ActionEvent arg0) {
                String j = jt1. getText();
                String k = jt2. getText();
                int intj = Integer. parseInt(j);
                int intk = Integer. parseInt(k);
                if(j = = null || k = = null || j. equals("") || k. equals(""))
                    JOptionPane. showMessageDialog(null,"输入错误！起始点和终点的编号都不能
                        为空,请重新输入!","江海大校园导航", JOptionPane. ERROR_MESSAGE);
                else if(intj < 0 || intj > 30 || intk < 0 || intk > 30)
                    JOptionPane. showMessageDialog(null,"输入错误！请输入有效编号
                        (0 - 30)!","江海大校园导航",JOptionPane. ERROR_MESSAGE);
                else
                    area. setText(campus. showShortestPath(intj,intk));
                jt1. setText("");
                jt2. setText("");
            }
        });
        add(btnYes);
        }
}
```

7. GivenScenicSpot 类的设计

GivenScenicSpot 类继承自类 ShowResult,在 ShowResult 类实现的窗体容器上新增图形元素"文本框",接收用户输入顶点(景点)编号。其类图如图 10 – 11 所示。

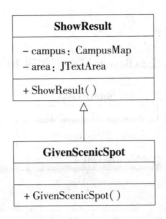

图 10 - 11 **GivenScenicSpot** 的类图

（1）GivenScenicSpot 类的主要成员方法

GivenScenicSpot(String)：构造方法,无返回值,不能加 void。该构造方法以 String 型参数指定窗体标题栏的内容;核心是调用 CampusMap 对象的成员方法 showVexInfo( )。

（2）GivenScenicSpot 类的代码

```
class GivenScenicSpot extends ShowResult{
    public GivenScenicSpot(String str){
        super(str);
        JLabel label = new JLabel("输入编号:");
        label. setBounds(320, 493,70,60);
        add(label);
        JTextField jt = new JTextField(20);
        jt. setBounds(385, 510, 80, 25);
        add(jt);

        JButton btnYes = new JButton("确认");
        btnYes. setBounds(470,510,60,25);
        btnYes. addActionListener(new ActionListener(){
            public void actionPerformed(ActionEvent arg0){
                String s = jt. getText();
                int vertex = Integer. parseInt(s);
                if(vertex <0||vertex >30)
                    JOptionPane. showMessageDialog(null,"输入错误! 请输入有效编号
                        (0-30)!","江海大校园导航",JOptionPane. ERROR_MESSAGE);
                else
                    area. setText(campus. showVexInfo(vertex));
                jt. setText("");
            }
        });
        add(btnYes);
    }
}
```

8. AdjacencyMatrix 类的设计

AdjacencyMatrix 类继承自类 ShowResult,其类图如图 10 – 12 所示。

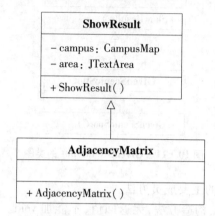

图 10 – 12　**AdjacencyMatrix** 的类图

(1) AdjacencyMatrix 类的主要成员方法

AdjacencyMatrix(String):构造方法,无返回值,不能加 void。该构造方法以 String 型参数指定窗体标题栏的内容;核心是调用 CampusMap 对象的成员方法 printMatrix( )。

(2) AdjacencyMatrix 类的代码

```
class AdjacencyMatrix extends ShowResult{
    public AdjacencyMatrix(String str){
        super(str);
        area. setText(campus. printMatrix( ));
    }
}
```

9. MainFrame 类的设计

MainFrame 类 javax. swing 包中 JFrame 类的子类,并实现了 ActionListener 接口。其类图如图 10 – 13 所示。

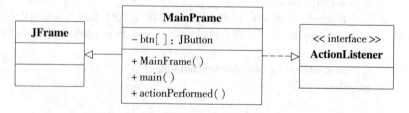

图 10 – 13　**MainFrame** 的类图

(1) MainFrame 类的主要成员变量

btn[ ]:一维数组,是 javax. swing 包中 JButton 类创建的"按钮数组",作为 ActionEvent 事件的事件源。程序中结合利用 for 循环语句创建"按钮数组"。

（2）MainFrame 类的主要成员方法

MainFrame（）:构造方法,无返回值,不能加 void。用于实现整个程序主窗口。

main（）:主方法,是整个系统的执行入口。

actionPerformed（）:btn[ ]数组中数组元素的事件处理方法。

（3）MainFrame 类的代码

```java
import java. awt. * ;
import java. awt. event. * ;
import javax. swing. * ;
import javax. imageio. ImageIO;
import java. io. * ;

public class MainFrame extends JFrame implements ActionListener{
    JButton btn[ ];
    public MainFrame( ){                          //主界面
        super("江海大校园导游");
        setBounds(160,60,800,500);
        setResizable(false);
        setVisible(true);
        setDefaultCloseOperation(EXIT_ON_CLOSE);
        JLabel label = new JLabel(" - - - -欢迎使用江苏海洋大学校园导游程序 - - - - ");
        label. setFont(new Font("楷体",Font. BOLD,19));
        label. setForeground(Color. blue);
        add(label,"North");
        String[ ] strArray = {"学校景点介绍","查看游览路线","查询景点间最短路径","景点信息查
                        询","打印邻接矩阵","退出"};
        JPanel jp1 = new JPanel( );
        btn = new JButton[6];
        for(int i = 0;i < btn. length;i ++ ){
            btn[i] = new JButton(strArray[i]);
            btn[i]. addActionListener(this);
            jp1. add(btn[i]);
        }
        add(jp1,"Center");
        JPanel panel = new JPanel( );
        JLabel label1 = new JLabel(new ImageIcon("jou. jpg"));
        panel. add(label1);
        add(panel,"South");
    }
    public void actionPerformed(ActionEvent e){
        if(e. getSource( ) = = btn[0])               //显示学校的所有景点
            new AllScenicSpot("学校景点介绍");
        else if(e. getSource( ) = = btn[1])           //显示某个出发点的所有路线
            new AllPath("查看游览路线");
```

```
          else if( e. getSource( ) = = btn[2])            //显示两个景点间的最短路径
              new ShortestPath("查询景点间最短路径");
          else if( e. getSource( ) = = btn[3])            //显示指定景点的信息
              new GivenScenicSpot("景点信息查询");
          else if( e. getSource( ) = = btn[4])            //打印邻接矩阵按钮
              new AdjacencyMatrix("打印邻接矩阵");
          else if( e. getSource( ) = = btn[5])            //退出按钮
              dispose( );
          dispose( );
      }

      public static void main( String[ ] args) {
          new MainFrame( );
      }
  }
```

10.3.2 所需素材文件

准备名字为"jou. jpg"的图像文件,作为出现在程序主窗口的图像。

10.4 代码调试

将以上各个类的 Java 源文件和图像文件保存到同一文件夹中,编译得到字节码文件,然后运行主类(MainFrame),将显示系统的主窗口,如图 10-14 所示。

图 10-14 校园导游系统的主窗口

点击主窗口的"学校景点介绍"按钮,测试"显示学校所有景点"功能,运行结果如图10-15 所示。

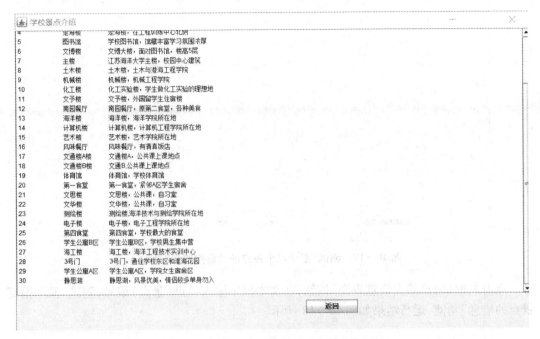

图 10-15 测试"显示学校所有景点"功能

点击主窗口的"查看游览路线"按钮,在文本框中输入顶点(景点)编号,测试"显示某个出发点的所有路线"功能。先输入编号 31,弹出消息框;按照要求输入 0～30 区间编号,运行正确。结果如图 10-16 所示。

图 10-16 测试"显示某个出发点的所有路线"功能

点击主窗口的"查询景点间最短路径"按钮,在两个文本框中分别输入顶点(景点)编号 2 和 30,查询 2 号门到静思湖之间的道路,测试"显示两个景点间的最短路径"功能,运行结果如图 10-17 所示。

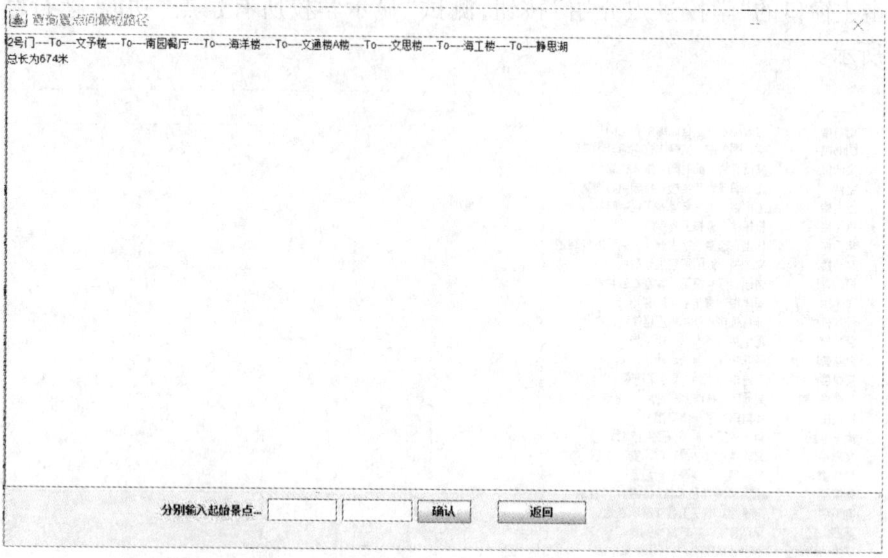

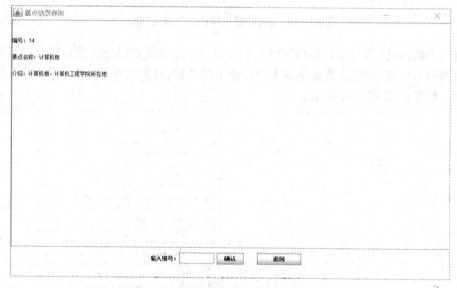

图 10 - 17   测试"显示两个景点间的最短路径"功能

点击主窗口的"景点信息查询"按钮,在文本框中输入顶点(景点)编号,测试"显示指定景点的信息"功能,运行结果如图 10 - 18 所示。

图 10 - 18   测试"显示指定景点的信息"功能

点击主窗口的"打印邻接矩阵"按钮,测试"打印邻接矩阵"功能,运行结果如图 10 - 19 所示。

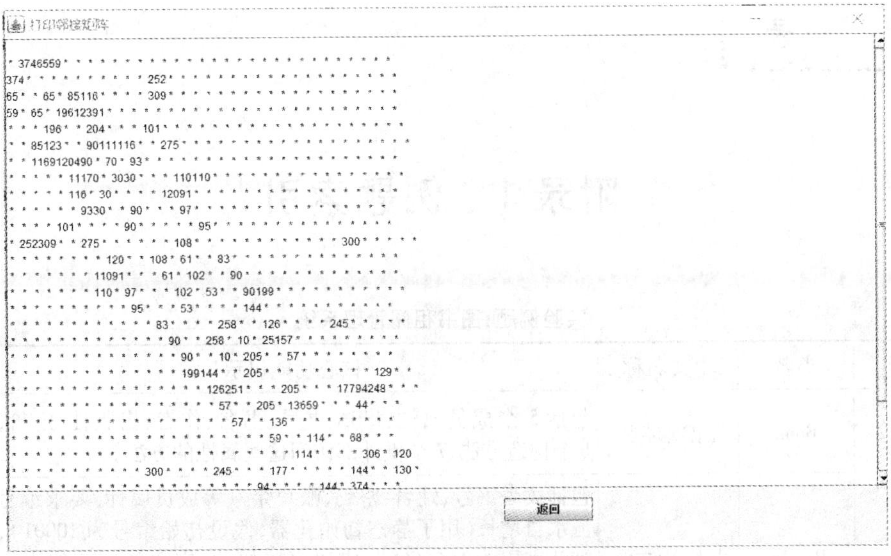

图 10 - 19　测试"打印邻接矩阵"功能

10.5　程序发布

可以使用 jar. exe 命令制作 JAR 文件来发布程序。

（1）用文本编辑器

用 Windows 自带的记事本，编写一个 Manifest 文件。

MyMf. mf

　　Manifest-Version：1. 0

　　Main-Class：MainFrame

　　Created-By：1. 6（Sun Microsystems Inc. ）

将以上 MyMf. mf 文件保存到和应用程序所用的字节码文件相同的目录中。

（2）生成 JAR 文件

Jar cfm MainFrame. jar MyMf. mf * . class

其中参数 c 表示要生成一个新的 JAR 文件，f 表示要生成的 JAR 文件的名字，m 表示清单文件的名字。现在就可以将 MainFrame. jar 文件和所需的素材文件复制到任何一个安装了 Java 运行环境（版本高于 1. 6）的计算机上，双击该文件的图标就可以运行该程序。

附　录

附录1　例题索引

实验例题：图书租阅管理系统

例题名	类名	中文名称	核心功能提示	页码
例 2-2	Book	图书实体类	包括 5 个成员属性：ISBN 书号、书名、作者、出版社、定价，1 个构造方法，7 个供外部访问这些属性的方法。	P34
例 2-3	Reader	读者实体类	包括读者编号、姓名、密码、账户余额等成员属性，要求编号流水自增长（用了静态初始化器，假设初始编号为 10001）；默认密码为"666666"，密码可以修改，密码长度不能少于 6 位；默认读者姓名为空，可以设置姓名；默认余额为 0，可以为账户充值，充值时数额必需大于 0，账户余额可以查看。	P36
例 2-4	RentBook	图书类的子类——出租图书实体类	在 Book 类的基础上，新增了 2 个属性：图书入库编号、图书是否可借状态，以便处理一书多本的情况，同时标记租出的图书或损坏的图书不可再被租，并增加了对应的成员方法。	P40
例 2-5	VIPReader	读者类的子类——VIP读者实体类 1.0 版	在 Reader 类的基础上，新增了 3 个属性：读者身份级别、会员折扣、会员积分，以便实现不同身份会员享受不同的租书折扣，并增加了对应的访问方法。	P41
例 2-6	RentBook Manage	图书租阅信息管理类 v1.0	主要属性： 规定租阅期限为 10 天（静态常量）； 在规定期限内的租阅费用为每本书 0.1 元/天； 超期租阅费为每本书 1.0 元/天； 租阅天数；租金；被租图书、租书的读者； 存储图书信息的泛型链表 LinkedList < RentBnook >； 存储读者信息的泛型顺序表 ArrayList < VIPReader >； 存储租书信息的泛型顺序表 ArrayList < String >。 主要方法： ◆ 租获取阅期限的类方法、两种费率的修改方法和获取方法； ◆ 新建图书的添加方法 addBook()、插入方法 addBook(i)、按书名查询书方法 searchBook()、按书名修改书价方法 editBook()、按书名删除图书方法 deleteBook()、图书清单输出方法 displayBook()； ◆ 新建读者的添加方法 addReader()、读者清单输出方法 displayReader()； ◆ 计算租金方法 setRent()、支付租金方法 renting()；读者租阅图书方法 rentBook()、租书记录输出方法 displayRentInfo()。	P43

（续表）

例题名	类名	中文名称	核心功能提示	页码
例3-1	设置类路径 classpath = d:\javaworks\rentbook;.; 建立了 book、reader 和 rent 共3个包		为例2-2至例2-6中的所有类进行修改,增加包的定义、引用,并对类、构造方法、属性和方法增加了必要的访问控制修饰符。	P52
例3-2	Promotion	晋升接口	包括一个晋级读者身份所需要的积分额度和一个抽象的晋级方法。	P54
例3-3	Pay Exception	支付异常类	判断读者账户余额是否不够支付租金。	P54
例3-4	VIPReadernew	读者类的子类——会员读者实体类2.0版	增加了包和访问控制修饰符,并实现了晋级接口 Promotion 中的抽象方法 promotion():当积分达到晋级额度时,会在现有级别基础上升一级,并从其会员积分中扣除晋级额度。此外,重写了包含支付异常处理的支付租金方法。	P55
	DecF	小数点控制类	一个控制 double 型数据的小数点只显示2位的通用类。	P58
例3-5	RentRecord	租书记录类	用来处理会员读者租书记录的实体类,属性包括:图书入库编号、读者编号、租书日期、归还日期、租金、积分,设置了相关属性的访问方法,提供了计算租金和支付租金的方法,并封装了一个内部类,用来计算租阅天数。	P59
例3-6	RentBook Managenew	图书租阅信息管理类 v2.0	根据 VIPReadernew 和 RentRecord,完善了 RentBookManage 的功能,增加了存储租书记录的泛型顺序表 ArrayList < RentRecord > 以及存储还书信息的泛型顺序表 ArrayList < String >。为类及方法增加了包和访问控制修饰符,修改了租书方法 addRentRecord(),增加了还书方法 returnBook() 及还书记录输出方法 displayReturnInfo(),并给支付租金方法添加了异常处理机制。	P62
例4-1	BookManage GUI	图书管理界面类	用继承于窗口的图形界面提供图书信息的基本维护,界面控件用到了标签、文本框、复选框、命令按钮、表格,实现了动作事件、选项事件和列表选择事件3个接口,完成了创建图书、更正信息、删除图书三项功能。同时,采用表格 JTable 显示图书信息,先用2个字符串数组(初始化表格的列名和数据源)创建默认表格模型,再用默认表格模型 DefaultTableModel 创建表格对象;表格模型内部用泛型向量 Vector < String > 逐行添加图书对象数据。重载 itemStateChanged(ItemEvent e)方法,实现当勾选状态则图书可借,否则不可借;重载 valueChanged(ListSelectionEvent e) 方法实现当点选表格的某行时,界面上方当前图书对象信息随之改变。	P71

（续表）

例题名	类名	中文名称	核心功能提示	页码
例4-2	ReaderGUI	读者管理界面类	用继承于窗口的图形界面提供读者类的各种操作，界面控件用到了标签、文本框、单选钮、列表框、命令按钮，实现了动作事件、选项事件、焦点事件及列表选择事件4个接口，完成了创建读者、更正信息、修改密码、充值和删除读者功能。同时，采用列表框 JList 显示读者信息，列表框放在带滚动条的滚动面板中；用默认列表框数据模型 DefaultListModel 作为列表框的数据源；重载 itemStateChanged(ItemEvent e)方法实现了单选钮选择读者身份；重载 valueChanged(ListSelectionEvent e)方法实现当点选列表框的某行时，界面上方当前读者对象信息随之改变；重载 focusGained(FocusEvent e)方法实现了光标进入姓名文本框时，在其他文本框中自动显示读者默认信息以简化输入；设计了专门用于检查文本框输入值合法性的 CheckValidate 类，对空值、负值、字符都用对话框提示异常，要求重新输入。	P85
	Check Validate	验证输入有效性类	一个用于判断文本框输入是否为空、是否为非负数的通用类。	P86
例4-3	DBAccess	数据库访问操作类	在 Access 数据库中建立了一个包含 BookInfo、ReaderInfo 和 RentRecordInfo 这3张数据表的 RentBook 数据库，封装了数据库连接字符串，用常用 SQL 命令编写了 dbInsert()插入方法、dbDelete()删除方法、dbUpdate()更新方法、dbSelect()查询方法、dbconn()连接方法、dbclose()关闭方法和 dbOperation()多选操作方法。	P87
例4-4	DBBookManageGUI	支持数据库的图书管理界面类	在 BookManageGUI.java 的基础上，增加一个"保存图书"按钮，实现将表格中信息保存到 RentBook 数据库的图书信息表 BookInfo 中；增加一个"查看书库"按钮，实现将图书信息表中的图书信息读取并显示到表格中。此外，完善了创建图书方法，增加了对所有文本框内容的有效性判断；增加了一个标签用来提示数据库操作结果，并封装了一个清空界面上文本框信息的 reset()方法。	P92
例4-5	DBReaderGUI	支持数据库的读者管理界面类	在 ReaderGUI.java 的基础上，修改了所有按钮的事件响应代码，实现与数据库操作的动态关联，对每个按钮的功能都同时执行相应的 SQL 语句，把用户界面上的操作结果及时保存到 RentBook 数据库的读者信息表 ReaderInfo 中。此外，增加一个"查询读者"按钮，实现对读者姓名的模糊查询。	P98
例4-6	DBRentRecordGUI	支持数据库的图书租阅管理界面类	用继承于窗口的图形界面提供一套较为完整的图书租阅管理功能，该类参考了 RentRecord 类的业务逻辑，并链接了 DBReaderGUI 类和 DBBookManageGUI 类的对象，实现了管理读者、管理图书、查看读者、查看图书、租书、还书、赔书、租阅查询、清空记录和设置费率功能。界面上有显示读者信息的列表框、图书信息的表格和租阅记录信息的表格。在读者姓名框中输入读者姓名并按回车或单击"查看读者"按钮，下列表框中则显示模糊匹配的读者详细信息；在图书名称框中按回车或单击"查看图书"按钮，则下方表格中显示模糊匹配的图书详细信息。光标进入日期框时，自动显示当天	P105

例题名	类名	中文名称	核心功能提示	页码
			日期以简化输入;图书租阅记录中所需要的租阅者信息和图书信息均通过鼠标点击自动提前;租书时在数据库中插入租书记录;还书时修改租书记录中还书日期,并可自动从租阅者账户中扣除租金;赔书时从租阅者账户中扣除赔偿金。此外设计了判断是否为合法日期的 CheckDate 类。	
	CheckDate	验证日期合法性类	用于判断字符串是否可以正常转换为规范的日期格式。	P127

附录2　类之间的关系图

```
┌─────────────────────────────────────────────────────────────────┐
│                        RentBookManage                              │
├─────────────────────────────────────────────────────────────────┤
│ deadTime, rentDays : int                                          │
│ normalRent, delayRent, rent : int                                 │
│ rentedbook : RentBook                                             │
│ renter : VIPReader                                                │
│ booklist:LinkedList<RentBook>                                     │
│ readerlist:ArrayList<VIPReader>                                   │
│ rentlist:ArrayList<String>                                        │
│ j : int                                                           │
├─────────────────────────────────────────────────────────────────┤
│ RentBookManage(in rb : RentBook, in reader : VIPReadernew, in rentd : String) │
│ getDeadTime() : int                                               │
│ setNormalRent(in newNR : double) : void                           │
│ getNormalRent(in rentdate : String) : double                     │
│ setDelayRent(in newDR : double) : void                            │
│ getDelayRent() : double                                           │
│ addBook(in isbn : String, in name : String, in author : String, in publisher : │
│         String, in price : double, in no : String) : void         │
│ addBook(in i : int, in isbn : String, in name : String, in author : String, in │
│         publisher : String, in price : double, in no : String) : void │
│ searchBook(in bookName : String) : void                           │
│ editBook(in bookName : String, in bprice : double) : void         │
│ deleteBook(in bookName : String) : void                           │
│ displayBook() : void                                              │
│ addReader(in name : String, in grade : String) : void             │
│ displayReader() : void                                            │
│ setRent() : double                                                │
│ renting() : boolean                                               │
│ rentBook(in bk : RentBook, in rd : VIPReader, in days : int) : void │
│ displayRentInfo() : void                                          │
└─────────────────────────────────────────────────────────────────┘
```

```
┌─────────────────────────────────────────┐    ┌──────────────────────────────────────┐
│                VIPReader                   │    │               RentBook                  │
├─────────────────────────────────────────┤    ├──────────────────────────────────────┤
│ readergrade : String                      │    │ bookNo : String                         │
│ percent : double                          │    │ state : boolean                         │
│ bonusPoints : int                         │    ├──────────────────────────────────────┤
├─────────────────────────────────────────┤    │ RentBook(in isbn : String, in name : String, │
│ VIPReader(in name : String, in grade : String) │  │ in author : String, in publisher : String, in │
│ setReadergrade(in grade : String) : void  │    │ price : double, in no : String)         │
│ getReadergrade() : String                 │    │ setBookNo(in no : String) : void        │
│ setPercent() : void                       │    │ getBookNo() : String                    │
│ getPercent() : double                     │    │ setState(in state : boolean) : void     │
│ setBonusPoints(in point : int) : void     │    │ getState() : boolean                    │
│ getBonusPoints() : int                    │    │ +toString() : String                    │
│ payRent(in rent : double) : boolean       │    └──────────────────────────────────────┘
│ +toString() : String                      │
└─────────────────────────────────────────┘
```

```
┌─────────────────────────────────────────┐    ┌──────────────────────────────────────┐
│                 Reader                     │    │                 Book                    │
├─────────────────────────────────────────┤    ├──────────────────────────────────────┤
│ readerID : int                            │    │ ISBN : String                           │
│ readerName : String                       │    │ bookName : String                       │
│ readerPwd : String                        │    │ author : String                         │
│ balance : double                          │    │ publisher : String                      │
│ nextReaderID : int                        │    │ price : double                          │
│ note : String                             │    ├──────────────────────────────────────┤
├─────────────────────────────────────────┤    │ Book(in isbn : String, in bname : String, in │
│ Reader()                                  │    │ bauthor : String, in bpublisher : String, in │
│ Reader(in name : String)                  │    │ bprice : double)                        │
│ getReaderID() : int                       │    │ getISBN() : String                      │
│ setReaderName(in newname : String) : void │    │ getBookName() : String                  │
│ getReaderName() : String                  │    │ getAuthor() : String                    │
│ setReaderPwd(in newpwd : String) : void   │    │ getPublisher() : String                 │
│ getReaderPwd() : String                   │    │ getPrice() : double                     │
│ setBalance(in moreMoney : double) : void  │    │ setPrice(in newprice : double) : void   │
│ getBalance() : double                     │    │ +toString() : String                    │
│ +toString() : String                      │    └──────────────────────────────────────┘
└─────────────────────────────────────────┘
```

图1　实验2图书租阅系统(V1.0)类之间的关系图

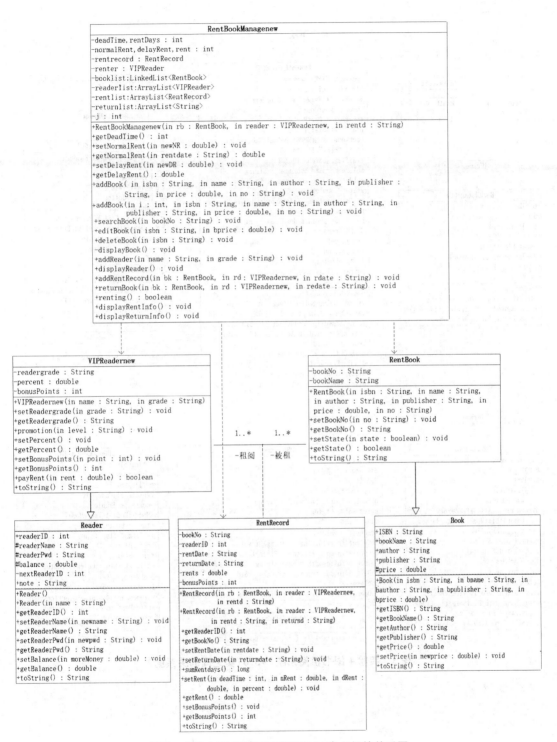

图2　实验 3 图书租阅系统（V2.0）类之间的关系图

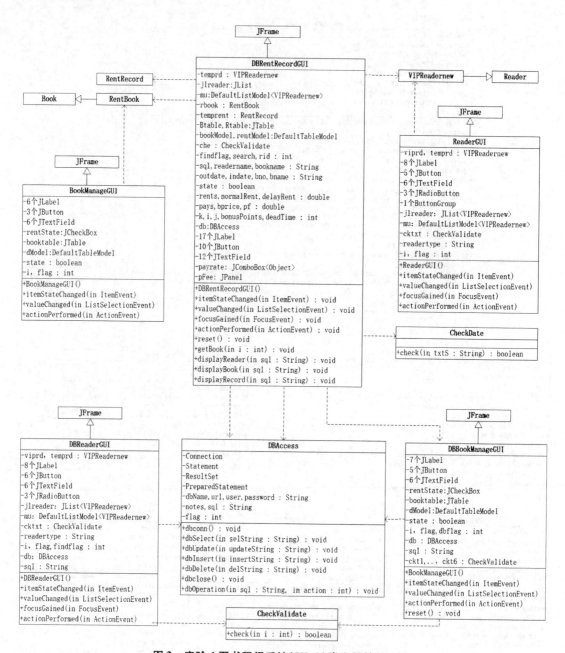

图 3 实验 4 图书租阅系统(V3.0)类之间的关系图

附录3　程序文件列表

中文包名	英文包名	包中文件清单
图书包	book	Book.java RentBook.java
共用包	common	CheckDate.java CheckValidate.java DecF.java PayException.java Promotion.java
数据库包	dbo	RentBookDB.accdb DBAccess.java DBBookManageGUI.java DBReaderGUI.java DBRentRecordGUI.java
图形界面包	gui	BookManageGUI.java ReaderGUI.java
读者包	reader	Reader.java VIPReader.java VIPReadernew.java
租阅包	rent	RentBookManage.java RentBookManagenew.java RentRecord.java
测试包	test	TestRentBookManage.java TestRentBookManagenew.java TestVIPReadernew.java

参考文献

1. 施珺,纪兆辉,陈艳艳,赵雪峰编.Java 面向对象程序设计教程[M].北京:高等教育出版社,2019.

2. 施珺,纪兆辉编著.Java 语言实验与课程设计指导(第二版)[M].南京:南京大学出版社,2014.

3. 邵维忠,杨芙清著.面向对象的分析与设计[M].北京:清华大学出版社,2015.

4. 耿祥义,张跃平编著.Java 课程设计(第 3 版)[M].北京:清华大学出版社,2018.

5. 施珺,纪兆辉,陈艳艳,赵雪峰编.Java 面向对象程序设计实验指导[M].北京:高等教育出版社,2018.

6. 耿国华等编著.数据结构 – C 语言描述(第 2 版)[M].北京:高等教育出版社,2015.

7. Rohit Krishna Marneni. huffman-encoder-decoder. (https://github.com/rohitkrishna 094/huffman-encoder-decoder)

8. 程细柱编著.软件设计模式(Java 版)[M].北京:人民邮电出版社,2019.